网页设计与开发**殿堂之路**

Home　About　Services　Team　Blog　Contact

DIV+CSS 3（第3版）
网页样式与布局全程揭秘

畅利红 编著

清华大学出版社
北京

内 容 简 介

本书是一本关于 DIV+CSS 网站建设的经典之作，系统地介绍 CSS 样式的基础理论和实际应用技术，并结合实例讲解使用 DIV+CSS 布局制作网页的方法和技巧。在介绍使用 CSS 样式进行设计的同时，还结合实际网页制作中可能遇到的问题，提供了解决问题的思路、方法和技巧。

本书内容简洁、通俗易懂，通过知识点与案例相结合的方式，让读者能够清晰明了地理解 DIV+CSS 布局制作网页的相关技术内容，从而达到学以致用的目的。全书共分 14 章，包括网页和网站开发知识、了解 HTML5、初识 CSS 样式、使用 CSS 设置文本和段落样式、使用 CSS 设置背景和图片样式、使用 CSS 设置列表样式、使用 CSS 设置超链接样式、使用 CSS 设置表格样式、使用 CSS 设置表单元素样式、使用 CSS 设置动画效果、CSS 样式的浏览器兼容性、使用 DIV+CSS 布局网页、CSS 与 JavaScript 实现网页特效和商业网站案例等内容。

本书结构清晰、实例经典、技术实用，适合网页样式布局的初、中级读者，以及希望学习 Web 标准对原网站进行重构的网页设计者，也可以作为高等院校相关专业的教材。

图书在版编目 (CIP) 数据

DIV+CSS 3 网页样式与布局全程揭秘 / 畅利红　编著. —3 版. —北京：清华大学出版社，2019
（网页设计与开发殿堂之路）
ISBN 978-7-302-52931-6

Ⅰ.① D… Ⅱ.①畅… Ⅲ.①网页制作工具 Ⅳ.① TP393.092.2

中国版本图书馆 CIP 数据核字 (2019) 第 083581 号

责任编辑：李　磊　焦昭君
封面设计：王　晨
版式设计：思创景点
责任校对：牛艳敏
责任印制：李红英

出版发行：清华大学出版社
　　　　　网　　　址：http://www.tup.com.cn，http://www.wqbook.com
　　　　　地　　　址：北京清华大学学研大厦A座　　　　　邮　　编：100084
　　　　　社 总 机：010-62770175　　　　　　　　　　　　邮　　购：010-62786544
　　　　　投稿与读者服务：010-62776969，c-service@tup.tsinghua.edu.cn
　　　　　质 量 反 馈：010-62772015，zhiliang@tup.tsinghua.edu.cn
印 装 者：三河市龙大印装有限公司
经　　销：全国新华书店
开　　本：185mm×260mm　　　　印　　张：20.75　　　　字　　数：600千字
版　　次：2012年3月第1版　　2019年8月第3版　　　印　　次：2019年8月第1次印刷
定　　价：69.80元

产品编号：077879-01

DIV+CSS 是一种全新的网页排版布局方法，与早期的表格布局方式是完全不一样的，使用 DIV+CSS 排版布局网页能够真正做到 Web 标准所要求的网页内容与表现相分离，从而使网站的维护更加方便和快捷。目前绝大多数的网站已经开始使用 DIV+CSS 布局制作，因此学习 DIV+CSS 布局制作网站已经成为网页设计制作人员的必修课。

本书力求通过简单易懂、边学边练的方式与读者一起探讨使用 Web 标准进行网页设计制作的各方面知识，逐步使读者理解什么是网页内容与表现的分离，掌握使用 DIV+CSS 布局制作网站页面的方法。希望通过本书使读者快速、全面地掌握使用 DIV+CSS 布局制作网页的方法和技巧。

本书从网页创建的实际角度出发，全面讲解了使用 DIV+CSS 进行网页布局制作的方法和技巧，将 CSS 样式的应用进行归类，每个 CSS 属性的语法、属性和参数都有完整而详细的说明，信息量大，知识结构完善，其详细的讲解步骤配合图标，使讲解内容清晰易懂、一目了然。书中不仅应用了大量的实例对知识点进行深入的剖析和讲解，将基础知识综合贯穿起来，力求达到理论知识与实际操作完美结合的效果。还结合作者多年的网页设计经验和教学经验进行了点拨，使读者能够学以致用。另外，书中还对 CSS3、HTML5 和常见的网页特效进行了讲解，力求使读者全面掌握网页设计和制作的相关知识。本书共分 14 章，各章内容介绍如下。

第 1 章　网页和网站开发知识，主要介绍有关网页与网站的基础知识，包括网页与网站的关系、网页的基本构成元素和网页设计的术语等内容，并且对 DIV+CSS 布局的优势进行了介绍，使读者对 DIV+CSS 网站建设有更深入的了解。

第 2 章　了解 HTML5，重点介绍 HTML 与 HTML5 的相关基础知识，了解 HTML 与 XHTML 的区别，还介绍了有关 HTML5 的知识，使读者对最新的 HTML5 有所了解。

第 3 章　初识 CSS 样式，主要介绍有关 CSS 样式的基础知识，包括 CSS 样式的优势和作用、CSS 样式语法、CSS 选择器、CSS3 中的选择器和应用 CSS 样式 4 种方法等内容，使读者对 CSS 样式有全面的认识和理解。

第 4 章　使用 CSS 设置文本和段落样式，介绍 CSS 样式在文本和段落样式设置方面的相关属性，以及 CSS 类选区和在网页中应用特殊字体的方法，并通过实例练习的方法使读者更容易理解和应用。

第 5 章　使用 CSS 设置背景和图片样式，介绍使用 CSS 样式对背景颜色、背景图像和图片样式进行设置的属性和方法，并且介绍使用 CSS 样式实现图文混排的方法和背景图片在网页中的特殊应用。

第 6 章　使用 CSS 设置列表样式，介绍网页中列表的相关标签和知识，并通过实例的方式讲解了使用 CSS 样式对有序列表、无序列表和定义列表进行设置的方法，还介绍了如何使用 CSS 样式对列表进行设置，从而制作出横向和竖向的导航菜单效果。

第 7 章　使用 CSS 设置超链接样式，主要介绍网页超链接的相关知识以及 CSS 超链接伪类，并通过实例的方式讲解网页中多种超链接效果的 CSS 样式设置方法，还讲解了如何通过 CSS 样式对网页光标指针进行设置和超链接在网页中的特殊应用。

第 8 章　使用 CSS 设置表格样式，介绍表格模型和相关标签，重点讲解如何使用 CSS 样式对网页中的表格进行设置，从而使网页中的表格更加美观。

第 9 章　使用 CSS 设置表单元素样式，介绍常用的表单元素和标签，重点讲解使用 CSS 样式对表单进行设置，并通过实例的方式讲解表单在网页中的特殊应用效果。

第 10 章　使用 CSS 设置动画效果，介绍 CSS 变形属性的基础知识和 CSS 动画语法，并且通过实例与知识点相结合分别介绍各种 CSS 变形动画的使用方法和技巧。

第 11 章　CSS 样式的浏览器兼容性，介绍 CSS 样式的兼容性问题，包括 CSS 选择器的浏览器兼容性和文本属性的浏览器兼容性。还重点介绍背景和图片的浏览器兼容性和边框属性的浏览器兼容性，并且通过实例的形式展示了 CSS3 浏览器兼容性的问题。

第 12 章　使用 DIV+CSS 布局网页，DIV+CSS 布局是目前流行的网页布局方式，本章主要介绍 DIV+CSS 布局的相关知识，包括 CSS 盒模型、常用的 CSS 定位方式和常用的 CSS 布局方式等内容，使读者能够掌握 DIV+CSS 布局的方法。

第 13 章　CSS 与 JavaScript 实现网页特效，介绍 JavaScript 的基础知识和基本语法，讲解如何使用 Dreamweaver 中的 jQuery 控件来实现常见的网页特效，以及使用 JavaScript 与 CSS 样式相结合实现网页特效的方法。

第 14 章　商业网站案例，本章通过 3 个不同类型的商业案例的设计和制作，向读者全面介绍使用 DIV+CSS 布局制作网页的方法和技巧。

本书由畅利红编著，另外张晓景、李晓斌、高鹏、胡敏敏、张国勇、贾勇、林秋、胡卫东、姜玉声、周晓丽、郭慧等人也参与了部分编写工作。本书在写作过程中力求严谨，由于作者水平所限，书中难免有疏漏和不足之处，希望广大读者批评、指正，欢迎与我们沟通和交流。QQ 群名称：网页设计与开发交流群；QQ 群号：705894157。

为了方便读者学习，本书为每个实例提供了教学视频，只要扫描一下书中实例名称旁边的二维码，即可直接打开视频进行观看，或者推送到自己的邮箱中下载后进行观看。本书配套的附赠资源中提供了书中所有实例的素材源文件、最终文件、教学视频和 PPT 课件，并附赠海量实用资源。读者在学习时可扫描下面的二维码，然后将内容推送到自己的邮箱中，即可下载获取相应的资源（注意：请将这两个二维码下的压缩文件全部下载完毕后，再进行解压，即可得到完整的文件内容）。

编　者

第 **1** 章　网页和网站开发知识

随着互联网的日益成熟，越来越多的个人和企业制作了自己的网站。网站作为一种全新的形象展示方式已经被广大用户所接受。现如今的普通网页都包含有文字、图像和视频链接，而一些大型的网站为了丰富网页，还会添加音频和交互动画等。要想制作出优质的网站页面，不仅需要熟练地掌握建设网页的相关软件，还需要了解网页和网站的开发知识，只有对这些知识进行深入学习，才能够构建用户想要的网站。

本章知识点：

- 了解网页与网站的相关知识点
- 理解表格布局的特点
- 了解 DIV 和 CSS 布局的优点
- 理解 Web 标准的相关知识
- 了解网站开发流程

1.1　了解网页

网页作为网站的主要组成部分，由于近年来网民数量的不断攀升而显得尤为重要，同时网页设计水平也得到了飞速发展。网页设计讲究的是排版布局，其目的就是为每一个浏览者提供一种布局更合理、功能更强大、使用更方便的网页形式，使浏览者能够轻松、愉快、便捷地了解网页所提供的信息。

1.1.1　网页与网站的关系

当浏览者在浏览器中输入一个网址或者单击某个链接时，浏览器就会自动跳转到该网站，这时候，用户就会看到网站内的文字、图像、动画、视频等内容。

能够承载这些内容的页面被称为网页。浏览网页是互联网应用的基本功能，而网页是网站的基本组成部分。如图 1-1 所示为淘宝网的页面。

图 1-1

网站是各种内容网页的集合，按照其功能和大小来分，目前主要有门户类网站和企业网站两种。门户类网站内容庞大而又复杂，例如新浪、搜狐、网易等门户网站。企业网站一般只有几个页面，例如小型公司的网站，但都是由最基本的网页元素组合而成的。

> **知识点睛：网站的广义**
>
> 　　网站是指在互联网中根据一定的规则，使用 HTML 等语言组成的程序代码，用于展示特定内容的网页集合。网页与广告栏的作用相同，将集合信息展示给浏览者，浏览者从中获取对自己有利的信息。
>
> 　　程序即建设与修改网站所使用的编程语言，换成源代码就是一堆按一定格式书写的文字和符号。源代码是指原始代码，可以是任何语言代码。汇编码是指源代码编译后的代码，通常为二进制文件，比如 DLL、EXE、.NET 中间代码、Java 中间代码等。高级语言通常指 C/C++、BASIC、C#、Java、Pascal 等。浏览器就好像程序的编译器，它会帮助浏览者把源代码翻译成图文并茂的样式。

在所有网页中，有一个特殊的页面，它是浏览者输入某个网站的网址后首先看到的页面，因此这样的一个页面通常被称为"主页"(Homepage)，也称为"首页"。主页中承载了一个网站中所有的主要内容，访问者可按照主页中的分类，来精确、快速地找到自己想要的信息内容模块，如图 1-2 所示为新浪网主页。

图 1-2

打开任何一个浏览器，进入网站首先看到的是网站的主页，主页集成了指向二级页面及其他网站的所有链接，浏览者进入主页后可以浏览最新的信息，找到感兴趣的主题，通过单击超链接跳转到其他网页，如图 1-3 所示。

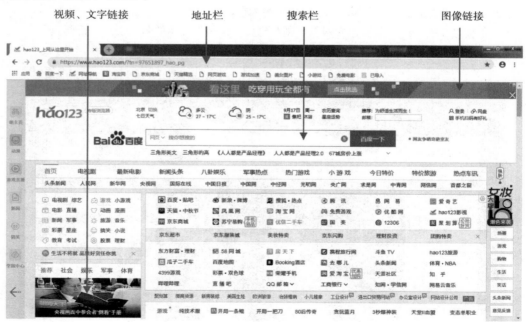

图 1-3

1.1.2　网页基本构成元素

　　网页是一个文件，它存放在地球上的某台与互联网相连的计算机中。网页由网址 (URL) 来识别与存取，当访问者在浏览器的地址栏中输入网址后，通过一段复杂而又快速的程序，网页文件会被传送到访问者的计算机内，然后浏览器把这些 HTML 代码 "翻译" 成图文并茂的网页。

　　虽然网页的形式与内容不相同，但是组成网页的基本元素是大体相同的，一般包含文本、图像、超链接、动画、表单、音频、视频等内容。如图 1-4 所示为梦幻西游网页版的页面，此页面中包含有构成网页的基本元素，各元素的基本释义如表 1-1 所示。

图 1-4

表 1-1　网页基本元素的释义

名称	解释
文本 / 图像	文本和图像是网页中两个最基本的构成元素，目前所有网页中都有它们的身影
超链接	网页中的链接又可分为文字链接和图像链接两种，只要访问者用鼠标来单击带有链接的文字或图像，就可自动链接到对应的其他文件，这样才能够让网页链接成为一个整体，超链接也是整个网络的基础
动画	网页中的动画也可以分为 GIF 动画和 HTML 动画两种。动态的内容总是要比静态内容更能吸引浏览者的注意力，因此精彩的动画能够让网页更加具有吸引力
表单	表单是一种可在访问者和服务器之间进行信息交互的技术，使用表单可以完成搜索、登录、发送邮件等交互功能
音频 / 视频	随着网络技术的不断发展，网页上已经不再是单调的图像和文字内容，越来越多的设计人员会在网页中加入视频、背景音乐等，让网页更加富有个性和魅力

1.2　定义网页设计

　　每天无数的信息在网络上传播，而形态各异、内容繁杂的网页就是这些信息的载体。如何设计网站页面，对于每一个网站来说都是至关重要的。了解网页的作用和组成后，接下来将介绍如何设计出色的网页。

1.2.1　简述网页设计

　　网页设计是根据企业或个人的要求向浏览者传递信息，对网站进行功能策划，然后对网页进行设计美化工作。

随着时代的发展、科技的进步、用户需求的不断提高，网页设计已经在短短数年内跃升成为一个新的艺术门类，而不再仅仅是一门技术。相比其他传统的艺术设计门类而言，它更突出艺术与技术的结合、形式与内容的统一、交互与情感的诉求。

在这种时代背景的要求下，人们对网页设计产生了更深层次的审美需求。网页不光是把各种信息简单地堆积起来，能看或者表达清楚就行，更要考虑通过各种设计手段与技术技巧，让受众能更多、更有效地接收网页上的各种信息，从而对网站留下深刻的印象，催生消费行为，提升企业品牌形象，如图 1-5 所示。

图 1-5

随着互联网技术的进一步发展与普及，目前网站更注重审美的要求和个性化的视觉表达，这对网页设计师的职业素养提出了更高层次的要求。一般来说，平面设计中的审美观点都可以套用到网页设计上来，例如利用各种色彩的搭配营造出不同氛围、不同形式的美。

知识点睛：网页设计的独特性

网页设计也有自己的独特性，在颜色的使用上，它有自己的标准色——安全色；在界面设计上，要充分考虑到浏览者使用的不同浏览器、不同分辨率等各种情况；在元素的使用上，它可以充分利用多媒体的长处，选择最恰当的音频与视频相结合的表达方式，给用户以身临其境的感觉和比较直观的印象。说到底，这还只是一个比较模糊抽象的概念，在网络世界中，有许多设计精美的网页值得去欣赏和学习。

1.2.2　网页设计的特点

最初的网页由纯文字和数字构成，相对简单。而现在的网页无论是在内容上还是在形式上，都已经得到了极大的丰富，在这个不断发展的过程中，网页设计形成了以下几个特点。

1. 交互性

网页设计不同于传统媒体的地方在于信息的动态更新和即时交互性。即时的交互是网络媒体成为热点媒体的主要原因，也是设计网页时必须考虑的问题。

网页设计人员可以根据网站各个阶段的经营目标，配合网站不同时期的经营策略，以及用户的反馈信息，经常对网页进行调整和修改，如图 1-6 所示。

图 1-6

2. 版式的不可控性

网页的设计并没有固定或统一的标准，其具体表现为：一是网页页面会根据当前浏览器窗口大小自动格式化输出；二是网页的浏览者可以控制网页页面在浏览器中的显示方式；三是不同种类、不同版本的浏览器观察同一网页页面时效果会有所不同；四是浏览者的浏览器工作环境不同，显示效果也会有所不同。

把所有这些问题归结为一点，即网页设计者无法控制页面在用户端的最终显示效果，这正是网页设计的不可控性，如图 1-7 所示。

图 1-7

3. 技术与艺术结合的紧密性

设计是主观和客观共同作用的结果，设计者不能超越自身已有经验和所处环境提供的客观条件来进行设计。优秀的设计者正是在掌握客观规律的基础上，进行自由的想象和创造。

网络技术主要表现为客观因素，艺术创意主要表现为主观因素，网页设计者应该积极主动地掌握现有的各种网络技术规律，注重技术和艺术的紧密结合，这样才能掌握技术，实现艺术想象，满足浏览者对网页的高质量需求，如图 1-8 所示。

图 1-8

4. 多媒体的综合性

目前网页中使用的多媒体视听元素主要有文字、图像、声音、动画和视频等。随着网络带宽的增加、芯片处理速度的提高以及跨平台的多媒体文件格式的推广，必将促使设计者综合运用多种媒体元素来设计网页，以满足和丰富浏览者对网页不断提高的要求。

多种媒体的综合运用已经成为网页设计的特点之一，也是网页设计未来的发展方向之一，如图 1-9 所示。

图 1-9

5. 多维性

多维性源于超链接，主要体现在网页设计中导航的设计上。由于超链接的出现，网页的组织结构更加丰富，浏览者可以在各种主题之间自由跳转，从而打破了以前人们接收信息的线性方式。

可以将页面的组织结构分为序列结构、层次结构、网状结构和复合结构等。但页面之间的关系过于复杂，不仅增加了浏览者检索和查找信息的难度，也会给设计者带来更大的挑战。为了让浏览者在网页上迅速找到所需的信息，设计者必须考虑快捷而完善的导航以及超链接设计，如图 1-10 所示。

图 1-10

1.2.3 网页设计的相关术语

在相同的条件下，有些网页不仅美观，打开的速度也非常快，而有些网页却要等很久，这说明网页设计不仅需要页面精美、布局整洁，很大程度上还要依赖于网络技术。因此，网页设计不仅仅是设计者审美观和阅历的体现，更是设计者水平和技术等综合素质的展示。

本节将介绍一些与网页设计相关的术语，只有了解这些网页设计术语，用户才能对网页设计理解得更加全面。

1. 因特网

因特网，英文为 Internet，整个因特网是由许许多多遍布全世界的计算机组织而成的。当一台计算机在连接上网的一瞬间，它就已经是因特网的一部分了。网络是没有国界的，通过因特网，浏览者可以随时将文件信息传递到世界上任何因特网所遍及的角落，当然也可以接收来自世界各地的实时信息。

在因特网上查找信息，"搜索"是最好的办法。例如可以使用搜索引擎，它提供了强大的搜索能力，用户只需要在文本框中输入几个查找内容的关键字，就可以找到成千上万与之相关的信息。

2. 浏览器

浏览器是安装在计算机中用来查看因特网中网页的一种工具，每一位用户都要在计算机上安装浏览器来"阅读"网页中的信息，这是使用因特网最基本的条件，就好像我们要用电视机来收看电视节目一样。目前大多数用户所用的 Windows 操作系统中已经内置了浏览器。

3. 静态网页

静态网页是相对于动态网页而言的，并不是说网页中的元素都是静止不动的，如图 1-11 所示。

静态网页是指浏览器与服务器端不发生交互的网页，网页中的 GIF 动画、HTML 动画等都会发生变化。静态网页的执行过程大致如下。

(1) 浏览器向网络中的服务器发出请求，指向某个静态网页。

(2) 服务器接到请求后将其传输给浏览器，此时传送的只是文本文件。

(3) 浏览器接到服务器传来的文件后解析 HTML 标签，将结果显示出来。

4. 动态网页

除了静态网页中的元素外，动态网页还包括一些应用程序，这些程序需要浏览器与服务器之间发生交互行为，而且应用程序的执行需要服务器中的应用程序服务器才能完成，如图 1-12 所示。目前的动态网页主要使用 ASP、PHP、JSP 和 .NET 等程序。

图 1-11　　　　　　　　　　　　　　　　　　图 1-12

> **说明**
>
> URL 和 HTTP 的名词释义将会在本书中第 2.1.1 节中进行更详细的解释，在此处不再多加赘述。

5. TCP/IP

TCP/IP 是 Transmission Control Protocol/Internet Protocol 的缩写，中文为"传输控制协议 / 网络协议"，它是因特网所采用的标准协议，因此只要遵循 TCP/IP 协议，无论计算机是什么系统或平台，均可以在因特网的世界畅行无阻。

6. FTP

FTP 是 File Transfer Protocol 的缩写，中文为"文件传输协议"。与 HTTP 协议相同，它也是 URL 地址使用的一种协议名称，以指定传输某一种因特网资源。HTTP 协议用于链接到某一网页，而 FTP 协议则是用于上传或下载文件。

7. IP 地址

IP 地址是分配给网络上计算机的一组由 32 位二进制数值组成的编号，以对网络中的计算机进行标示。为了方便记忆地址，采用了十进制标记法，每个数值小于等于 225，数值中间用"."隔开，一个 IP 地址对应一台计算机并且是唯一的。这里提醒读者注意的是所谓的唯一是指在某一时间内唯一，如果使用动态 IP，那么每一次分配的 IP 地址是不同的，在使用网络的这一时段内，这个 IP 是唯一指向正在使用的计算机的；另一种是静态 IP，它是固定将这个 IP 地址分配给某计算机使用的。网络中的服务器就是使用的静态 IP。

8. 域名

IP 地址是一组数字，人们记忆起来不够方便，因此给每个计算机赋予了一个具有代表性的名字，这就是主机名，主机名由英文字母或数字组成，将主机名和 IP 对应起来，这就是域名，方便了大家记忆。

域名和 IP 地址是可以交替使用的，但一般域名还是要通过转换成 IP 地址才能找到相应的主机，这就是上网的时候经常用到的 DNS 域名解析服务。

9. 虚拟主机

虚拟主机 (Virtual Host/Virtual Server) 是使用特殊的软硬件技术，把一台计算机主机分成一台台"虚拟"的主机，每一台虚拟主机都具有独立的域名和 IP 地址 (或共享的 IP 地址)，有完整的 Internet 服务器 (WWW、FTP、E-mail 等) 功能。在同一台计算机硬件、同一个操作系统上，运行着为多个用户打开的不同服务器程序，并互不干扰；而各个用户拥有自己的一部分系统资源 (IP 地址、文件存储空间、内存、CPU 时间等)。虚拟主机之间完全独立，并可由用户自行管理，在外界看来，每一台虚拟主机和一台独立主机的表现完全一样，如图 1-13 所示。

图 1-13

虚拟主机属于企业在网络营销中比较简单的应用，适合初级建站的小型企事业单位。这种建站方式，适合用于企业宣传、发布比较简单的产品和经营信息。

10. 租赁服务器

租赁服务器是通过租赁 ICP 的网络服务器来建立自己的网站。

使用这种建站方式，用户无须购置服务器，只需要租用服务商的线路、端口、机器设备和所提供的信息发布平台就能够发布企业信息，开展电子商务。它能替用户减轻初期投资的压力，减少对硬件长期维护所带来的人员及机房设备投入，使用户既不必承担硬件升级负担，又同样可以建立一个功能齐全的网站。

11. 主机托管

主机托管是企业将自己的服务器放在 ICP 的专用托管服务器机房，利用服务商的线路、端口、机房设备为信息平台建立自己的宣传基地和窗口。

使用独立主机是企业开展电子商务的基础。虚拟主机会被共享环境下的操作系统资源所限，因此，当用户的站点需要满足日益发展的要求时，虚拟主机将不再满足用户的需要，这时候用户需要选择使用独立的主机。

1.2.4 常见网站类型

网站就是把一个个网页系统地链接起来的集合，例如常见的网易、新浪和搜狐等门户网站。网站按照其内容和形式可以分为很多种类型，下面就简单地为用户介绍各种不同类型的网站。

1. 个人网站

个人网站是以个人名义开发创建的具有较强个性的网站，如图 1-14 所示。一般是个人为了兴趣爱好或为了展示自己等目的而创建，具有较强的个性化特点，无论是从内容、风格还是样式上，都形色各异、各有千秋。

图 1-14

2. 企业网站

随着网络的普及和飞速发展，企业拥有自己的网站已经是必然的趋势。企业网站作为电子商务时代企业对外的窗口，起着宣传企业、提高企业知名度、展示和提升企业形象、方便用户查询产品信息和提供售后服务等重要作用，因而越来越受到企业的重视，如图 1-15 所示为华为网站和恒大集团网站。

图 1-15

3. 行业网站

行业网站只专注于某一特定领域，并通过提供特定的服务内容，有效地把对这一特定领域感兴趣的用户与其他网站区分开来，并长期持久地吸引住这些用户，从而为其发展电子商务提供理想的平台，如图 1-16 所示为行业网站。

图 1-16

4. 影视网站

影视网站具有很强的时效性，重视视觉性的布局，要求具有丰富视频信息内容。在这类网站中，经常运用 HTML5 动画、生动的图像及视频片段等。影视类网站的色彩设计多用透明度及饱和度较高的颜色，以给人的视觉带来强烈的冲击力，如图 1-17 所示。

图 1–17

5. 音乐网站

音乐网站需要能够展现音乐带来的精神上的自由、感动和放松。歌手、乐队网站需要根据音乐的不同安排有区别的图像。其他与音乐有关的网站都比较重视个性，利用背景音乐或制作可以听到的音乐来表现音乐网站的特性，如图 1–18 所示为 QQ 音乐和千千音乐网站。

图 1–18

6. 休闲游戏网站

对于那些已经被复杂的现实生活和物质文明搞得焦头烂额、疲惫不堪的现代人来说，休闲游戏就像是一种甜蜜的休息，因此受到了越来越多人的喜爱，如图 1–19 所示。

图 1–19

休闲游戏网站需要给浏览者带来快乐、欢笑和感动。网站通常运用鲜艳、丰富的色彩，夸张的卡通虚拟形象和有趣的动画，勾起浏览者对网站内容的兴趣，从而达到推广该休闲游戏的目的。

7. 电子商务网站

随着网络与计算机技术的发展，信息技术作为工具被引入商务活动领域，从而产生了电子商务。电子商务就是利用信息技术将商务活动的各实体即企业、消费者和政府联系起来，通过互联网将信息流、商流、物流与资金流完整地结合，从而实现商务活动的过程。

由于电子商务网站的内容以商品交易为主，因此内容主要是商品目录和交易方式等信息，且图文比例适中。在页面设计上，多采用分栏结构，设计与配色简洁明了、方便实用，如图 1–20 所示为淘宝网和苏宁易购。

图 1-20

8. 综合门户类网站

门户网站将信息整合、分类，通常门户网站涉及的领域非常广泛，是一种综合型的网站，如新浪、搜狐和网易等。此外这类网站还具有非常强大的服务功能，例如电子邮箱、搜索、论坛和博客等。门户类网站比较显著的特点是信息量大，内容丰富，且多为简单的分栏结构。

1.3 网站开发流程

在开始建设网站之前，就应该有一个整体的战略规划和目标，规划好网页的大致外观后，就可以进行设计了。而当整个网站测试完成后，就可以发布到网上了。大部分站点需要定期进行维护，以实现内容的更新和功能的完善。

1.3.1 网站策划

一件事情的成功与否，其前期策划举足轻重。网站建设也是如此。网站策划是网站设计的前奏，主要包括确定网站的用户群和定位网站的主题，还有形象策划、制作规划和后期宣传推广等方面的内容。网站策划在网站建设的过程中尤为重要，它是制作网站迈出的重要一步。作为建设网站的第一步，网站策划应该切实遵循"以人为本"的创作思路。

网络是用户主宰的世界，由于可选择对象众多，而且寻找起来也相当便利，所以以网络用户明显缺乏耐心，并且想要迅速满足自己的要求。如果他们不能在一分钟之内弄明白如何使用一个网站，那么可能会认为这个网站不值得再浪费时间，然后就会离开，因此只有那些经过周密策划的网站才能吸引更多的访问者。

1.3.2 规划网站结构

一个网站设计得成功与否，很大程度上取决于设计者规划水平的高低。网站规划包含的内容很多，如网站的结构、栏目的设置、网站的风格、网站导航、颜色搭配、版面布局、文字图片的运用等。只有在制作网站之前把这些方面都考虑到了，才能在制作时胸有成竹。

1.3.3 素材收集整理

网站的前期策划完成以后，接下来就是按照确定的主题进行资料和素材的收集、整理了。这一步也是特别重要的，有了好的想法，如果说没有内容来充实，是肯定不能实现的。但是资料、素材的选择是没有什么规律的，可以寻找一些自己认为好的东西，同时也要考虑浏览者的情况，因为每个人的喜好都不同，如何权衡取舍，就要看设计者如何把握了。收集的资料一定要整理好，归类清楚，以便以后使用。

> **提示**
>
> 制作商业网站时，通常客户会提供相关的素材图像和资料，所以资料收集这一步可以省略，但是把客户提供的资料归类并整理好还是很有必要的。

1.3.4 网页版式与布局分析

当资料收集、整理完成后，就可以开始进行具体的网页设计工作了。在进行网页设计时，首先要做的就是设计网页的版式与布局。现在网页的布局设计变得越来越重要，因为访问者不愿意再看到只注重内容的站点。虽然内容很重要，但只有当网页布局和网页内容成功结合时，这种网页或站点才是受人欢迎的。只取任何一面都有可能无法留住"挑剔"的访问者。关于网页的版式与布局，主要有以下几个方面的内容。

1. 页面尺寸

由于页面尺寸和显示器大小及分辨率有关系，网页的局限性就在于无法突破显示器的范围，而且因为浏览器也将占去不少空间，所以留给页面的空间会更小。在网页设计过程中，向下拖动页面是唯一给网页增加更多内容的方法。但有必要提醒读者的是，除非能够肯定网站的内容能吸引访问者拖动，否则不要让访问者拖动页面超过三屏。如果需要在同一页面显示超过三屏的内容，那么最好是在页面上创建内部链接，方便访问者浏览。

2. 整体造型

造型就是创造出来的物体形象。这里是指页面的整体形象，这种形象应该是一个整体，图形与文本的结合是层叠有序的。虽然显示器和浏览器都是矩形，但对于页面的造型，可以充分运用自然界中的其他形状以及一些基本形状的组合，如矩形、圆形、三角形、菱形等。

3. 网页布局方法

网页布局的方法有两种，第一种为纸上布局，第二种为软件布局。

纸上布局法，许多网页制作者不喜欢先画出页面布局的草图，而是直接在网页设计软件中边设计布局边添加内容。这种不打草稿的方法很难设计出优秀的网页，所以在开始制作网页时，要先在纸上画出页面的布局草图。

软件布局法，如果制作者不喜欢用纸来画出布局图，那么还可以利用软件来完成这些工作，例如可以使用 Photoshop，它所具有的对图像的编辑功能正适合设计网页布局。利用 Photoshop 可以方便地使用颜色、图形，并且可以利用层的功能设计出用纸张无法实现的布局概念。

1.3.5 确定网站主色调

色彩是艺术表现的要素之一。在网页设计中，根据和谐、均衡和重点突出的原则，将不同的色彩进行组合、搭配来构成美丽的页面。同时应该根据色彩对人们心理的影响，合理地加以运用。

按照色彩的记忆性原则，一般暖色较冷色的记忆性强，色彩还具有联想与象征的特质，如红色象征鲜血、太阳；蓝色象征大海、天空和水面等。网页的颜色应用并没有数量的限制，但不能毫无节制地运用多种颜色。一般情况下，应先根据整体风格的要求确定一至两种主色调，有 CIS（企业形象识别系统）的，更应该按照其中的 VI 进行色彩运用，如图 1-21 所示。

图 1-21

知识点睛：色彩的特性

　　在色彩的运用过程中，还应该注意的一个问题是由于国家、种族、宗教和信仰的不同，以及生活的地理位置、文化修养的差异等，不同的人群对色彩的喜好程度有着很大的差异。如儿童喜欢对比强烈、个性鲜明的纯颜色；生活在草原上的人喜欢红色；生活在闹市中的人喜欢淡雅的颜色；生活在沙漠中的人喜欢绿色。设计者在设计时要考虑主要用户群的背景和构成，以便于选择恰当的色彩组合。

1.3.6　设计网站页面

　　在版式布局完成的基础上，将确定需要的功能模块（功能模块主要包含网站标志、主菜单、新闻、搜索、友情链接、广告条、邮件列表、版权信息等）、图片、文字等放置到页面上。需要注意的是，这里必须遵循突出重点、平衡协调的原则，将网站标志、主菜单等最重要的模块放在最显眼、最突出的位置，然后再考虑次要模块的摆放。

　　一个网站中包含多个页面，在使用 Dreamweaver 制作网页之前，需要先设计出网页的效果图，通常都是使用 Photoshop 设计网页效果图。

1.3.7　切割和优化网页

　　当我们已经确定网页的设计稿后，就可以使用 Photoshop 将页面中需要的素材图片切下保存为 JPG 或 GIF 等格式，以便在 Dreamweaver 中制作网站页面时使用。

1.3.8　制作 HTML 页面

　　这一步就是具体的制作阶段，也就是大家常说的网页制作。目前主流的网页可视化编辑软件是 Dreamweaver，它具有强大的网页编辑功能，适合专业的网页设计制作人员。

　　网站的建设是从搭建 DIV 开始的，就好像盖一幢房子一样，需要先划分好房屋每一部分的区域。搭建 DIV 的方法是，在 HTML 页面中先使用一些空白的 DIV，说明某个位置应该放置某一部分的内容，通过这些 DIV 将网页分为不同的部分。当然最好的方法是在网页中插入一个 DIV 后，就定义相应的 CSS 样式对该部分内容进行控制。

1.3.9　使用 CSS 样式控制网页外观

　　在 Dreamweaver 中使用 DIV 搭建好网页的基本框架后，就可以通过 CSS 样式对各部分的外观效果进行控制了。CSS 样式主要用于定义网页中的各部分及元素的样式，例如背景效果、文字大小和颜色、元素的位置、元素的边框等。

　　CSS 样式是网页设计制作中非常重要的工具，也是本书的重点，在后面的章节中将详细介绍使用 CSS 样式对网页进行控制的各种方法和技巧。

1.3.10 为网页应用 JavaScript 特效

通过 JavaScript 可以在网页中实现许多特殊效果，目前很多网站中都应用了 JavaScript 效果。通过这些效果的添加，可以使网页变得更加丰富、生动，更能够吸引浏览者的注意。

1.3.11 网站后台程序开发

完成网站 HTML 静态页面的制作后，如果还需要动态功能，就需要开发动态功能模块。网站中常用的功能模块有新闻发布系统、搜索功能、产品展示管理系统、在线调查系统、在线购物、会员注册管理系统、统计系统、留言系统、论坛及聊天室等。

1.3.12 申请域名和服务器空间

网页制作完毕，最后要发布到 Web 服务器上，才能够让众多的浏览者观看。首先需要申请域名和空间，然后才能上传到服务器上。

可以用搜索引擎查找相关的域名空间提供商，在他们的网站上可以进行在线域名查询，从而找到最适合自己的而且还没有被注册的域名。

> **提示**
>
> 当确定域名时，有一些需要注意的事项：①一般来说域名的长度越短越好；②域名的意义以越简单越常用越好；③域名要尽可能给人留下良好的印象；④一般来说组成域名的单词数量越少越好（少于 3 个为佳），主要类型有英文、数字、中文、拼音和混合；⑤是否以前被广泛使用过的域名，是否在搜索引擎中有好的排名或者多的连接数；⑥是否稀有，是否有不可替代性。

有了自己的域名后，就需要一个存放网站文件的空间，而这个空间在互联网上就是服务器。一般情况下，可以选择虚拟主机或独立服务器的方式。

1.3.13 测试并上传网站

网站制作完成以后，暂时还不能发布，需要在本机上进行内部测试，并进行模拟浏览。测试的内容包括版式、图片等显示是否正确，是否有死链接或空链接等，发现有显示错误或功能欠缺后，需要进一步修改，如果没有发现任何问题，就可以上传发布了。上传发布是网站制作最后的步骤，完成这一步骤后，整个过程就结束了。

1.4 关于 DIV+CSS 布局

虽然制作网站的技术不断更新，但是任何事物的发展讲究的都是坚实的基础和循序渐进的方法。所以，在学习 DIV+CSS 新的标准和特性前，用户还是需要对一些基本的概念有清晰的认识，方便接下来的学习和设计。

W3C 组织推荐使用 DIV+CSS 布局网站页面，这种布局方式可以大大地减少网页代码，并且将网页结构与表现相互分离。

1.4.1 布局特点

DIV+CSS 布局又可以称为 CSS 布局，重点在于使用 CSS 样式对网页中元素的位置和外观进行控制。DIV+CSS 布局的重点是 HTML 中的另一个元素——DIV。DIV 可以理解为"图层"或是一个"块"，是一种非常简单的元素，语法上只有从 <div> 开始和 </div> 结束，DIV 的功能仅仅是将一段信息标记出来用于后期的 CSS 样式定义。

在使用 DIV 时，可以通过 CSS 强大的样式定义功能简单、自由地控制页面版式及样式。如图 1-22 所示为使用 DIV+CSS 布局的页面，如图 1-23 所示为该页面的 HTML 代码。

图 1-22

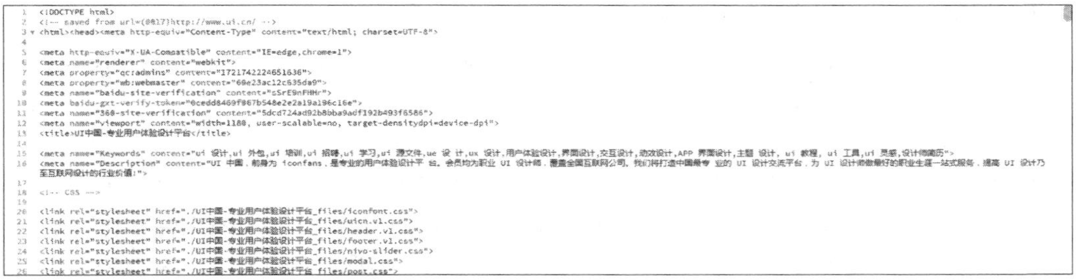

图 1-23

> **提示**
>
> W3C 组织是制定网络标准的一个非营利组织，W3C 是 World Wide Web Consortium(万维网联盟) 的缩写，像 HTML、XHTML、CSS、XML 的标准就是由 W3C 来制定的。它创建于 1994 年，主要研究 Web 规范和指导方针，致力于推动 Web 发展，保证各种 Web 技术能很好地协同工作。

1.4.2 DIV+CSS 布局的优势

CSS 样式是控制页面布局样式的基础，是真正能够做到网页表现与内容分离的一种样式设计语言。

相对传统 HTML 的简单样式控制而言，CSS 能够对网页中对象的位置排版进行像素级的精确控制，支持几乎所有的字体、字号样式，以及拥有对网页对象盒模型样式的控制能力，并能够进行初步的页面交互设计，是目前基于文本展示的最优秀的表现设计语言。归纳起来，使用 DIV+CSS 布局的优势主要有以下几点。

1. 完善的浏览器支持

目前 CSS2 样式是众多浏览器支持得最完善的版本，最新的浏览器均以 CSS2 为 CSS 支持原型进行设计，使用 CSS 样式设计的网页在众多平台及浏览器下样式最为接近。

2. 分离网页表现与结构

CSS 真正意义上实现了设计代码与内容分离，而在 CSS 的设计代码中通过 CSS 的内容导入特性，又可以使设计代码根据设计需要进行二次分离。如为字体专门设计一套样式，为版式等设计一套样式，根据页面显示的需要重新组织，使设计代码本身也便于维护与修改。

3. 功能强大的样式控制

对网页对象的位置排版能够进行像素级的精确控制，支持所有字体、字号样式，具有优秀的盒模型控制能力以及简单的交互设计能力。

4. 优越的继承性

CSS 语言在浏览器的解析顺序上，具有类似面向对象的基本功能，浏览器能够根据 CSS 的级别先后应用多个 CSS 样式定义，良好的 CSS 代码设计可使代码之间产生继承及重载关系，能够达到最大限度的代码重用，降低代码量及维护成本。

1.5　Web 标准

在学习使用 DIV+CSS 对网页进行布局制作之前，还需要清楚什么是 Web 标准。Web 标准也称为网站标准，通常所说的 Web 标准是指进行网站建设所采用的基于 XHTML 语言的网站设计语言。

1.5.1　什么是 Web 标准

Web 标准，即网站标准。目前通常所说的 Web 标准一般指进行网站建设所采用的基于 XHTML语言的网站设计语言。Web 标准中典型的应用模式是 DIV+CSS。实际上，Web 标准并不是某一个标准，而是一系列标准的集合。

Web 标准由一系列的规范组成。由于 Web 设计越来越趋向于整体与结构化，对于网页设计制作者来说，理解 Web 标准首先要理解结构和表现分离的意义。刚开始的时候理解结构和表现的不同之处可能很困难，特别是不习惯思考文档的语义结构。但是理解这点是很重要的，因为当结构和表现分离后，用 CSS 样式表来控制表现就是很容易的一件事了。

> **提示**
>
> 　　网站标准的目的是：提供最多利益给最多的网站用户；确保任何网站文档都能够长期有效；简化代码、降低建设成本；让网站更容易使用，能适应更多不同用户和更多网络设备；当浏览器版本更新，或者出现新的网络交互设备时，确保所有应用能够继续正确执行。

1.5.2　Web 标准的内容

Web 标准不是某一个标准，而是一系列标准的集合。网页主要由 3 部分组成：结构 (Structure)、表现 (Presentation) 和行为 (Behavior)。对应的标准也分 3 个方面：结构化标准语言、表现标准语言和行为标准。

1. 结构化标准语言

主要包括 HTML、XHTML 和 XML；推荐遵循的是 W3C 于 2000 年 10 月 6 日发布的 XML 1.0，目前使用最广泛的是 XHTML。

2. 表现标准语言

主要包括 CSS 样式，目前推荐遵循的是 W3C 于 2011 年正式发布的 CSS3。

3. 行为标准

主要包括对象模型 (如 W3C DOM) 和 ECMAScript 等。

1.5.3　结构、表现、行为和内容

Web 标准是由 W3C 和其他标准化组织制定的一套规范集合，包含一系列标准，例如我们所

熟悉的 HTML、XHTML、JavaScript 以及 CSS 等。确立 Web 标准的目的在于创建一个统一的用于 Web 表现层的技术标准，以便于通过不同浏览器或终端设备向最终用户展示信息内容。

1. 结构

🔸 **XML**：XML 的英文全称是 The Extensible Markup Language。目前推荐遵循的是 W3C 于 2000 年 10 月 6 日发布的 XML1.0。和 HTML 一样，XML 同样来源于 SGML，但 XML 是一种能定义其他语言的语言。

　　XML 最初的设计目的是弥补 HTML 的不足，以强大的扩展性满足网络信息发布的需要，后来逐渐用于网络数据的转换和描述。

🔸 **HTML**：HTML 的英文全称是 Hyper Text Markup Language，中文称为超文本标记语言，广泛用于现在的网页，HTML 目的是为文档增加结构信息，例如表示标题、表示段落。浏览器可以解析这些文档的结构，并用相应的形式表现出来。

　　例如：浏览器会将 ... 之间的内容用粗体显示。设计师也可以通过 CSS 样式来定义某种结构以什么形式表现出来。

　　HTML 元素构成了 HTML 文件，这些元素是由 HTML 标签 (tags) 所定义的。HTML 文件是一种包含很多标签的纯文本文件，标签告诉浏览器如何去显示页面。

🔸 **XHTML**：XHTML 称为可扩展超文本标记语言，英文全称为 Extensible Hyper Text Markup Language。XML 虽然数据转换能力非常强大，完全可以替换 HTML，但面对成千上万已经存在的网站，直接采用 XML 还为时尚早。

　　在 HTML4.0 的基础上，使用 XML 的规则对其进行扩展，得到了 XHTML。简单地说，建立 XHTML 的目的就是实现 HTML 向 XML 的过渡。

2. 表现

　　CSS 称为层叠样式表，英文全称是 Cascading Style Sheets。目前大部分高版本的浏览器已经支持 CSS3。W3C 创建 CSS 标准的目的是以 CSS 取代 HTML 表格式布局和其他表现的语言。纯 CSS 布局与结构化的 XHTML 相结合能够帮助网页设计师分离结构和外观，使站点的访问和维护更加容易。

　　随着互联网的发展，网页的表现方式更加多样化，这就充分为 CSS3 样式发展提供了有利时机。随着 CSS3 的发展，越来越多的设计师已经领略到 CSS3 的特殊效果，本书也将对 CSS3 的相关内容进行介绍。

3. 行为

🔸 **DOM**：DOM 称为文档对象模型，英文全称为 Document Object Model，是一种 W3C 颁布的标准，用于对结构化文档建立对象模型，从而使用户可以通过程序语言 (包括脚本) 来控制其内部结构。

　　DOM 解决了 Netscape 的 JavaScript 和 Microsoft 的 Jscript 之间的冲突，为网页设计师和网页开发人员提供一个标准的方法，来访问站点中的数据、脚本和表现层对象。

🔸 **ECMAScript**：ECMAScript 是 ECMA(European Computer Manufacturers Association) 制定的标准脚本语言 (JavaScript)，目前遵循的是 ECMAScript–262 标准。

4. 内容

　　内容就是制作者放在页面内真正想要访问者浏览的信息，可以包含数据、文档或者图片等。注意这里强调的"真正"，是指纯粹的数据信息本身，而不包含辅助的信息，如导航菜单、装饰性图片等。内容是网页的基础，在网页中具有重要的地位。

1.5.4　遵循 Web 标准的好处

　　首先最为明显的好处就是用 Web 标准制作的页面代码量小，可以节省带宽。这只是 Web 标准附带的好处，因为 DIV 的结构本身就比 Table 简单，Table 布局的层层嵌套造成代码臃肿，文件尺寸膨胀。通常情况下，相同表现的页面用 DIV+CSS 比用 Table 布局节省 2/3 的代码，这是遵循 Web 标准最直接的好处。

　　一些测试表明，通过内容和设计分离的结构进行页面设计，使浏览器对网页的解析速度大大提高，相对老式的内容和设计混合编码而言，浏览器在解析过程中可以更好地分析结构元素和设计元素，良好的网页浏览速度使来访者更容易接受。

第 2 章 了解 HTML5 🔍

　　HTML5 是互联网上用于设计网页的主要语言，注意它只是一种标记语言，与其他程序设计语言不同的是，HTML5 只能建议浏览器以什么方式或结构显示网页内容。本章将介绍 HTML5 的概念及发展史，以及 HTML5 的相关知识。如果想要精通网页的设计及制作，就必须对 HTML5 有较深入的了解和认识。

本章知识点：
- ⤵ 了解 HTML5 的基本概念
- ⤵ 了解 HTML 发展史
- ⤵ 认识 HTML5 的语法和标签
- ⤵ 了解 HTML5 的基础知识
- ⤵ 掌握 HTML5 常用标签的使用

2.1　HTML 基本概念 🔍

　　随着互联网的高速发展，HTML 作为万维网的核心语言，掌握它是学习网页设计的大势所趋，同时也是每个设计师和程序员的必修课程。本章将针对 HTML5 的基础知识进行详细讲解，为用户之后的网页设计打下基础。

2.1.1　了解 HTML ◈

　　W W W (World Wide Web，环球信息网) 是一种建立在互联网上的全球性的、交互性的、动态多平台分布式的信息资源网络，中文名为万维网，简称 Web。万维网采用 HTML 语言描述超文本文件，这里的超文本文件是指具有链接关系和多媒体对象的文件。

　　万维网由 3 个基本部分组成，分别是 URL(Uniform Resource Locator，统一资源定位符)、HTTP(Hypertext Transfer Protocol，超文本传输协议资源) 和 HTML(HyperText Markup Language，超文本标记语言)。

　　URL 提供在 Web 上进入资源的统一方法和路径，使用户所访问的站点具有唯一性，这就像每个现代公民拥有的身份证一样。它说明了链接所指向文件的类型和具体位置。

　　HTTP 是一种超文本传输协议，它是互联网上应用最为广泛的一种网络协议。所有的 Web 文件都必须遵守这个标准。

　　HTML 为超文本标记语言，是标准通用标记语言下的一个应用。"超文本"就是指页面内可以包含图片、链接，甚至音乐、程序等非文字元素。

> **知识点睛：HTML 语言**
>
> 　　HTML 语言是英文 Hyper Text Markup Language 的缩写，它是一种文本类、解释执行的标记语言，是在标准一般化的标记语言 (SGML) 的基础上建立的。SGML 仅描述了定义一套标记语言的方法，而没有定义一套实际的标记语言。而 HTML 就是根据 SGML 制定的特殊应用。

　　HTML 语言是一种简易的文件交换标准，有别于物理的文件结构，它旨在定义文件内对象的描述文件的逻辑结构，而并不是定义文件的显示。由于 HTML 所描述的文件具有极高的适应性，所以特别适合于万维网的环境。

> **提示**
>
> HTML 文件可以直接由浏览器解释执行，而无须编译。当用浏览器打开网页时，浏览器读取网页中的 HTML 代码，分析其语法结构，然后根据解释的结果显示网页内容，正因为如此，网页显示的速度与网页代码的质量有很大的关系，保持精简和高效的 HTML 源代码是十分重要的。

2.1.2　HTML 的作用

HTML 语言作为一种网页编辑语言，易学易懂，能制作出精美的网页效果，其主要在网页中实现的功能如下。

1. 格式化文本

使用 HTML 语言格式化文本，例如设置标题、字体、字号、颜色；设置文本的段落、对齐方式等。

2. 插入图像

使用 HTML 语言可以在页面中插入图像，使网页图文并茂，还可以设置图像的各种属性，例如大小、边框、布局等。

3. 创建列表

HTML 语言可以创建列表，将信息用一种易读的方式表现出来。

4. 创建表格

使用 HTML 语言可以创建表格，表格为浏览者提供了快速找到需要信息的显示方式。

5. 插入多媒体

使用 HTML 语言可以在页面中加入多媒体，可以在网页中加入音频、视频和动画，还能设定播放的时间和次数。

6. 创建超链接

HTML 语言可以在网页中创建超链接，通过超链接检索在线的信息，只需用鼠标单击，就可以链接到任何一处。

7. 创建表单

使用 HTML 语言还可以实现交互式表单和计数器等网页元素。

2.1.3　HTML 的基础结构

编写 HTML 文件的时候，必须遵循 HTML 的语法规则。一个完整的 HTML 文件由标题、段落、列表、表格、单词和嵌入的各种对象组成。这些逻辑上统一的对象统称为元素，HTML 使用标签来分割并描述这些元素。实际上整个 HTML 文件就是由元素与标签组成的。HTML 文件基础结构如下。

```
<html>              <!--HTML 文件开始 -->
<head>              <!--HTML 文件的头部开始 -->
</head>             <!--HTML 文件的头部结束 -->
<body>              <!--HTML 文件的主体开始 -->
</body>             <!--HTML 文件的主体结束 -->
</html>             <!--HTML 文件结束 -->
```

1. <html>...</html>

告诉浏览器 HTML 文件的开始和结束，其中包含 <head> 和 <body> 标签。HTML 文档中所有的内容都应该在两个标签之间，一个 HTML 文档总是以 <html> 开始，以 </html> 结束的。

2. <head>...</head>

网页的头标签，用来定义 HTML 文档的头部信息，该标签是成对使用的。

3. <body>...</body>

HTML 文件的主体标签，绝大多数内容都放置在这个区域中。通常该标签在 </head> 标签之后和 </html> 标签之前。

（知识探查）

HTML 标记标签通常被称为 HTML 标签 (HTML tag)。HTML 标签是由尖括号包围的标记元素，比如 <html>。标签对中的第一个标签是开始标签，第二个标签是结束标签。开始和结束标签也被称为开放标签和闭合标签。

2.1.4 HTML 的基本语法

绝大多数元素都有起始标签和结束标签，在起始标签和结束标签之间的部分是元素体，例如 <body>...</body>。第一个元素都有名称和可选择的属性，元素的名称和属性都在起始标签内标明。

1. 普通标签

一般标签是由一个起始标签和一个结束标签所组成的，其语法格式如下。

```
<x> 控制文字 </x>
```

其中，x 代表标签名称。<x> 和 </x> 就如同一组开关：起始标签 <x> 为开启某种功能，而结束标签 </x>(通常为起始标签加上一个斜线 /) 为关闭功能，受控制的文字信息便放在两个标签之间，例如下面的标签形式。

```
<b> 加粗文字 </b>
```

标签之中还可以附加一些属性，用来实现或完成某些特殊效果或功能，其语法格式如下。

```
<x a1="v1", a2="v2",...an="vn">控制文字
</x>
```

其中，a1，a2...an 为属性名称，而 v1，v2...vn 则是其所对应的属性值。属性值加不加引号，目前所使用的浏览器都可接受，但根据 W3C 的新标准，属性值是要加引号的，所以最好养成加引号的习惯。

2. 空标签

虽然大部分的标签是成对出现的，但也有一些是单独存在的，这些单独存在的标签称为空标签，其语法格式如下。

```
<x>
```

同样，空标签也可以附加一些属性，用来完成某些特殊效果或功能，其语法格式如下。

```
<x a1="v1", a2="v2", a3="v3",...
an="vn">
```

W3C 定义的新标准 (XHTML1.0/HTML4.0) 建议：空标签应以 / 结尾，即 <x/>。如果附加属性，则语法格式如下。

```
<x a1="v1", a2="v2", a3="v3",...
an="vn" />
```

例如下面的代码为水平线 <hr /> 标签设置 color 属性。

```
<hr color="#0000FF" />
```

目前所使用的浏览器对于空标签后面是否要加 / 并没有严格要求，即在空标签最后加 / 和没有加 / 不影响其功能，但是如果希望文件能满足最新标准，最好加上 /。

提示

其实 HTML 还有其他更为复杂的语法，使用技巧也非常多，作为一种语言，它有很多的编写原则，并且以很快的速度发展着，现在已有很多专门的书籍来介绍它。如果读者希望深入地掌握 HTML 语言，可以参考专门介绍 HTML 语言的相关书籍。

2.2 HTML 发展史 🔍

HTML 作为网络语言标准规范，在计算机的发展史中有着不可或缺的地位。在某种意义上 HTML 的成就也决定着一个时代的发展。

2.2.1 HTML 〉

HTML 主要运用标签使页面文件显示出设计预期的效果，也就是在文本文件的基础上，加上一系列的网页元素展示效果，最后形成扩展名为 .htm 或 .html 的文件。

当用户通过浏览器阅读 HTML 文件时，浏览器负责解释插入 HTML 文本中的各种标记，并以此为依据显示文本的内容，一般将 HTML 语言编写的文件称为 HTML 文本，HTML 语言即网页页面的描述语言。

HTML 在前期的发展过程中，存在着一些缺点和不足，已经不能适应越来越多的网络设备和应用的需要。于是 W3C 又制定了 XHTML，XHTML 是 HTML 向 XML 过渡的桥梁。

HTML 和 XHTML 语言都是搭建网页的基本语言，HTML 是超文本标记语言，英文全称是 Hyper Text Markup Language，它能够构成网站的页面，是一种表示 Web 页面符号的标记性语言。

知识点睛：HTML 版本发布顺序

(1) 超文本标记语言 (第一版)——在 1993 年 6 月作为互联网工程工作小组 (IETF) 工作草案发布 (并非标准)。

(2) HTML 2.0——1995 年 11 月作为 RFC 1866 发布，在 RFC 2854 于 2000 年 6 月发布之后被宣布已经过时。

(3) HTML 3.2——1997 年 1 月 14 日，W3C 推荐标准。

(4) HTML4.0——1997 年 12 月 18 日，W3C 推荐标准。

(5) HTML4.01(微小改进)——1999 年 12 月 24 日，W3C 推荐标准。

(6) HTML5——2014 年 10 月 28 日，W3C 推荐标准。

HTML 没有 1.0 版本是因为当时有很多不同的版本。而第一个正式规范是为了和当时的各种 HTML 标准区分开来，使用了 2.0 作为其版本号。HTML+ 的发展继续下去，但是它从未成为标准。

HTML3.0 规范由当时刚成立的 W3C 于 1995 年 3 月提出，提供了很多新的特性，例如表格、文字绕排和复杂数学元素的显示。虽然它是被设计用来兼容 2.0 版本的，但是实现这个标准的工作在当时过于复杂。于是在草案于 1995 年 9 月过期时，标准开发也因为缺乏浏览器支持而中止了。

HTML3.1 版本从未被正式提出，下一个被提出的版本是开发代号为 Wilbur 的 HTML 3.2，这个版本去掉了大部分 3.0 中的新特性，同时又加入了很多特定浏览器，例如 Netscape 和 Mosaic 的元素和属性。

HTML4.0 同样也加入了很多特定浏览器的元素和属性，但是同时也开始"肃清"这个标准，把一些过时的元素和属性去掉，建议不再使用它们。

HTML5 草案的前身名为 Web Applications 1.0，于 2004 年被 WHATWG 提出，于 2007 年被

W3C 接纳，并成立新的 HTML 工作团队。在 2008 年 1 月 22 日，第一份正式草案发布。

> **提示**
>
> 　　WHATWG：网页超文本应用技术工作小组是一个以推动网络 HTML5 标准为目的而成立的组织。在 2004 年，由 Opera、Mozilla 基金会和苹果这些浏览器厂商组成。
>
> 　　Opera 浏览器：是一款挪威 Opera Software ASA 公司制作的支持多页面标签式浏览的网络浏览器，是跨平台浏览器，可以在 Windows、Mac 和 Linux 3 个操作系统平台上运行。
>
> 　　Mozilla 基金会：在 2003 年 7 月 15 日正式成立，Mozilla 基金会把自己描述为"一个致力于在互联网领域提供多样化选择和创新的公益组织"。

2.2.2　XML　

　　XML 是可扩展标记语言，是一种用于标记电子文件使其具有结构性的标记语言，英文名为 Extensible Markup Language。

　　在电子计算机中，标记指计算机所能理解的信息符号，通过此种标记，计算机之间可以处理各种信息、文字段落等内容。标记可以用来标记数据、定义数据类型，是一种允许用户对自己的标记语言进行定义的源语言。

　　XML 非常适合万维网传输，它提供统一的方法来描述和交换独立于应用程序或供应商的结构化数据，是 Internet 环境中跨平台的、依赖于内容的技术，也是当今处理分布式结构信息的有效工具。早在 1998 年，W3C 就发布了 XML1.0 规范，使用它来简化 Internet 的文档信息传输。

　　1998 年 2 月，W3C 正式批准了可扩展标记语言的标准定义，可扩展标记语言可以对文档和数据进行结构化处理，从而能够在部门、客户和供应商之间进行交换，实现动态内容生成，企业集成和应用开发。可扩展标记语言可以使我们能够更准确地搜索，更方便地传送软件组件，更好地描述一些事物，例如电子商务交易等。

> **知识点睛：HTML 和 XML 的区别与联系**
>
> 　　可扩展性：HTML 不具备扩展性，而 XML 是原标记语言，可以用于定义新的标记语言。
>
> 　　侧重点：HTML 侧重于如何表现信息，而 XML 侧重于如何结构化地描述信息。
>
> 　　语法要求：HTML 不要求标记的嵌套、配对等，不要求标记间具有一定的顺序，而 XML 则是严格要求嵌套、配对，遵循 DTD 的树状结构。
>
> 　　可读性和维护性：HTML 难于阅读维护，而 XML 结构清晰，便于阅读维护。
>
> 　　数据和显示关系：HTML 的内容描述和显示是唯一的一个整体，而 XML 则是相分离的。
>
> 　　编辑浏览工具不同：HTML 有大量的编辑浏览工具，而 XML 尚不成熟。

2.2.3　XHTML

　　XHTML 是 HTML 的扩展，称为可扩展的超文本标记语言，英文全称是 Extensible Hyper Text Markup Language，它是一种由 XML 演变而来的语言，比 HTML 语言更加严谨。

　　XHTML 是面向结构的语言，其设计目的不像 HTML 仅仅是为了网页的设计和表现，XHTML 主要用于对网页内容进行结构设计，严谨的语法结构有利于浏览器进行解析处理。

　　XHTML 另一方面也是 XML 的过渡语言。XML 是完全面向结构的设计语言，XHTML 能够帮助用户快速适应结构化的设计，以便于平滑过渡到 XML，并能与 XML 和其他程序语言之间进行良好的交互，帮助扩展其功能。

　　使用 XHTML 的另一个优势是它非常严密。当前网络上的 HTML 使用极其混乱，不完整的代码、私有标签的定义、反复杂乱的表格嵌套等，使页面的体积越来越庞大，而浏览器为了要兼容这些 HTML 也跟着变得非常庞大。

XHTML能与其他基于 XML 的标记语言、应用程序及协议进行良好的交互工作。XHTML 是 Web 标准家族的一部分，能很好地用在无线设备等其他用户代理上。

在网站设计方面，XHTML 可以帮助制作者去掉表现层代码的毛病，帮助制作者养成标记校验测试页面工作的习惯。

> **知识点睛：XHTML 语言**
>
> 从继承关系上讲，HTML 是一种基于标准通用标记语言 SGML 的应用，是一种非常灵活的置标语言，而 XHTML 则基于可扩展标记语言 XML，XML 是 SGML 的一个子集。XHTML 1.0 在 2000 年 1 月 26 日成为 W3C 的推荐标准。
>
> XHTML1.1 为 XHTML 最后的独立标准，2.0 止于草案阶段。XHTML5 则是属于 HTML5 标准的一部分，且名称已改为"以 XML 序列化的 HTML5"，而非"可扩展的 HTML"。在 2018 年，XHTML5 比起 HTML5 仍有差距，且并非主流。
>
> XHTML1.0 发布于 2000 年 1 月 26 日，是 W3C 推荐标准，后来经过修订于 2002 年 8 月 1 日重新发布。
> XHTML 1.1 于 2001 年 5 月 31 日发布，W3C 推荐标准。
> XHTML 2.0 是 W3C 工作草案。
> XHTML 5 是从 XHTML 1.x 的更新版，基于 HTML5 草案。
> HTML4.01 是常见的版本。

2.2.4 制作 HTML 页面

前面已经学习了 HTML 和 XHTML 的相关知识，并且了解了 HTML 与 XHTML 的区别。本节将在 Dreamweaver 中制作一个简单的 HTML 页面，掌握最基础的 HTML 制作方法。

实例 01 制作简单的 HTML 页面

最终文件：最终文件 \ 第 2 章 \2-2-4.html
操作视频：视频 \ 第 2 章 \ 制作简单的 HTML 页面 .mp4

Dreamweaver 软件发展至今，为节省设计人员的时间，它新建的 HTML 页面默认的文档类型为 HTML5，其最新版本为 Dreamweaver CC 2018。

01 执行"文件" > "新建"命令，弹出"新建文档"对话框，对相关选项进行设置，如图 2-1 所示。单击"创建"按钮，创建一个 XHTML 页面，单击"文档"工具栏上的"代码"按钮，转换到代码视图，可以看到页面的代码，如图 2-2 所示。

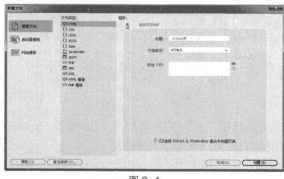

图 2-1   图 2-2

02 在页面 HTML 代码中的 <title> 与 </title> 标签之间输入页面标题，如图 2-3 所示。在 <body> 与 </body> 标签之间输入页面的主体内容，如图 2-4 所示。

03 执行"文件" > "保存"命令，弹出"另存为"对话框，将其保存为"最终文件 \ 第 2 章 \ 2-2-4.html"，如图 2-5 所示。完成第一个 HTML 页面的制作，执行"文件" > "预览"命令，在弹出的快捷菜单中选择浏览器预览该页面，如图 2-6 所示。

图 2-3

```
1   <!doctype html>
2 ▼ <html>
3 ▼ <head>
4     <meta charset="utf-8">
5     <title>制作简单的HTML页面</title>
6     </head>
7
8 ▼ <body>
9         这是我们制作的第一个HTML页面<br/>
10        一起学习div+css布局制作页面吧！|
11    </body>
12    </html>
13
```

图 2-4

图 2-5

图 2-6

2.3 HTML 常用标签

标签是 HTML 语言最基本的单位，每一个标签都是由 "<" 开始，由 ">" 结束，标签通过指定某块信息为段落或标题等来标示文档中的某一部分内容。本节介绍在 HTML 语言中常用的一些标签。

2.3.1 区块标签

在 HTML 文档中常用的分区标签有两个，分别是 <div> 标签和 <span> 标签。

其中，<div> 标签称为区域标签 (又称为容器标签)，用来作为多种 HTML 标签组合的容器，对该区域进行操作和设置，就可以完成对区域中元素的操作和设置。

DIV 是本书的重点，在后面的章节中将进行详细介绍，通过使用 <div> 标签，能让网页代码具有很高的可扩展性，其基本应用格式如下。

```
<body>
  <div> 这里是第一个区块的内容 </div>
  <div> 这里是第二个区块的内容 </div>
</body>
```

提示

在 <div> 标签中可以包含文字、图像、表格等元素，但需要注意的是，<div> 标签不能嵌套在 <p> 标签中使用。

<span> 标签用来作为片段文字、图像等简短内容的容器标签，其意义与 <div> 标签类似，但是和 <div> 标签是不一样的，<span> 标签是文本级元素，默认情况下是不会占用整行的，可以在一行时显示多个 <span> 标签。<span> 标签常用于段落、列表等项目中。

2.3.2 文本标签

文本标签主要用来设置网页中的文字效果，例如文字的大小、文字的加粗等显示方式。文本标签也是写在 <body> 标签内部的，其基本应用格式如下。

```
<body>
    <h1> 这里将显示为标题 1 的格式 </h1>
    <b> 这里将显示为加粗的文字 </b>
</body>
```

文本标签在页面中虽然不起眼，但应用还是比较广泛的，它们主要是将一些比较重要的文本内容用醒目的方式显示出来，从而吸引浏览者的目光，让浏览者能够特别注意到这些重要的文字内容，常用的文本标签介绍如下。

- **<h1> 至 <h6> 标签**：这 6 个标签为文本的标题标签，该标签是成对使用的。<h1>...</h1> 标签是显示字号最大的标题，而 <h6>...</h6> 标签则是显示字号最小的标题。
- **<font> 标签**：该标签用于设置文本的字体、字号和颜色，分别对应的属性为 face、size 和 color，该标签也是成对使用的。
- **<b> 标签**：文本加粗标签，用于显示需要加粗的文字，该标签也是成对使用的。
- **<strong> 标签**：该标签用于显示加重的文本，即粗体的另一种方式，与使用 <b> 标签的效果是相同的，该标签也是成对使用的。
- **<i> 标签**：文本斜体标签，用于显示需要显示为斜体的文字，该标签也是成对使用的。
- **<em> 标签**：文本强调标签，用于显示需要强调的文本，强调的文本会显示为斜体的效果，该标签也是成对使用的。

2.3.3 格式标签

格式标签主要用于对网页中的各种元素进行排版布局，格式标签放置在 HTML 文档中的 <body> 与 </body> 标签之间，通过格式标签可以定义文字段落、对齐方式等，其基本应用格式如下。

```
<body>
    <center> 这里显示的文字将会居中 </center>
    <p> 这里显示的是一个文本段落 </p>
</body>
```

常用的格式标签介绍如下。

- **
 标签**：换行标签，用于强制文本换行显示，该标签是空标题，单独出现。
- **<p> 标签**：用于定义一个段落，该标签是成对使用的。在 <p> 与 </p> 标签之间的文本将以段落的格式在网页中显示。
- **<center> 标签**：居中标签，可以使页面元素居中显示，该标签是成对使用的。
- **<ul> 标签**：<ul> 和 </ul> 标签用于在网页中创建项目列表，在 <ul> 和 </ul> 标签之间使用 <li> 和 </li> 标签创建列表项。
- **<ol> 标签**：<ol> 和 </ol> 标签用于在网页中创建有序列表，在 <ol> 和 </ol> 标签之间使用 <li> 和 </li> 标签创建列表项。
- **<dl> 标签**：<dl> 和 </dl> 标签是在网页中创建定义列表；<dt> 和 </dt> 标签则是创建列表中的上层项目；<dd> 和 </dd> 标签则是创建列表中的下层项目。
其中 <dt></dt> 标签和 <dd></dd> 标签一定要放在 <dl></dl> 标签中才可以使用。

2.3.4　图像标签

图像是网页中不可缺少的重要元素之一，在 HTML 中使用 <img/> 标签对图像进行处理。在 <img /> 标签中，src 属性是不可缺少的，该属性用于设置图像的路径，设置图像路径后，在 <img /> 标签所在的位置，在网页中就能够显示出路径所链接的图像，其基本应用格式如下。

```
<img src="images/banner.jpg" />
```

<img /> 标签除了有 src 属性以外，还包含其他的一些属性，介绍如下。

- **align 属性**：该属性用于设置图像与其周围文本的对齐方式，共有 4 个属性值，分别为 top、right、bottom 和 left。
- **alt 属性**：该属性用于设置图像禁止显示时的文字。

> **知识探查**
>
> width 属性用于设置图像的宽度。height 属性用于设置图像的高度。border 属性用于设置图像边框的宽度，该属性的取值为大于或等于 0 的整数，它以像素为单位。
>
> 这 3 种属性是非常常见的标签属性，大多数标签都会用到。由于版面篇幅限制，之后的标签属性中将不会一一展示。

2.3.5　表格标签

在 HTML 中表格标签是开发人员常用的标签，尤其是在 DIV+CSS 布局还没有兴起的时候，它是表格中网页布局的主要方法。表格的标签是 <table>...</table>，在表格中可以放入任何元素，其基本应用格式如下。

```
<table>
  <tr>
    <td> 这是一个一行一列的表格 </td>
  </tr>
</table>
```

常用表格标签和属性介绍如下。

- **<table> 标签**：表格标签，在 <table> 与 </table> 标签之间必须由 <tr>...</tr> 单元行标签和 <td>...</td> 单元格标签组成。
- **<caption> 标签**：表格标题标签，用于设置表格的标题，该标签是成对使用的。
- **bgcolor 属性**：该属性用于设置表格的背景颜色。
- **align 属性**：该属性用于设置表格的水平对齐方式。
- **cellpadding 属性**：该属性用于设置表格中单元格边框与其内部内容之间的距离。
- **cellspacing 属性**：该属性用于设置表格中单元格之间的距离。

> **提示**
>
> width 属性用于设置表格的宽度。height 属性用于设置表格的高度。border 属性用于设置表格的边框。

2.3.6　超链接标签

链接可以说是 HTML 超文本文件的命脉，HTML 通过链接标签来整合分散在世界各地的图像、文字、影像和音乐等信息，此类标记的主要用途为标示超文本文件链接。<a>...</a> 是超链接标签，其基本应用格式如下。

```
<a href="http://www.sohu.com"> 搜狐首页 </a>
```

超链接一般是设置在文字或图像上的，通过单击设置超链接的文字或图像，可以跳转到所链接的页面，超链接标签 <a>...</a> 的主要属性介绍如下。

href 属性 该属性在超链接指定目标页面的地址，如果不想链接到任何位置，则可以设置为空链接，即 href="#"。

target 属性：该属性用于设置链接的打开方式，有 4 个可选值，分别是 _blank、_parent、_self 和 _top。_blank 打开方式将链接地址在新的浏览器窗口中打开；_parent 打开方式将链接地址在父框架页面中打开，如果该网页并不是框架页面，则在当前浏览器窗口中打开；_self 打开方式将链接地址在当前的浏览器窗口中打开；_top 打开方式将链接地址在整个浏览器窗口中打开，并删除所有框架。

name 属性：该属性用于创建锚点链接。

2.4 HTML5 基础

与 HTML4 相比，HTML5 的发展有着革命性的进步，基于良好的设计理念，HTML5 不但增加了许多新的功能，而且对于涉及的每一个细节都有明确的规定。HTML5 是下一代 HTML 的标准，尽管 HTML5 的实现还有很长的路要走，但 HTML5 正在改变 Web。本节将介绍 HTML5 的相关基础知识。

2.4.1 了解 HTML5

W3C 在 2010 年 1 月 22 日发布了最新的 HTML5 工作草案。HTML5 的工作组包括 AOL、Apple、Google、IBM、Microsoft、Mozilla、Nokia、Opera 以及数百个其他的开发商。制定 HTML5 的目的是取代 1999 年 W3C 所制定的 HTML4.01 和 XHTML1.0 标准，希望在网络应用迅速发展的同时，网页语言能够符合网络发展的需求。

> **知识点睛：HTML5**
>
> HTML5 实际上指的是包括 HTML、CSS 样式和 JavaScript 脚本在内的一整套技术的组合，希望通过 HTML5 能够轻松地实现许多丰富的网络应用需求，而减少浏览器对插件的依赖，并且提供更多能有效增强网络应用的标准集。

在 HTML5 中添加了许多新的应用标签，其中包括 <video>、<audio> 和 <canvas> 等标签，添加这些标签是为了使设计者能够更轻松地在网页中添加或处理图像和多媒体内容。其他新的标签还有 <section>、<article>、<header> 和 <nav>，这些新添加的标签是为了能够更加丰富网页中的数据内容。除了添加许多功能强大的新标签和属性，同样还对一些标签进行了修改，以方便适应快速发展的网络应用。同时也有一些标签和属性在 HTML5 标准中已经被去除。

2.4.2 HTML5 的简化操作

在 HTML5 中对 HTML 代码的一些声明进行了简化操作，避免了不必要的复杂性，DOCTYPE 和字符集都进行了极大的简化，使设计者在编写网页代码时更加轻松和方便。

1. 简化的 DOCTYPE 声明

DOCTYPE 声明是 HTML 文档中必不可少的内容，DOCTYPE 声明位于 HTML 文档的第一行，声明了 HTML 文档遵循的规范。声明 XHTML 1.0 Transitional 的 DOCTYPE 代码如下。

```
<!DOCTYPE html PUBLIC "-//W3C//DTD
XHTML 1.0 Transitional//EN" "http://
www.w3.org/TR/xhtml1/DTD/xhtml1-
transitional.dtd">
```

在 HTML5 中对 DOCTYPE 声明代码进行了简化，代码如下。

```
<! DOCTYPE html>
```

如果使用了 HTML5 的 DOCTYPE 声明，则会触发浏览器以标准兼容的模式来显示页面。HTML5 中的 DOCTYPE 声明标志性地让人感觉到这是符合 HTML5 规范的页面。

2. 简化的字符集声明

字符集的声明也是非常重要的，它决定了网页文件的编码方式。在以前的 HTML 页面中，都是使用如下方式来指定字符集的。

```
<meta http-equiv="Content-Type"
content="text/html; charset=utf-8" />
```

在 HTML5 中，对字符集声明代码进行了简化，代码如下。

```
<meta charset="utf-8">
```

2.4.3 HTML5 标签

在 HTML5 中有许多有意义的标签，为了方便学习和记忆，在本节中将 HTML5 中的标签进行分类介绍。

1. 结构片断标签

- **<article> 标签**：用于在网页中标示独立的主体内容区域，可用于论坛帖子、报纸文章、博客条目和用户评论等。
- **<aside> 标签**：用于在网页中标示非主体内容区域，该区域中的内容应该与附近的主体内容相关。
- **<section> 标签**：用于在网页中标示文档的小节或部分。
- **<footer> 标签**：用于在网页中标示页脚部分，或者添加内容区块的脚注。
- **<header> 标签**：用于在网页中标示页首部分，或者内容区块的标头。
- **<nav> 标签**：用于在网页中标示导航部分。

2. 文本标签

- **<bdi> 标签**：在网页中允许设置一段文本，使其脱离其父元素的文本方向设置。
- **<mark> 标签**：在网页中用于标示需要高亮显示的文本。
- **<time> 标签**：在网页中用于标示日期或时间。
- **<output> 标签**：在网页中用于标示一个输出的结果。

3. 应用和辅助标签

- **<audio> 标签**：用于在网页中定义声音，如背景音乐或其他音频流。
- **<video> 标签**：用于在网页中定义视频，如电影片段或其他视频流。
- **<source> 标签**：为媒介标签（如 video 和 audio），在网页中用于定义媒介资源。
- **<track> 标签**：在网页中为例如 video 元素之类的媒介规定外部文本轨道。
- **<canvas> 标签**：在网页中用于定义图形，例如图标和其他图像。该标签只是图形容器，必须使用脚本绘制图形。
- **<embed> 标签**：在网页中用于标示来自外部的互动内容或插件。

4. 进度标签

- **<progress> 标签**：该标签用于在网页中标示任务进度显示的进度条。
- **<meter> 标签**：在网页中使用 <meter> 标签，可以根据 value 属性赋值和最大、最小值的度量进行显示的进度条。

5. 交互性标签

- <command> 标签：用于在网页中标示一个命令元素（单选、复选或者按钮）；仅当这个元素出现在 <menu> 标签里面时才会被显示，否则将只能作为键盘快捷方式的一个载体。
- <datalist> 标签：用于在网页中标示一个选项组，与 <input> 标签配合使用该标签，来定义 input 元素可能的值。

6. 在文档和应用中使用的标签

- <details> 标签：在网页中用于标示描述文档或者文档某个部分的细节。
- <summary> 标签：在网页中用于标示 <details> 标签内容的标题。
- <figcaption> 标签：在网页中用于标示 <figure> 标签内容的标题。
- <figure> 标签：用于在网页中标示一块独立的流内容（图像、图表、照片和代码等）。
- <hgroup> 标签：在网页中用于标示文档或内容的多个标题，用于将 h1 至 h6 元素打包，优化页面结构在 SEO 中的表现。

7. <ruby> 标签

- <ruby> 标签：在网页中用于标示 ruby 注释（中文注音或字符）。
- <rp> 标签：在 ruby 注释中使用，定义不支持 <rudy> 标签的浏览器所显示的内容。
- <rt> 标签：在网页中用于标示字符（中文注音或字符）的解释或发音。

8. 其他标签

- <keygen> 标签：用于标示表单密钥生成器元素。当提交表单时，私密钥存储在本地，公密钥发送到服务器。
- <wbr> 标签：用于标示单词中适当的换行位置；可以用该标签为一个长单词指定合适的换行位置。

2.4.4　HTML5 废弃标签

在 HTML5 中也废弃了一些以前 HTML 中的标签，主要是以下几个方面的标签。

1. 可以使用 CSS 样式替代的标签

在 HTML5 之前的一些标签中，有一部分是纯粹用做显示效果的标签。而 HTML5 延续了内容与表现分离，对于显示效果更多地交给 CSS 样式去完成。所以在这方面废弃的标签有 <basefont>、<big>、<center>、<font>、<s>、<strike>、<tt> 和 <u>。

2. 不再支持 frame 框架

由于 frame 框架对网页可用性存在负面影响，因此在 HTML5 中已经不再支持 frame 框架，但是支持 iframe 框架。所以 HTML5 中废弃了 frame 框架的 <frameset>、<frame> 和 <noframes> 标签。

3. 其他废弃标签

在 HTML5 中其他被废弃的标签主要是因为有了更好的替代方案。

- 废弃 <bgsound> 标签：可以使用 HTML5 中的 <audio> 标签替代。
- 废弃 <marquee> 标签：可以在 HTML5 中使用 JavaScript 程序代码来实现。
- 废弃 <applet> 标签：可以使用 HTML5 中的 <embed> 和 <object> 标签替代。
- 废弃 <rb> 标签：可以使用 HTML5 中的 <ruby> 标签替代。
- 废弃 <acronym> 标签：可以使用 HTML5 中的 <abbr> 标签替代。
- 废弃 <dir> 标签：可以使用 HTML5 中的 <ul> 标签替代。
- 废弃 <isindex> 标签：可以使用 HTML5 中的 <form> 标签和 <input> 标签结合的方式替代。

- ⬇ **废弃 <listing> 标签**：可以使用 HTML5 中的 <pre> 标签替代。
- ⬇ **废弃 <xmp> 标签**：可以使用 HTML5 中的 <code> 标签替代。
- ⬇ **废弃 <nextid> 标签**：可以使用 HTML5 中的 GUIDS 替代。
- ⬇ **废弃 <plaintext> 标签**：可以使用 HTML5 中的 "text/plain"MIME 类型替代。

2.4.5　HTML5 的选择器

HTML5 增强了选择器的功能。在 HTML5 之前,如果要在网页中查找特定元素,只能使用 3 个函数: getElementById()、getElementsByName() 和 getElementsByTagName()。

1. 根据类名匹配元素 (DOM API)

HTML5 中还有 getElementsByClassName() 函数,是根据类名称匹配元素的,返回的是匹配到的数组,无匹配则返回空的数组。getElementsByClassName() 函数的使用方法如下。

```
var els = document.getElementsByClassNa
me('font01');
```

支持 getElementsByClassName() 函数的浏览器包括 IE 9、Firefox 3.0+、Safari 3.2+、Chrome 4.0+ 和 Opera 10.1+。

2. 根据 CSS 选择器匹配元素 (Selectors API)

HTML5 中还提供了两个根据 CSS 选择器匹配元素的函数: querySelector() 和 querySelectorAll()。

querySelector() 函数返回匹配到的第一个元素,如果没有匹配则返回 null。querySelector() 函数的使用方法如下。

```
var els = document.querySelector("ul
li:nth-child(odd)");
var els = document.querySelector
("table.test> tr > td");
var els = document.querySelector
(".font01",".font02");
```

querySelectAll() 函数返回所有匹配到的元素数组,如果没有匹配则返回空的数组。querySelectAll() 函数的使用方法如下。

```
var els = document.querySelectAll
("ul li:nth-child(odd)");
var els = document.querySelectAll(
"table.test > tr > td");
var els = document.querySelectAll
(".font01" ," .font02");
```

querySelector() 和 querySelectAll() 函数的参数可以接收两个或两个以上,只要满足任何一个条件都是有效的。这两个函数支持的浏览器包括 IE 8+、Firefox 3.5+、Safari 3.2+、Chrome 4.0+ 和 Opera 10.1+。

2.4.6　HTML5 的优势

对于用户和网站开发者而言,HTML5 的出现意义非常重大。因为 HTML5 解决了 Web 页面存在的诸多问题,HTML5 的优势主要表现在以下几个方面。

1. 化繁为简

HTML5 为了做到尽可能简化,避免了一些不必要的复杂设计。例如,DOCTYPE 声明的简化处理,在过去的 HTML 版本中,第一行的 DOCTYPE 过于冗长,在实际的 Web 开发中也没有什么意义,而在 HTML5 中 DOCTYPE 声明就非常简洁。

为了让一切变得简单，同时避免造成误解，HTML5 对每一个细节都有非常明确的规范说明，不允许有任何的歧义和模糊出现。

2. 向下兼容

HTML5 有着很强的兼容能力。在这方面，HTML5 没有颠覆性的革新，允许存在不严谨的写法。例如，一些标签的属性值没有使用英文引号括起来；标签属性中包含大写字母；有的标签没有闭合等。然而这些不严谨的错误处理方案，在 HTML5 的规范中都有着明确的规定，也希望未来在浏览器中有一致的支持。当然对于 Web 开发者来说，还是遵循严谨的代码编写规范比较好。

对于 HTML5 的一些新特性，如果旧的浏览器不支持，也不会影响页面的显示。在 HTML 规范中，也考虑了这方面的内容，如在 HTML5 中 <input> 标签的 type 属性增加了很多新的类型，当浏览器不支持这些类型时，默认会将其视为 text。

3. 支持合理

HTML5 的设计者花费了大量的精力来研究通用的行为。例如，Google 分析了上百万份的网页，从中提取了<div> 标签的 ID 名称，很多网页开发人员都这样标记导航区域。

```
<div id="nav">
  // 导航区域内容
</div>
```

既然该行为已经大量存在，HTML5 就会想办法去改进，于是有了 <nav> 标签，用于网页导航区域。

4. 实用性

对于 HTML 无法实现的一些功能，用户会寻求其他方法来实现，如对于绘图、多媒体、地理位置和实时获取信息等应用，通常会开发一些相应的插件间接地去实现。HTML5 的设计者研究了这些需求，开发了一系列用于 Web 应用的接口。

HTML5 规范的制定是非常开放的，所有人都可以获取草案的内容，也可以参与进来提出宝贵的意见。因为开放，所以可以得到更加全面的发展。一切以用户需求为最终目的。所以当用户在使用HTML5 的新功能时，会发现正是期待已久的功能。

5. 用户优先

在遇到无法解决的冲突时，HTML5 规范会把最终用户的诉求放在第一位。因此，HTML5 的绝大部分功能都是非常实用的。用户与开发者的重要性远远高于规范和理论。例如，有很多用户都需要实现一个新的功能，HTML5 规范设计者会研究这种需求，并纳入规范；HTML5 规范了一套错误处理机制，以便当 Web 开发者写了不够严谨的代码时，接纳这种不严谨的写法。HTML5 比以前版本的 HTML 更加友好。

2.5　HTML5 的应用

使用 HTML5 时，在网页中不需要借助其他插件即可实现视频或音频的播放，甚至可以在网页中绘制图形。本节将通过几个 HTML5 中的标签在网页中实现一些强大的功能。

2.5.1　<canvas> 标签

<canvas> 是 HTML5 中的图形定义标签，通过该标签可以实现在网页中自动绘制出一些常见的图形，例如矩形、椭圆形等，并且能够添加一些图像。<canvas> 标签的基本应用格式如下。

```
<canvas id="myCanvas" width="600" height="200"></canvas>
```

HTML5 中的 <canvas> 标签本身并不能绘制图形，必须与 JavaScript 脚本相结合使用，才能够在网页中绘制出图形。

最终文件：最终文件＼第 2 章＼2-5-1.html
操作视频：视频＼第 2 章＼在网页中实现绘图效果 .mp4

HTML5 中的 <canvas> 标签有一套绘图 API(即接口函数)，自成体系。JavaScript 就是通过调用这些绘图 API 来实现绘制图形和动画功能的。接下来就通过实例练习介绍如何使用 <canvas> 标签在网页中实现绘图效果。

01 执行"文件">"新建"命令,弹出"新建文档"对话框,在"文档类型"下拉列表中选择"HTML5"选项，如图 2-7 所示。单击 "创建" 按钮，创建一个 HTML5 页面，切换到代码视图中，可以看到 HTML5 页面的代码，如图 2-8 所示。

图 2-7

图 2-8

02 将该页面保存为 "最终文件＼第 2 章＼2-5-1.html"， 如图 2-9 所示。在 <body> 标签中输入文字，加入 <canvas> 标签，为其设置相应的属性。在页面代码中添加相应的 JavaScript 脚本代码，如图 2-10 所示。

图 2-9

图 2-10

> **提示**
>
> 在 JavaScript 脚本中，getContext 是内建的 HTML5 对象，拥有多种绘制路径、矩形、圆形和字符以及添加图像的方法。fillStyle 方法将所绘制的图形设置为一种红橙色。

03 返回 Dreamweaver 设计视图中，可以看到使用 <canvas> 标签所定义的区域显示为灰色，如图 2-11 所示。保存页面，在实时视图和浏览器页面中预览该效果，即可看到网页中使用 <canvas> 标签所绘制的圆形效果，如图 2-12 所示。

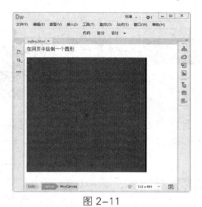

图 2-11

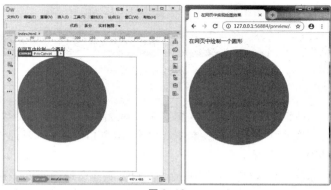

图 2-12

知识点睛：<canvas> 标签是如何实现绘图的？

　　<canvas> 标签本身并没有绘图功能，所有的绘图工作必须在 JavaScript 内部完成。前面介绍过，<canvas> 标签提供了一套绘图 API。在开始绘图之前，先要在 JavaScript 中获取 <canvas> 标签的对象，再获取一个上下文，接下来就可以使用绘图 API 中丰富的功能了。

2.5.2　声音和视频标签

　　网络上有许多不同格式的音频和视频文件，但 HTML 标签所支持的音乐格式并不是很多，并且不同的浏览器支持的格式也不相同。

1. <audio> 标签

　　HTML5 针对之前支持少量音频文件的情况，推出了 <audio> 标签来统一网页音频格式，可以直接使用该标签在网页中添加相应格式的音乐。

　　<audio> 标签的基本应用格式如下。

```
<audio src="song.wav" controls="controls"></audio>
```

　　<audio> 标签中可以设置的属性如下所示。

- ↳ autoplay：设置该属性，可以在打开网页的同时自动播放音乐。
- ↳ controls：设置该属性，可以在网页中显示音频播放控件。
- ↳ loop：设置该属性，可以设置音频重复播放。
- ↳ preload：设置该属性，则音频在加载页面时进行加载，并预备播放。如果设置 autoplay 属性，则忽略该属性。
- ↳ src：该属性用于设置音频文件的地址。

知识点睛：<embed> 标签（多媒体标签）

　　<embed> 标签定义外部（非 HTML）内容的容器（这是一个 HTML5 标签，在 HTML4 中是非法的，但是所有浏览器中都有效），是多媒体标签，可以插入音频、视频等多媒体文件。
　　<embed height="100" width="100" src="song.mp3" />
　　属性：
　　① 自动播放
　　语法：autostart=true、false
　　说明：该属性规定音频或视频文件是否在下载完之后就自动播放。
　　② 音量大小
　　语法：volume=0-100 之间的整数
　　说明：该属性规定音频或视频文件的音量大小。未定义则使用系统本身的设定。

③ 播放次数

语法：loop=true/ 数字（无限播放 / 具体次数）

说明：该属性规定音频或视频的播放次数。该属性目前在 chrome 浏览器中无法实现循环播放，但是在 IE 浏览器中可以。

2. <video> 标签

视频标签的出现无疑是 HTML5 的一大亮点，但是旧的浏览器和 IE 8 不支持 <video> 标签，并且涉及视频文件的格式问题，Firefox 和 Safari/Chrome 的支持方式并不相同，所以在现阶段要想使用 HTML5 的视频功能，浏览器兼容性是一个不得不考虑的问题。

<video> 标签的基本应用格式如下。

```
<video src="movie.mp4" controls="controls"></audio>
```

<video> 标签中可以设置的属性如下所示。

- autoplay：设置该属性，可以在打开网页的同时自动播放视频。
- controls：设置该属性，浏览器为视频提供播放控件，作者设置的脚本控件规定为不存在。
- loop：设置该属性，可以设置视频重复播放。
- preload：设置该属性，可以规定是否预加载视频。
- src：该属性用于设置视频文件的地址。

> **提示**
>
> width 属性用于设置视频的宽度，默认单位为像素。height 属性用于设置视频的高度，默认单位为像素。

<object> 定义一个嵌入的对象。使用此元素向 HTML 页面添加多媒体。此元素允许插入规定 HTML 文档中的对象的数据和参数，以及可用来显示和操作数据的代码。

<object> 标签可位于 head 元素或 body 元素内部。<object> 与 </object> 之间的文本是替换文本，针对不支持此标签的浏览器。<param> 标签可定义用于对象的 run-time 设置。至于图像，可使用 <img> 标签代替 <object> 标签。至少必须定义 "data" 和 "type" 属性之一。

<object> 标签用于包含对象，例如图像、音频、视频、Java applets、ActiveX、PDF 以及 Flash。<embed> 标签定义嵌入的内容，例如插件。

object 和 embed 的区别如下。

① 为了兼容不同的浏览器，IE 只支持对 <object> 的解析；Firefox、Chrome、Safari 只支持对 Embed 的解析。

② <object> 标签用 clsid 表示控件的唯一 ID，而 <embed> 标签用 type 表示插件的唯一名称。例如，Flash 插件 type 为 application/x-shockwave-flash，MP3 播放插件 type 为 audio/mpeg。

③ 为了兼容多个浏览器，可以通过 IE 浏览器动态加载 <object> 标签，非 IE 浏览器动态加载 <embed> 标签，或者在 <object> 标签里面嵌入 <embed> 标签。

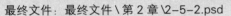 **实 例 03　在网页中嵌入音频和视频**

最终文件：最终文件 \ 第 2 章 \2-5-2.psd
操作视频：视频 \ 第 2 章 \ 在网页中嵌入音频和视频 .mp4

<audio> 标签是专门用来在网页中播放音频文件的，了解了 <audio> 标签的相关基础知识，接下来通过实例练习介绍如何使用 HTML5 中的 <audio> 标签在网页中嵌入音频。

HTML5 中的 <video> 标签是专门用来在网页中播放视频文件的，了解了 <video> 标签的基础知识，接下来通过实例练习介绍如何使用 HTML5 中的 <video> 标签在网页中嵌入视频。

01 执行"文件">"打开"命令，打开页面"源文件\第 2 章\2-5-2.html"，可以看到页面效果，如图 2-13 所示。切换到代码视图中，可以看到该页面的代码，如图 2-14 所示。

图 2-13

图 2-14

02 将光标移至名为 music 的 DIV 中，将多余文字删除并加入 <audio> 标签，并为其设置相应的属性，如图 2-15 所示。保存页面，在 Chrome 浏览器中预览该页面的效果，可以看到播放器控件并播放音乐，如图 2-16 所示。

图 2-15

图 2-16

03 将光标移至名为 movie 的 DIV 中，将多余文字删除，在该 DIV 标签中加入 <video> 标签，并设置相关属性。在 <video> 标签之间加入 <source> 标签，并设置相关属性，如图 2-17 所示。

```
13 ▼ <div id="box">
14 ▼    <div id="movie">
15          <video controls width="484" height="273">
16
17          </video>
18       </div>
19    </div>
20    </body>
21    </html>
22
```

```
13 ▼ <div id="box">
14 ▼    <div id="movie">
15 ▼       <video controls width="484" height="273" >
16             <source type="video/mp4" src="images/movie.mp4">
17          </video>
18       </div>
19    </div>
20    </body>
21    </html>
```

图 2-17

04 为了使网页打开时视频能够自动播放，还可以在 <video> 标签中加入 autoplay 属性，该属性的取值为布尔值，如图 2-18 所示。保存页面，在 Chrome 浏览器中预览页面，可以看到使用 HTML5 所实现的视频播放效果，如图 2-19 所示。

```
13 ▼ <div id="box">
14 ▼   <div id="movie">
15 ▼     <video controls width="484" height="273"
         autoplay="true">
16         <source type="video/mp4" src="images/movie.mp4">
17       </video>
18     </div>
19   </div>
20 </body>
21 </html>
```

图 2-18　　　　　　　　　　　　　　　　　　　　图 2-19

提示

　　自动播放属性只能在高版本的 IE 浏览器中生效，但是高版本的 IE 浏览器不支持 .wav 格式的音频文件。

知识点睛：为什么使用 Chrome 浏览器预览页面？

　　因为 HTML5 的 <video> 标签每个浏览器的支持情况不同，Firefox 浏览器只支持 .ogg 格式的视频文件，Safari 和 Chrome 浏览器只支持 .mp4 格式的视频文件，而 IE 8 及以下版本目前还并不支持 <video> 标签，所以在使用该标签时一定要注意。

第 **3** 章 初识 CSS 样式

> CSS 是一种叫作样式表 (Style Sheets) 的技术，也有人称之为层叠样式表 (Cascading Style Sheets)。CSS 样式用来作为网页的排版与布局设计，在网页设计制作中无疑是非常重要的一环。CSS 样式是一种对 Web 文档添加样式的简单机制，是一种表现 HTML 或 XML 等文件外观样式的计算机语言。本章将介绍 CSS 样式的相关基础知识。

本章知识点：
- 认识 CSS 规则的构成
- 应用 CSS 样式的方法
- 认识 CSS 选择器
- CSS 样式的特性
- CSS 的颜色设置和单位

3.1 了解 CSS 样式

CSS 样式是对 HTML 语言的有效补充，通过使用 CSS 样式，能够节省许多重复性的格式设置，例如网页文字的大小和颜色等。通过 CSS 样式可以轻松地设置网页元素的显示位置和格式，还可以使用 CSS 动画，实现图像轮播等效果，大大提升网页的互动性。

3.1.1 使用 CSS 样式的原因

在 HTML 中，虽然有 <b>、<u>、<i> 和 <p> 等标签可以控制文本或图像等内容的显示效果，但这些标签的功能非常有限，而且对有些特定的网站需求，使用这些标签是不能完成的，所以需要引入 CSS 样式。

CSS 样式称为层叠样式表，即多重样式定义被层叠在一起成为一个整体，在网页设置中是标准的布局语言，用来控制元素的尺寸、颜色和排版。

CSS 是由 W3C 发布，用来取代基于表格布局、框架布局以及其他非标准的表现方法。

引用 CSS 样式的目的是将"网页结构代码"和"网页格式风格代码"分离开，从而使网页设计者可以对网页的布局进行更多的控制。利用 CSS 样式，可以将站点上的所有网页都指向某个 CSS 文件，设计者只需要修改 CSS 样式中的代码，整个网页上对应的样式都会随之发生改变，如图 3-1 所示为 CSS 教程。

图 3-1

CSS 是一组格式设置规则，用于控制 Web 页面的外观。通过使用 CSS 样式设置页面的格式，可以将页面的内容与表现形式分离。页面内容存放在 HTML 文档中，而用于定义表现形式的 CSS 规则存放在另一个文件中。将内容与表现形式分离，不仅可以使维护站点的外观时更加容易，而且还可以使 HTML 文档代码更加简练，缩短浏览器的加载时间。

随着 CSS 的广泛应用，CSS 技术也越来越成熟。CSS 现在有 3 个不同层次的标准，即 CSS1、CSS2 和 CSS3。

CSS1 主要定义了网页的基本属性，如字体、颜色、空白边等。CSS2 在此基础上添加了一些高级功能，如浮动和定位，以及一些高级选择器，如子选择器、相邻选择器等。

CSS3 开始遵循模块化开发，这将有助于厘清模块化规范之间的不同关系，减少完整文件的大小。以前的规范是一个完整的模块，太过于庞大，而且比较复杂，所以新的 CSS3 规范将其分成了多个模块。

3.1.2　使用 CSS 样式的优势

CSS 样式是由许多 CSS 规则组成的文件，CSS 规则是 CSS 样式最小的单位，规则定义一种或多种样式效果。每个规则标示选择网页中的哪些部分，以及对页面的该部分应用什么样的属性。

网页文档链接到该 CSS 样式，则意味着浏览器需要下载该 CSS 样式，并且在显示网页页面时应用这些 CSS 样式规则。CSS 样式文件可以与任何数量的网页文档链接，因此，CSS 样式可以控制整个网站或其一部分的外观。

CSS 样式可以与几种不同的标记语言一起使用，这些标记语言包括 HTML 和 XML。

HTML(超文本标记语言) 由标记文档内特定元素的一系列标签组成。这些元素都具有默认的样式表现。默认的样式表现由浏览器提供基于 HTML 的正式规范。用户通过链接外部 CSS 样式文件，甚至通过在 HTML 文件内包括 CSS 样式，可以对 HTML 页面应用 CSS 样式，这样可以重新定义每个元素的样式。

HTML 页面可以包含设置表达样式的属性和标签，但是与 CSS 相比，它的功能和效果非常有限。CSS 样式可以与 HTML 表达标签一起使用，例如 <font> 标签或者 color="#333333" 属性，或者可以完全替代表达标签和属性。

如图 3-2 所示，该网页没有应用 CSS 样式，因此外观十分普通，字体都是浏览器的默认字体，颜色是基础的浏览器默认颜色，虽然外观看起来十分简陋，但所有信息清楚可见，页面也易于使用，只是缺乏 CSS 样式，网页看起来不美观而已。

图 3-2

如图 3-3 所示为该网页应用 CSS 样式后的效果。使用 CSS 样式不但为网页定义了引人注目的文字，而且使页面的排版更加整齐、漂亮。为网页应用 CSS 样式的效果就是显著改进网页的外观，使网站页面更友好、更易识别和便于使用。

CSS 样式还可以用来与 XML（扩展标记语言）一起使用。XML 语言通常不具有内在的表达定义，而 CSS 样式可以直接应用于 XML 文件，以实现添加表达样式的目的。

图 3-3

3.1.3 使用 CSS 样式的作用

CSS 样式可以用来改变从文本样式到页面布局的一切，并且能够与 JavaScript 结合产生动态显示效果，CSS 样式在网页中的应用主要表现在以下几个方面。

1. 设置文本格式和颜色

使用 CSS 样式可以设置很多的文本效果，主要包括如下几种。

(1) 设置网页中的字体和字号。

(2) 设置字体粗体、斜体、下画线和文本阴影等效果。

(3) 改变文本颜色与背景颜色。

(4) 改变超链接文本的颜色，去除超链接文本下画线。

(5) 缩进文本或使文本居中。

(6) 拉伸、调整文本大小和行间距。

(7) 将文本部分转换成大写或小写，或者转换成大小写混合形式（仅限针对英文）。

(8) 设置首写大写字母下沉和其他特效。

2. 控制图形外观和布局

CSS 样式也可以用来改变整个页面的外观。在 CSS2 中引入了 CSS 的定位属性，运用该属性，用户不使用表格就能够格式化网页。用户运用 CSS 样式影响页面图形布局的一些操作主要包括以下几种。

(1) 设置背景图像，并且可以控制背景图像的位置、重复方式和滚动等属性。

(2) 为网页元素添加边框效果。

(3) 设置网页元素的垂直和水平边距，以及水平和垂直填充方式。

(4) 创建图像周围甚至是其他文本周围的文本绕排。

(5) 准确定位网页元素的位置。

(6) 重新定义 HTML 中默认的表、表单和列表的显示方式。

(7) 可以按照指定的顺序将网页中的元素进行分层放置，从而实现元素的互相叠加。

3. 实现动态效果

网页设计的动态效果是交互性的，为了适合运用而改变。通过 CSS 样式表能创建响应用户的交互式设计，主要包括以下几个方面。

(1) 鼠标经过链接时的效果。

(2) 在 HTML 标签之前或之后动态插入内容。

(3) 自动对页面元素编号。

(4) 在 动 态 HTML(DHTML，Dynamic HTML) 和 异 步 JavaScript 与 XML(AJAX，Asynchronous JavaScript and XML) 中的完全交互式设计。

3.1.4　使用 CSS 样式的局限性

CSS 的功能虽然很强大，但是它也有某些局限性。CSS 样式的主要不足是，它主要对标签文件中的显示内容起作用。显示顺序在某种程度上可以改变，可以插入少量文本内容，但是在源 HTML(或 XML) 中做较大改变，用户需要使用另外的方法，例如使用 XSL 转换 (XSLT)。

同样，CSS 样式的出现比 HTML 要晚，这就意味着，一些较老的浏览器不能识别用 CSS 所写的样式，并且 CSS 在简单文本浏览器中的用途也有限，例如为手机或移动设备编写的简单浏览器等。

CSS 样式是可以实现向后兼容的。例如，较老的浏览器虽然不能显示出样式，但是却能够正常地显示网页。相反，应该使用默认的 HTML 表达，并且如果设计者合理地设计了 CSS 和 HTML，即使样式不能显示，页面的内容也还是可用的。

3.1.5　CSS 样式的基础语法

CSS 样式由选择器和属性构成，CSS 样式的基本语法如下。

```
CSS 选择器 {
属性 1：属性值 1；
属性 2：属性值 2；
属性 3：属性值 3；
……
}
```

下面是在 HTML 页面内直接引用的 CSS 样式，该方法必须把 CSS 样式信息包括在 <style> 和 </style> 标签中，为了使样式在整个页面中产生作用，应把该组标签及内容放到 <head> 和 </head> 标签中去。

例如，需要设置 HTML 页面上所有 <p> 标签中的文字都显示为红色，其代码如下。

```
<html>
<head>
<meta http-equiv="Content-Type" content="text/html; charset=utf-8" />
<title>CSS 基本语法 </title>
<style type="text/css">
<!--
p {color: red;}
-->
</style>
</head>
<body>
<p> 这里是页面的正文内容 </p>
</body>
</html>
```

在使用 CSS 样式的过程中，经常会有几个选择器用到同一个属性，例如规定页面中凡是粗体字、斜体字和 1 号标题字都显示为蓝色，按照上面介绍的写法应该将 CSS 样式写为如下的形式。

```
B { color: blue; }
I { color: blue; }
H1 { color: blue; }
```

这样书写十分麻烦，在 CSS 样式中引进了分组的概念，可以将相同属性的样式写在一起，CSS 样式的代码就会简洁很多，其代码形式如下。

```
B,I,H1 {color: blue ;}
```

用逗号分隔各个 CSS 样式选择器，将 3 行代码合并写在一起。

3.1.6 认识 CSS 规则的构成

所有 CSS 样式的基础就是 CSS 规则，每一条规则都是一条单独的语句，它确定应该如何设计样式，以及应该如何应用这些样式。因此，CSS 样式由规则列表组成，浏览器用它来确定页面的显示效果。

CSS 由两部分组成：选择器和声明，其中声明由属性和属性值组成，所以简单的 CSS 规则形式如图 3-4 所示。

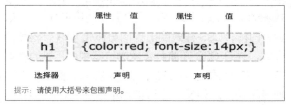

图 3-4

1. 选择器

选择器部分指定对文档中的哪个标签进行定义，选择器最简单的类型是"标签选择器"，直接输入 HTML 标签的名称，便可以对其进行定义。例如定义 XHTML 中的 <p> 标签，只要给出 < > 尖括号内的标签名称，用户就可以编写标签选择器了。

2. 声明

声明包含在 {} 大括号内，在大括号中首先给出属性名，接着是冒号，然后是属性值，结尾分号是可选项，推荐使用结尾分号，整条规则以结尾大括号结束。

3. 属性

属性由官方 CSS 规范定义。用户可以定义特有的样式效果，与 CSS 兼容的浏览器会支持这些效果，尽管有些浏览器识别不是正式语言规范部分的非标准属性，但是大多数浏览器很可能会忽略一些非 CSS 规范部分的属性，最好不要依赖这些专有的扩展属性，不识别它们的浏览器只是简单地忽略它们。

4. 值

声明的值放置在属性名和冒号之后。它确切定义应该如何设置属性。每个属性值的范围也在 CSS 规范中定义。

3.2 在网页中应用 CSS 样式的 4 种方法

CSS 样式能够很好地控制页面的显示，以分离网页内容和样式代码。在网页中应用 CSS 样式表有 4 种方式：内联 CSS 样式、内部 CSS 样式、链接外部 CSS 样式表文件和导入外部 CSS 样式表文件。在实际操作中，要根据设计的不同要求来进行方式选择。

3.2.1 内联 CSS 样式

内联 CSS 样式是所有 CSS 样式中比较简单和直观的方法，就是直接把 CSS 样式代码添加到 HTML 的标签中，即作为 HTML 标签的属性存在。通过这种方法，可以很简单地对某个元素单独定义样式。

使用内联样式方法是直接在 HTML 标签中使用 style 属性，该属性的内容就是 CSS 的属性和值，其应用格式如下。

```
<p style="font-family:宋体 ; font-size:12px; color:#CCCCCC;"> 内联样式 <./p>
```

实例 04　使用 style 属性添加内联 CSS 样式

最终文件：最终文件 \ 第 3 章 \3-2-1.html
操作视频：视频 \ 第 3 章 \ 使用 style 属性添加内联 CSS 样式 .mp4

内联 CSS 样式是 HTML 标签对于 style 属性的支持所产生的一种 CSS 样式编写方式，了解了有关内联 CSS 样式的编写方法后，接下来通过实例练习介绍使用 style 属性添加内联 CSS 样式的方法。

01 执行 "文件" > "打开" 命令，打开页面 "源文件 \ 第 3 章 \3-2-1.html"，可以看到页面效果，如图 3-5 所示。切换到代码视图，可以看到该网页的 HTML 代码，如图 3-6 所示。

图 3-5　　　　　　　　　　　　　　　　图 3-6

02 为页面中相应的文字添加 <font> 标签，如图 3-7 所示。在 <font> 标签中添加 style 属性，设置内联 CSS 样式，如图 3-8 所示。

图 3-7　　　　　　　　　　　　　　　　图 3-8

03 返回页面设计视图中，可以看到通过内联 CSS 样式设置的文字效果，如图 3-9 所示。执行 "文件" > "保存" 命令，保存页面。在浏览器中预览该页面，可以看到页面效果，如图 3-10 所示。

图 3-9　　　　　　　　　　　　　　　　图 3-10

3.2.2 内部 CSS 样式 ⊘

内部 CSS 样式就是将 CSS 样式代码添加到 <head> 与 </head> 标签之间，并且用 <style> 与 <style> 标签进行声明。这种写法虽然没有完全实现页头内容与 CSS 样式表现的完全分离，但可以将内容与 HTML 代码分离在两个部分进行统一的管理。

实例 05 使用 style 标签添加内部 CSS 样式

最终文件：最终文件 \ 第 3 章 \3-2-2.html
操作视频：视频 \ 第 3 章 \ 使用 style 标签添加内部 CSS 样式 .mp4

内部 CSS 样式是在网页中应用 CSS 样式的一种重要方式，内部 CSS 样式必须位于页面头部 <head> 与 </head> 标签之间，并且用 <style> 与 <style> 标签进行声明，接下来通过实例练习介绍如何使用内部 CSS 样式。

01 执行"文件">"打开"命令，打开页面"源文件 \ 第 3 章 \3-2-2.html"，可以看到页面效果如图 3-11 所示。切换到代码视图，在页面头部的 <head> 与 </head> 标签之间可以看到该页面的嵌入样式，如图 3-12 所示。

图 3-11

图 3-12

02 在网页头部的内部 CSS 样式代码中定义一个名为 .font01 的类 CSS 样式，如图 3-13 所示。选择页面中相应的文字，在"属性"面板上的"类"下拉列表中选择刚定义的 CSS 样式 font01 应用，如图 3-14 所示。

```
49 ▼ .logo {
50       font-size: 18px;
51       color: #333;
52  }
53 ▼ .font01 {
54       font-family: 微软雅黑;
55       font-weight: bold;
56       font-size: 16px;
57       line-height: 45px;
58       display: inline-block;
59       border-bottom: 1px dashed #690;
60  }
61  </style>
62  </head>
63
```

图 3-13

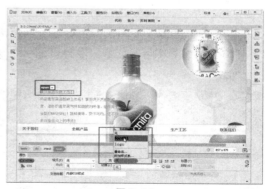

图 3-14

03 切换到代码视图中，可以看到在 <span> 标签中添加的相应代码，这是应用类 CSS 样式的方式，如图 3-15 所示。执行"文件">"保存"命令，保存页面，在浏览器中预览该页面，可以看到页面的效果，如图 3-16 所示。

```
64 ▼ <body>
65 ▼ <div id="menu">
66 ▼   <ul>
67        <li>关于我们</li>
68        <li>全新产品</li>
69        <li><span class="logo">玛丽果酒</span></li>
70        <li>生产工艺</li>
71        <li>联系我们</li>
72      </ul>
73    </div>
74    <div id="text"><span class="font01">青苹果新鲜上市！</span><br />
75    玛丽青苹果酒新鲜上市啦！享受天然的新鲜度。微妙的青苹果气息和微酸的味道，给您带来全新的味觉体验！新鲜美
      味，势不可挡，还不快来体验舌尖上的味觉！</div>
76    </body>
77    </html>
78
```

图 3-15

图 3-16

3.2.3　链接外部 CSS 样式文件

　　链接外部 CSS 样式文件是指在外部定义 CSS 样式并形成以 .css 为扩展名的文件，然后在页面中通过 <link> 标签将外部的 CSS 样式文件链接到页面中，而且该语句必须放在页面的 <head> 与 </head> 标签之间，链接外部 CSS 样式表文件的格式如下。

```
<link rel="stylesheet" type="text/css" href="style/3-3-3.css">
```

　　↘ rel：该属性用于指定链接到 CSS 样式，其值为 stylesheet。
　　↘ type：该属性用于指定链接的文件类型为 CSS 样式表。
　　↘ href：该属性用于指定所链接的外部 CSS 样式文件的路径，可以使用相对路径和绝对路径。

实 例 06　使用 link 标签链接外部 CSS 样式文件

最终文件：最终文件 \ 第 3 章 \3-2-3.html
操作视频：视频 \ 第 3 章 \ 使用 link 标签链接外部 CSS 样式文件 .mp4

　　外部 CSS 样式文件是 CSS 样式中较为理想的一种形式。将 CSS 样式代码单独编写在一个独立文件之中，由网页进行调用，多个网页可以调用同一个外部 CSS 样式文件，因此能够实现代码的最大化使用及网站文件的最优化配置。

　　01 执行"文件" > "打开"命令，打开页面"源文件 \ 第 3 章 \3-2-3.html"，可以看到页面效果，如图 3-17 所示。切换到代码视图，在页面头部的 <head> 与 </head> 标签之间可以看到该页面的内部样式，如图 3-18 所示。

　　02 执行"文件" > "新建"命令，弹出"新建文档"对话框，在"文档类型"列表框中选择 CSS 选项，如图 3-19 所示。单击"确定"按钮，创建一个外部 CSS 样式文件，将该文件保存为"源文件 \ 第 3 章 \style\3-2-3.css"，如图 3-20 所示。

图 3-17

```
7
8 ▼ <body>
9 ▼ <div id="box">
10      <div class="title"><img src="images/32602.png" width="461" height="43" /><br />
11      Tail品牌女装自女装诞生的那一刻便随着时代的变迁应运而生，Tail品牌女装款式的多元
        化推动了时装的发展。在品牌化飞速发展的今天，女装品牌的数量已无法计算，几乎每时
        每刻都会有新的女装品牌在时尚女装市
        场上出现。</div>
12      <div id="pic">
13        <div id="pic1"><img src="images/32603.jpg" width="225" height="216" /></div>
14        <div id="pic2"><img src="images/32604.jpg" width="225" height="216" /></div>
15        <div id="pic3"><img src="images/32605.jpg" width="225" height="216" /></div>
16        <div id="pic4"><img src="images/32606.jpg" width="225" height="216" /></div>
17      </div>
18      <div id="btn"><img src="images/32607.png" width="195" height="53" /></div>
19    </div>
20    </body>
21    </html>
```

图 3-18

图 3-19   图 3-20

03 返回 3-2-3.html 页面的代码视图中，打开"CSS 设计器"面板，单击"添加 CSS 源"按钮，在弹出的下拉列表中继续单击"附加样式表"按钮，如图 3-21 所示。弹出"链接外部样式表"对话框，单击"浏览"按钮，在弹出的对话框中选择需要链接的外部 CSS 样式文件，如图 3-22 所示。

图 3-21   图 3-22

04 单击"确定"按钮，回到链接指定的外部 CSS 样式文件的对话框，如图 3-23 所示。单击"确定"按钮，在代码视图中将文件保存后，在 <head> 与 </head> 标签之间可以看到链接外部 CSS 样式文件的代码，如图 3-24 所示。

图 3-23   图 3-24

3.2.4 导入外部 CSS 样式文件

导入外部 CSS 样式文件与链接外部 CSS 样式文件基本相同，都是创建一个单独的 CSS 样式文件，然后再引入 HTML 文件中，只不过语法和运作方式上有所分别。采用导入的 CSS 样式，在 HTML 文件初始化时，会被导入 HTML 文件内，作为文件的一部分，类似于内部 CSS 样式。而链接外部 CSS 样式文件是在 HTML 标签需要 CSS 样式风格时才以链接方式引入。

实 例 07　使用 @import 命令导入外部 CSS 样式文件

最终文件：最终文件 \ 第 3 章 \3-2-4.html
操作视频：视频 \ 第 3 章 \ 使用 @import 命令导入外部 CSS 样式文件 .mp4

导入外部 CSS 样式文件是指在内部样式的 <style> 与 </style> 标签中，使用 @import 导入一个外部 CSS 样式文件。接下来通过实例练习介绍如何使用 @import 命令导入外部 CSS 样式文件。

01 执行 "文件" > "打开" 命令，打开页面 "源文件 \ 第 3 章 \3-2-4.html"，可以看到页面效果，如图 3-25 所示。切换到代码视图，可以看到页面中并没有链接外部 CSS 样式，也没有内部 CSS 样式，如图 3-26 所示。

图 3-25　　　　　　　　　　　图 3-26

02 返回设计视图，打开 "CSS 样式" 面板，单击 "附加样式表" 按钮，弹出 "链接外部样式表" 对话框，单击 "浏览" 按钮，在弹出的对话框中选择需要导入的外部 CSS 样式文件，如图 3-27 所示。单击 "确定" 按钮，设置 "添加为" 选项为 "导入"，如图 3-28 所示。

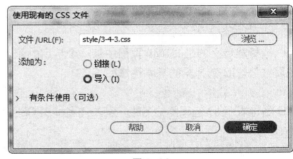

图 3-27　　　　　　　　　　　图 3-28

03 单击 "确定" 按钮，导入相应的 CSS 样式，可以在设计视图中看到页面效果，如图 3-29 所示。转换到代码视图中，在页面头部的 <head> 与 </head> 标签之间可以看到自动添加的导入 CSS 样式文件的代码，如图 3-30 所示。

图 3-29　　　　　　　　　　　图 3-30

3.3　CSS 选择器

选择器也称为选择符，HTML 中的所有标签都是通过不同的 CSS 选择器进行控制的。选择器不只是 HTML 文档中的元素标签，它还可以是类 (class)、ID(元素的唯一标示名称) 或是元素的某种状态 (如 a:hover)。根据 CSS 选择器用途，可以将选择器分为通配选择器、标签选择器、ID 选择器、类选择器和伪类选择器等。

3.3.1　通配选择器

在进行网页设计时，可以利用通配选择器设置网页中所有的 HTML 标签使用同一种样式，它对所有的 HTML 元素起作用。通配选择器的基本语法如下。

    * ｛属性 : 属性值 ;｝

- ❥ *****：表示页面中的所有 HTML 标签。
- ❥ **属性**：表示 CSS 样式属性名称。
- ❥ **属性值**：表示 CSS 样式属性值。

3.3.2　标签选择器

HTML 文档是由多个不同标签组成的，标签选择器可以用来控制标签的应用样式。例如 P 选择器，可以用来控制页面中所有 \<p\> 标签的样式风格。标签选择器的基本语法如下。

    标签名称 ｛属性 : 属性值 ;｝

标签名称表示 HTML 标签名称，如 \<p\>、\<h1\>、\<body\> 等 HTML 标签。

3.3.3　ID 选择器

ID 选择器定义的是 HTML 页面中某一个特定的元素，即一个网页中只能有一个元素使用某一个 ID 的属性值。ID 选择器的基本语法如下。

    #ID 名称 ｛属性 : 属性值 ;｝

ID 名称表示 ID 选择器的名称，其具体名称由 CSS 定义者自己命名。

> **提示**
>
> ID 选择器与类选择器有一定的区别，ID 选择器并不像类选择器那样，可以给任意数量的标签定义样式，它在页面的标签中只能使用一次；同时，ID 选择器比类选择器还具有更高的优先级，当 ID 选择器与类选择器发生冲突时，将会优先使用 ID 选择器。

> **知识点睛：ID 选择器的写法有什么要求？**
>
> ID CSS 样式是网页中唯一的特定针对 ID 名称的元素，尽量不要在一个网页中设置多处 ID 名称相同的元素，ID CSS 样式的命名必须以井号 (#) 开头，并且可以包含任何字母和数字组合。

3.3.4　类选择器

在网页中通过使用标签选择器，可以控制网页中所有该标签显示的样式，但是根据网页设计过程中的实际需要，标签选择器对设置个别标签的样式还是力不能及的，因此，就需要使用类 (class)选择器来达到特殊效果的设置。

类选择器用来为一系列的标签定义相同的显示样式，其基本语法如下。

```
. 类名称 { 属性 : 属性值 ; }
```

类名称表示类选择器的名称，其具体名称由 CSS 定义者自己命名。在定义类选择器时，需要在类名称前面加一个英文句点 (.)。

```
.font01 { color: black;}
.font02 { font-size: 12px;}
```

以上定义了两个类选择器，分别是 font01 和 font02。类的名称可以是任意英文字符串，也可以是以英文字母开头与数字组合的名称，通常情况下，这些名称都是其效果与功能的简要缩写。

可以使用 HTML 标签的 class 属性来引用类选择器。

```
<p class="font01">class 属性是被用来引用类选择器的属性 </p>
```

以上所定义的类选择器被应用于指定的 HTML 标签中 (如 <p> 标签)，同时它还可以应用于不同的 HTML 标签中，使其显示出相同的样式。

```
<p class="font01"> 段落样式 </p>
<h1 class="font01"> 标题样式 </h1>
```

3.3.5 伪类和伪对象选择器

伪类也属于选择器的一种, 包括 :first-child、:link、:visited、:hover、:active、:focus 和 :lang 等，但是由于不同的浏览器支持不同类型的伪类，因而没有一个统一的标准，很多伪类并不常用到，其中，有一组伪类是浏览器都支持的，即超链接伪类，包括 :link、:visited、:hover 和 :active。

利用伪类定义的 CSS 样式并不是作用在标签上，而是作用在标签的状态上。其最常应用在 <a> 标签上，表示链接 4 种不同的状态：link(未访问链接)、hover(鼠标停留在链接上)、active(激活链接) 和 visited(已访问链接)。但是 <a> 标签可以只具有一种状态，也可以同时具有两种或三种状态。可以根据具体的网页设计需要而设置。

例如下面的伪类选择器 CSS 样式设置。

```
a:link { color:#00FF00; text-decoration: none; }
a:visited { color:#0000FF; text-decoration: underline; }
a:hover { color:#FF00FF; text-decoration: none; }
a:active { color:#FF0000; text-decoration: underline; }
```

实例 08　设置酒店网站文字链接效果

最终文件：最终文件 \ 第 3 章 \3-3-5.html
操作视频：视频 \ 第 3 章 \ 设置酒店网站文字链接效果 .mp4

超链接是网页中非常重要的概念，通过超链接可以将众多的网站页面链接在一起，实现自由跳转。在网页中默认的文字超链接显示为蓝色有下画线的效果，这样的样式很多时候并不能满足页面的需要，可以通过 CSS 伪类样式的设置，改变超链接文字的效果。

01 执行 "文件" > "打开" 命令，打开页面 "素材 \ 第 3 章 \3-3-5.html"，可以看到页面效果，如图 3-31 所示。在浏览器中预览该页面，可以看到网页中默认的超链接文字的效果，如图 3-32 所示。

02 转换到该文件所链接的外部 CSS 样式表 3-3-5.css 文件中，创建超链接标签 <a> 的 4 种伪类 CSS 样式，如图 3-33 所示。

03 保存页面，并保存外部 CSS 样式表文件，在浏览器中预览页面，可以看到页面中超链接文字的效果，如图 3-34 所示。

图 3-31

图 3-32

```
46 ▼ a:link {
47      color: #960;
48      text-decoration: none;
49  }
50 ▼ a:hover {
51      color: #FFF;
52      text-decoration: underline;
53  }
54 ▼ a:active {
55      color: #F30;
56      text-decoration: underline;
57  }
58 ▼ a:visited {
59      color: #960;
60      text-decoration: none;
61  }
62
```

图 3-33

图 3-34

> **知识点睛：伪类 CSS 样式是否可以应用在网页中的其他元素上？**
>
> 当然可以，伪类 CSS 样式在网页中最广泛的是应用在网页的超链接中，但是也可以为其他的网页元素应用伪类 CSS 样式，特别是 :hover 伪类，该伪类是当鼠标移至元素上的状态，通过该伪类 CSS 样式的应用，可以在网页中实现许多交互效果。

3.3.6 群选择器

对于单个 HTML 对象进行样式指定，同样可以对一组选择器进行相同的 CSS 样式设置。

```
h1,h2,h3,p,span {
font-size: 12px;
font-family: 宋体 ;
}
```

使用逗号对选择器进行分隔，使页面中所有的 <h1>、<h2>、<h3>、<p> 和 <span> 标签都将具有相同的样式定义，这样做的好处是对于页面中需要使用相同样式的地方只需要书写一次 CSS 样式即可实现，减少代码量，改善 CSS 代码的结构。

实例 09　设置女装网站图片效果

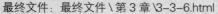

最终文件：最终文件 \ 第 3 章 \3-3-6.html
操作视频：视频 \ 第 3 章 \ 设置女装网站图片效果 .mp4

群选择器属于 CSS 样式应用的技巧，通过群选择器可以减少 CSS 样式的重复设置，注意只有多个元素需要设置相同的 CSS 样式时，才可以使用群选择器。接下来通过实例练习介绍在网页中如何使用群选择器定义 CSS 样式。

01 执行"文件" > "打开"命令，打开页面"素材 \ 第 3 章 \3-3-6.html"，可以看到页面代码，如图 3-35 所示。在浏览器中预览该页面，可以看到预览效果，如图 3-36 所示。

```
<meta http-equiv="Content-Type" content="text/html; charset=utf-8" />
<title>联选择符</title>
<link href="style/3-2-3.css" rel="stylesheet" type="text/css" />
</head>

▼ <body>
    <div id="box">
        <div class="title"><img src="images/32602.png" width="461" height="43" /><br />
        Tail品牌女装自女装诞生的那一刻便随着时代的变迁应运而生，Tail品牌女装款式的多元化推动了时装的发
        展，在品牌化飞速发展的今天，女装品牌的数量已无计算，几乎每时每刻都会有新的女装品牌在时尚女装市
        场上出现。</div>
    ▼ <div id="pic">
            <div id="pic1"><img src="images/32603.jpg" width="225" height="216" /></div>
            <div id="pic2"><img src="images/32604.jpg" width="225" height="216" /></div>
            <div id="pic3"><img src="images/32605.jpg" width="225" height="216" /></div>
            <div id="pic4"><img src="images/32606.jpg" width="225" height="216" /></div>
        </div>
        <div id="btn"><img src="images/32607.png" width="195" height="53" /></div>
    </div>
</body>
</html>
```

图 3-35

图 3-36

02 打开 "CSS 设计器" 面板，可以看到定义的 CSS 样式，如图 3-37 所示。转换到该网页所链接的外部 CSS 样式文件 3-3-6.css 中，创建通配选择器 * 的 CSS 样式，如图 3-38 所示。

图 3-37

```
源代码    3-3-6.css
1    @charset "utf-8";
2    /* CSS Document */
3 ▼ * {
4        margin: 0px;
5        padding: 0px;
6        border: 0px;
7    }
```

图 3-38

提示

通配选择器 * 是对 HTML 页面中所有的标签起作用的，在开始制作网页时，通常都需要先定义通配选择器 * 的 CSS 样式。接下来通过实例练习介绍通配选择器 * 的使用方法。

03 在网页所链接的外部 CSS 样式文件 3-3-6.css 中，创建 <body> 标签的 CSS 样式如图 3-39 所示。返回设计页面中，可以在设计视图中看到页面效果，如图 3-40 所示。

```
1    @charset "utf-8";
2    /* CSS Document */
3 ▼ * {
4        margin: 0px;
5        padding: 0px;
6        border: 0px;
7    }
8 ▼ body {
9        font-size: 14px;
10       color: #B6B6B6;
11       line-height: 30px;
12       background-color: #F5AFA1;
13
```

图 3-39

图 3-40

提示

标签选择器是 CSS 样式中非常重要的选择器之一，通过标签选择器可以定义 HTML 页面中特定的标签 CSS 样式，使用最多的是定义 <body> 标签的 CSS 样式，从而对网页的整体效果进行控制。接下来通过实例练习介绍如何通过对 <body> 标签的 CSS 样式进行设置，从而控制网页的整体外观效果。

04 继续在 3-3-6.css 页面中为 ID 名称为 box 的 DIV 添加样式，如图 3-41 所示。切换到设计视图中，可以看到页面的预览效果，如图 3-42 所示。

提示

在该网页中，因为没有定义 ID 名称为 menu 的 DIV 的 CSS 样式，所以其内容在网页中显示的效果为默认的效果，并不符合页面整体风格的需要。

```
 8 ▼ body {
 9        font-size: 14px;
10        color: #B6B6B6;
11        line-height: 30px;
12        background-color: #F5AFA1;
13 }
14 ▼ #box {
15        height: auto;
16        overflow: hidden;
17        padding-bottom: 20px;
18        margin: 10px;
19        background-color: #FFF;
20        background-image: url(../images/32601.png);
21        background-repeat: repeat-y;
22        background-position: center top;
23   }
```
图 3-41

图 3-42

05 在外部 CSS 样式文件 3-3-6.css 中，创建名称为 .title 的类 CSS 样式，如图 3-43 所示。切换到设计视图中，可以看到页面的预览效果，如图 3-44 所示。

```
.title {
     width: 480px;
     height: auto;
     overflow: hidden;
     margin: 0px auto 0px auto;
     padding-top: 100px;
     text-align: center;
```
图 3-43

图 3-44

> **提示**
>
> 类 CSS 样式在网页中的应用非常广泛，可以应用于页面中的任意元素，并且可以多次应用。需要注意的是，类 CSS 样式必须应用于网页中的元素，才能对该元素起作用，而标签 CSS 样式和 ID CSS 样式都是针对网页中特定元素的，并不需要应用。

06 保存页面，并保存外部 CSS 样式表文件，继续添加 ID 名为 pic 的样式，如图 3-45 所示。返回设计页面中，可以看到页面中 ID 名称为 pic 的 DIV 的效果，如图 3-46 所示。

```
24 ▼ .title {
25        width: 480px;
26        height: auto;
27        overflow: hidden;
28        margin: 0px auto 0px auto;
29        padding-top: 100px;
30        text-align: center;
31   }
32 ▼ #pic {
33        width: 980px;
34        height: auto;
35        overflow: hidden;
36        margin: 40px auto;
37   }
38
```
图 3-45

图 3-46

> **提示**
>
> 在正常情况下，ID 的属性值在文档中具有唯一性，只有具备 ID 属性的标签，才可以使用 ID 选择器定义样式。

07 保存页面，并保存外部 CSS 样式表文件，继续添加 ID 名为 btn 的样式，如图 3-47 所示。返回设计页面中，可以看到页面中 ID 名称为 btn 的 DIV 的效果，如图 3-48 所示。

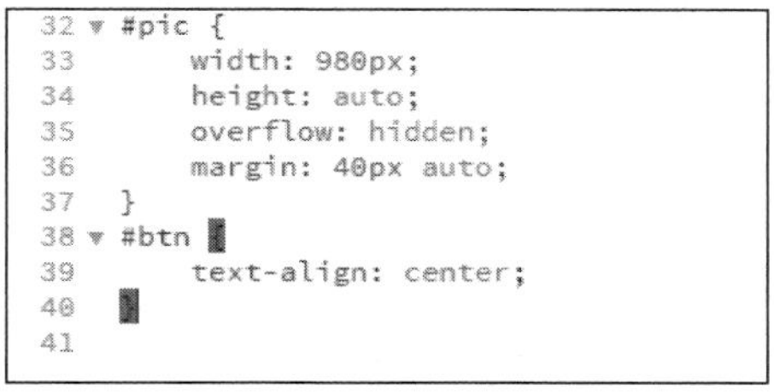

```
32 ▼ #pic {
33       width: 980px;
34       height: auto;
35       overflow: hidden;
36       margin: 40px auto;
37   }
38 ▼ #btn
39       text-align: center;
40   }
41
```

图 3-47

图 3-48

08 在外部 CSS 样式表 3-2-6.css 文件中创建名称为 #pic1,#pic2,#pic3,#pic4 的群选择器 CSS 样式，如图 3-49 所示。返回设计页面中，可以看到相应的效果，如图 3-50 所示。

09 执行"文件">"实时预览">Google Chrome 命令，弹出对话框，如图 3-51 所示。单击"是"按钮，在浏览器中预览页面，可以看到页面的效果，如图 3-52 所示。

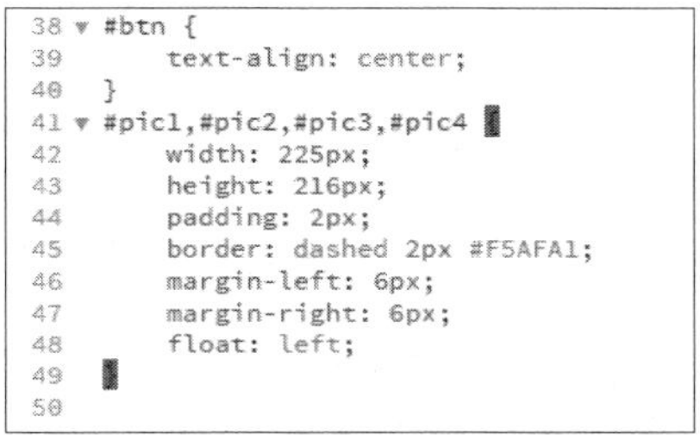

```
38 ▼ #btn {
39       text-align: center;
40   }
41 ▼ #pic1,#pic2,#pic3,#pic4
42       width: 225px;
43       height: 216px;
44       padding: 2px;
45       border: dashed 2px #F5AFA1;
46       margin-left: 6px;
47       margin-right: 6px;
48       float: left;
49   }
50
```

图 3-49

图 3-50

图 3-51

图 3-52

3.3.7　派生选择器

当仅仅想对某一个对象中的"子"对象进行样式设置时，派生选择器就派上了用场。派生选择器指选择器组合中前一个对象包含后一个对象，对象之间使用空格作为分隔符。例如下面的 CSS 样式代码。

```
h1 span {
font-weight: bold;
}
```

对 <h1> 标签下的 <span> 标签进行 CSS 样式设置，最后应用到 HTML 是如下格式。

<h1>这是一段文本<span>这是 span 内的文本</span></h1>
<h1>单独的 h1</h1>
<span>单独的 span</span>
<h2>被 h2 标签套用的文本<span>这是 h2 下的 span</span></h2>

<h1> 标签之下的 <span> 标签将被应用 font-weight: bold 的样式设置，注意仅仅对有此结构的标签有效，对于单独存在的 <h1> 或是单独存在的 <span> 及其他非 <h1> 标签下属的 <span> 均不会应用此 CSS 样式。

3.3.8 层次选择器

　　层次选择器通过 HTML 的 DOM 元素之间的层次关系获取元素，其主要的层次关系包括后代、父子、相邻兄弟和通用兄弟几种关系，通过其中某类关系可以方便快捷地选定需要的元素。

1. 后代选择器

　　后代选择器也称为包含选择器，作用就是可以选择某个元素的后代元素。例如"X Y"，X 为祖先元素，Y 为后代元素，表达的意思就是选择 X 元素中所包含的所有 Y 元素。这里的 Y 元素不管是 X 元素的子元素、孙辈元素或者更深层次的关系，都将被选中。换句话说，不论 Y 在 X 中有多少层级关系，Y 元素都将被选中。

　　例如下面的 CSS 样式代码。

```
h1 span {
    font-weight: bold;
}
```

　　如本例所示，对 <h1> 标签中所包含的 <span> 标签进行样式设置，最后应用到 HTML 是如下格式。

```
<h1> 这是一段文本 <span> 这是 span 内的文本 </span></h1>
<h1> 单独的 h1</h1>
<span> 单独的 span</span>
<h2> 被 h2 标签套用的文本 <span> 这是 h2 下的 span</span></h2>
```

　　<h1> 标签之中的所有 <span> 标签将被应用 font-weight:bold 的样式设置，注意，仅仅对有此结构的标签有效，对于单独存在的 <h1> 标签或是单独存在的 <span> 标签以及其他非 <h1> 标签包含的 <span> 标签均不会应用此样式。

　　这样做能帮助避免过多的 ID 及 class 的设置，直接对所需要设置的元素进行设置。

2. 子选择器

　　子选择器只能选择某元素的子元素，例如"X > Y"，其中 X 为父元素，而 Y 为子元素，其中 X > Y 表示选择了 X 元素中包含的所有子元素 Y。

　　子选择器与后代选择器不同，在后代选择器中 Y 是 X 的后代元素，无论有多少层级关系，而在子选择器中 Y 仅仅是 X 的子元素而已。

3. 相邻兄弟选择器

　　相邻兄弟选择器可以选择紧接着另一个元素之后的元素，它们具有一个相同的父元素。换句话说，X 和 Y 是同辈元素，Y 元素在 X 元素的后面，并且相邻，这样就可以使用相邻兄弟选择器来选择 Y 元素。

　　例如下面的 HTML 代码。

```
<ul>
    <li> 项目名称 1</li>
    <li class="active"> 项目名称 2</li>
<!-- 为了说明相邻兄弟选择器，为该 li 标签应用类名称 active-->
    <li> 项目名称 3</li>
    <li> 项目名称 4</li>
    <li> 项目名称 5</li>
</ul>
```

　　如果需要定义应用了类名称 active 的 <li> 标签之后紧邻的 <li> 标签的 CSS 样式，就可以使用相邻兄弟选择器，例如下面的 CSS 样式设置。

```
.active + li {
  background-color: #FF0000;
  font-weight: bold;
}
```

通过该相邻兄弟选择器 CSS 样式的设置，可以使应用了类名称 active 的 <li> 标签之后紧邻的 <li> 标签显示所定义的样式效果。

4. 通用兄弟选择器

通用兄弟选择器是 CSS3 新增的一种选择器，用于选择某个元素之后的所有兄弟元素，它们和相邻兄弟选择器类似，需要在同一个父元素之中。也就是说，X 和 Y 元素是同辈元素，并且 Y 元素在 X 元素之后，通用兄弟选择器将选中 X 元素之后的所有 Y 元素。

例如下面的 HTML 代码。

```
<ul>
  <li>项目名称 1</li>
  <li class="active">项目名称 2</li>
  <!--为了说明通用兄弟选择器，为该li标签应用类名称 active-->
  <li>项目名称 3</li>
  <li>项目名称 4</li>
  <li>项目名称 5</li>
</ul>
```

如果需要定义应用了类名称 active 的 <li> 标签之后所有的 <li> 标签的 CSS 样式，就可以使用通用兄弟选择器，例如下面的 CSS 样式设置。

```
.active ~ li {
  background-color: #FF0000;
  font-weight: bold;
}
```

通过该通用兄弟选择器 CSS 样式的设置，可以使应用了类名称 active 的 <li> 标签之后所有在同一父元素中的 <li> 标签显示所定义的样式效果。

3.4　CSS3 中的选择器

在 CSS3 中有 3 种选择器类型，分别是属性选择器、结构伪类选择器和 UI 元素状态伪类选择器。本节将对 CSS3 中的 3 种选择器进行简单的介绍。

3.4.1　属性选择器

属性选择器是指直接使用属性控制 HTML 标签样式，它可以根据某个属性是否存在或者通过属性值来查找元素，具有很强大的功能。

与使用 CSS 样式对 HTML 标签进行修饰有很大的不同，它避免了通过使用 HTML 标签名称或自定义名称指向具体的 HTML 元素，来达到控制 HTML 标签样式的目的，因而具有很大的方便性。常用的属性选择器介绍如下。

- X[attr]：匹配 X 的元素，且该元素定义了 attr 属性。
  注意，X 选择器可以省略，表示选择定义了 attr 属性的任意类型元素。
- X[attr="val"]：匹配 X 的元素，且该元素将 attr 属性值定义为 val。
  注意，X 选择器可省略，用法与上一个选择器类似。

⊗ X[attr ~ ="val"]：匹配 X 的元素，且该元素定义了 attr 属性。attr 属性值是一个以空格符分割的列表，其中一个列表的值为 val。

注意，X 选择器可省略，表示可以匹配任意类型的元素。

例如，a[title~="b1"] 匹配 <a title="b1 b2 b3"></a>，而不匹配 <a title="b2 b3 b5"></a>。

⊗ X[attr|="val"]：匹配 X 的元素，且该元素定义了 attr 属性。val 属性值是一个用连字符（–）分割的列表，值开头的字符为 val。注意，X 选择器可省略，表示可匹配任意类型的元素。

例如，[lang|="en"] 匹配 <body lang="en-us"></body>，而不是匹配 <body lang="f-ag"></body>。

⊗ X[attr^="val"]：匹配 X 的元素，且该元素定义了 attr 属性。attr 属性值包含前缀为 val 的字串符。注意，X 选择器可省略，表示可匹配任意类型的元素。

例如，body[lang^="en"] 匹配 <body lang="en-us"></body>，而不匹配 <body lang="f-ag"></body>。

⊗ X[attr$="val"]：匹配 X 的元素，且该元素定义了 attr 属性，attr 属性值包含后缀为 var 的字符串。注意，X 选择器可省略，表示可以匹配任意类型的元素。

例如，img[src$="jpg"] 匹配 <img src="p.jpg"/>，而不匹配 <img src="p.gif"/>。

⊗ X[attr*="val"]：匹配 X 的元素，且该元素定义了 attr 属性。attr 属性值包含 val 的字符串。注意，X 选择器可以省略，表示可以匹配任意类型的元素。

例如，img[src$="jpg"] 匹配 <img src="p.jpg"/>，而不匹配 <img src="p.gif"/>。

3.4.2 结构伪类选择器

CSS3 中的结构伪类选择器，可以通过文档结构的相互关系来匹配特定的元素。对于有规律的文档结构，可以减少 class 属性和 ID 属性的定义，使文档结构更加简洁。常用的结构伪类选择器介绍如下。

⊗ X:root：选择匹配 X 所在文档的根元素。
⊗ X:not(s)：选择匹配所有不匹配简单选择器 s 的 X 元素。
⊗ X:empty：匹配没有任意子元素的元素 X。
⊗ X:target：匹配当前链接地址指向的 X 元素。
⊗ X:first-child：匹配父元素的第一个子元素 X。
⊗ X:last-child：匹配父元素的最后一个子元素 X。
⊗ X:nth-child(n)：匹配父元素的第 n 个子元素 X。
⊗ X:nth-last-child(n)：匹配父元素的倒数第 n 个子元素 X。
⊗ X:only-child：匹配父元素仅有的一个子元素 X。
⊗ X:first-of-type：匹配同类型中的第一个同级兄弟元素 X。
⊗ X:last-of-type：匹配同类型中的最后一个同级兄弟元素 X。
⊗ X:only-of-type：匹配同类型中的唯一一个同级兄弟元素 X。
⊗ X:nth-of-type(n)：匹配同类型中的第 n 个同级兄弟元素 X。
⊗ X:nth-last-of-type(n)：匹配同类型中的倒数第 n 个同级兄弟元素 X。

3.4.3 UI 元素状态伪类选择器

在 CSS3 中的伪类选择器，称为 UI 元素状态伪类选择器，可以设置元素处在某种状态下的样式，在人机交互过程中，只要元素的状态发生了变化，选择器就有可能会匹配成功。常用的 UI 元素状态伪类选择器介绍如下。

- X:checked：选择匹配 X 的所有可用 UI 元素。

  注意，在网页中，UI 元素一般是指包含在 from 元素内的表单元素。

  例如，input:checked 匹配 <form><input type="checkbox" /><input type="radio" checked="checked" /></form> 代码中的单选按钮，但不匹配该代码中的复选框。

- X:enabled：选择匹配 X 的所有可用 UI 元素。

  注意，在网页中，UI 元素一般是指包含在 form 元素内的表单元素。

  例如，input:enabled 匹配 <form><input type="text" /><input type="button" disabled="disabled"/></form> 代码中的文本框，而不匹配代码中的按钮。

- X:disabled：选择匹配 X 的所有不可用元素。

  注意，在网页中，UI 元素一般是指包含在 form 元素内的表单元素。

  例如，input:disabled 匹配 <form><input type="text" /><input type="button" disabled="disabled" /></form> 代码中的按钮，而不匹配代码中的文本框。

3.5　CSS 样式的特性

CSS 通过与 HTML 的文档结构相对应的选择器来达到控制页面表现的目的，在 CSS 样式的应用过程中，还需要注意 CSS 样式的一些特性，包括继承性、层叠性和权重。本节将对 CSS 样式的特性进行介绍。

3.5.1　继承性

在 CSS 语言中继承并不那么复杂，简单地说就是将各个 HTML 标签看作一个个大容器，其中被包含的小容器会继承所包含它的大容器的风格样式。子标签还可以在父标签样式风格的基础上再加以修改，产生新的样式，而子标签的样式风格完全不会影响父标签。

在 CSS 样式中，并不是所有的属性都可以被继承。哪些属性能被继承？哪些属性不能被继承？

- 继承性发生在有嵌套关系的元素中。
- 在默认情况下，如果子元素没有设置样式，那么该子元素会继承父元素中可被继承的样式。
- 可被继承的属性：所有与文字有关的属性都会被继承。
- 一些特殊的标签不会受父元素字体样式的影响。

知识探查

不可继承的：display、margin、border、padding、background、height、min-height、max-height、width、min-width、max-width、overflow、position、left、right、top、bottom、z-index、float、clear、table-layout、vertical-align、page-break-after、page-bread-before 和 unicode-bidi。

内联元素可继承：letter-spacing、word-spacing、white-space、line-height、color、font、font-family、font-size、font-style、font-variant、font-weight、text-decoration、text-transform、direction。

终端块状元素可继承：text-indent 和 text-align。

列表元素可继承：list-style、list-style-type、list-style-position、list-style-image。

CSS 样式具有继承性，所谓的继承性，就是给某些元素设置样式时，后代元素也会自动继承父类元素的样式。例如 color 属性设置字体颜色，后代将会自动继承。CSS 样式的继承性，一定程度上简化了编程人员的代码编译工作。

3.5.2　层叠性　⟩

层叠就是指在同一个网页中可以有多个 CSS 样式存在，当拥有相同特殊性的 CSS 样式应用在同一个元素时，根据前后顺序，后定义的 CSS 样式会被应用，它是 W3C 组织批准的一个辅助 HTML 设计的新特性，能够保持整个 HTML 的统一外观，可以由设计者在设置文本之前就指定整个文本的属性，例如颜色、字体大小等，CSS 样式为设计制作网页带来了很大的灵活性。

多个样式作用于同一个（同一类）标签时，样式发生了冲突，浏览器将会执行后边的代码，因为后边的代码覆盖前边的代码。同时层叠性和标签调用选择器的顺序没有关系。

3.5.3　权重　⟩

为了减少调试 Bug 的时间，编程人员需要了解浏览器是怎样解析代码的。为了完成这个目标，设计师需要对权重的分配工作有一个清楚的认知。很多 CSS 样式没有达到规定的预期效果时，都是某处属性定义了一个更高权重的规则，导致此处规则不生效。

1. 优先级

优先级规定了不同的 CSS 规则的权重，当多个规则都应用在同一元素时，权重越高的 CSS 样式会被优先采用，例如下面的 CSS 样式设置。

```
.font01 {
color: red;
}
p {
color: blue;
}

<p class="font01"> 内容 </p>
```

那么 <p> 标签中的文字颜色究竟应该是什么颜色？根据规范，标签选择器（例如 <p>）具有特殊性 1，而类选择器具有特殊性 10，ID 选择器具有特殊性 100。因此，此例中 p 中的颜色应该为红色。而继承的属性，具有特殊性 0，因此后面任何的定义都会覆盖掉元素继承来的样式。

特殊性还可以叠加，例如下面的 CSS 样式设置。

```
h1 {
    color: blue;          /* 特殊性 =1*/
}
p i {
    color: yellow;        /* 特殊性 =2*/
}
.font01 {
    color: red;           /* 特殊性 =10*/
}
#main {
    color: black;         /* 特殊性 =100*/
}
```

2. 重要性

不同的 CSS 样式具有不同的权重，对于同一元素，后定义的 CSS 样式会替代先定义的 CSS 样式，但有时候制作者需要某个 CSS 样式拥有最高的权重，此时就需要标出此 CSS 样式为"重要规则"，例如下面的 CSS 样式设置。

```
.font01 {
color: red;
}
p {
color: blue; !important
}
<p class="font01"> 内容 </p>
```

此时，<p> 标签 CSS 样式中的 color: blue 将具有最高权重，<p> 标签中的文字颜色就为蓝色。

当制作者不指定 CSS 样式的时候，浏览器也可以按照一定的样式显示出 HTML 文档，这时浏览器使用自身内定的样式来显示文档。同时，访问者还有可能设定自己的样式表，例如视力不好的访问者会希望页面内的文字显示得大一些，因此设定一个属于自己的样式表保存在本机内。此时，浏览器的样式表权重最低，制作者的样式表会取代浏览器的样式表来渲染页面，而访问者的样式表则会优先于制作者的样式定义。

而用 "!important" 声明的规则将高于访问者本地样式的定义，因此需要谨慎使用，如图 3-53所示。

图 3-53

如图 3-54 所示，案例选择器直接作用到了 p 标签，如果效果不是由选择器直接作用的，而是由其他选择器继承而来的属性，那么这个属性对于这个元素的权重为 0。

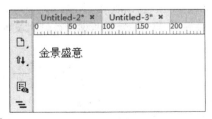

图 3-54

如果两个选择器的权重都为 0，可以采取继承特性，即就近原则。如果选择器的权重是 0，则选择器不会作用在此标签上，也就和这个标签没有关系。同时这个标签获得的某些属性应是由继承特性而得，如图 3-55 所示。

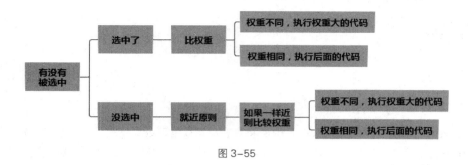

图 3-55

3.6 CSS 样式中的颜色设置和单位

网页中颜色的设置非常重要，例如文字颜色或背景颜色等，在 CSS 样式中有多种颜色值设置方法。网页中字体大小、格式以及网页元素的定位，在网页布局中都是至关重要的，合理地应用各种单位才能够精确地布局网页中的各个元素。

3.6.1 CSS 中的多种颜色设置方法

在网页中常常需要为文字和背景设置颜色，在 CSS 中设置颜色的方法很多，可以使用颜色名称、RGB 颜色、十六进制颜色、网络安全色，下面分别介绍各种颜色设置的方法。

1. 颜色名称

在 CSS 中可以直接使用英文单词命名与之相应的颜色，这种方法的优点是简单、直接，容易掌握。CSS 规范推荐了 16 种颜色，主流的浏览器都能够识别，下面列出了这 16 种颜色的英文名称。

白色 (white)、黑色 (black)、灰色 (gray)、红色 (red)、黄色 (yellow)、褐色 (maroon)、绿色 (green)、水绿色 (aqua)、浅绿色 (lime)、橄榄色 (olive)、深青色 (teal)、蓝色 (blue)、深蓝色 (navy)、紫色 (purple)、紫红色 (fuchsia) 和银色 (silver)。

这些颜色最初来源于基本的 Windows VGA 颜色，例如在 CSS 中定义字体颜色时，便可以直接使用这些颜色的名称。

```
p { color: blue;}
```

直接使用颜色的名称，简单、明了，而且容易记住。

2. RGB 颜色

如果要使用十进制表示颜色，则需要使用 RGB 颜色。十进制表示颜色，最大值为 255，最小值为 0。要使用 RGB 颜色，必须使用 rgb(R,G,B)，其中 R、G、B 分别表示红、绿、蓝的十进制值，通过这三个值的变化结合便可以形成不同的颜色。例如，rgb(255,0,0) 表示红色，rgb(0,255,0) 表示绿色，rgb(0,0,255) 表示蓝色。黑色表示为 rgb(0,0,0,)，白色表示为 rgb(255,255,255)。

RGB 设置方法一般分为两种：百分比设置和直接用数值设置。例如，将 P 标记设置颜色，有以下两种方法。

```
p { color: rgb ( 123,0,25 )}
p { color: rgb ( 45% ,0% ,25% )}
```

这两种方法都是用 3 个值表示"红""绿""蓝" 3 种颜色。这 3 种基本色的取值范围都是 0~255。通过指定这 3 种基本色分量，可以定义出各种各样的颜色。

3. 十六进制颜色

当然，除了 CSS 预定义的颜色外，设计者为了使页面色彩更加丰富，也可以使用十六进制颜色和 RGB 颜色。

十六进制颜色是最常用的定义方式。十六进制数中，是由 0~9 和 A~F 组成的。例如，十进制中 0，1，2，3…由十六进制表示如下。

00，01，02，03，04，05，06，07，08，09，0A，0B，0C，0D，0E，0F，10，11，12，13，14，15，16，17，18，19，1A，1B，1C，1D，1E，1F，20，21，22…

上述表示中，0A 表示十进制中的 10，1A 则表示 26，依此类推。

十六进制颜色的基本格式为 #RRGGBB。其中，R 表示红色，G 表示绿色，B 表示蓝色。而 RR、GG、BB 最大值为 FF，表示十进制中的 255；最小值为 00，表示十进制中的 0。例如，#FF0000 表示红色，#00FF00 表示绿色，#0000FF 表示蓝色，#000000 表示黑色，#FFFFFF 表示白色，而其他颜色是通过红、绿、蓝这三种基本色的结合而形成的。例如，#FFFF00 表示黄色，#FF00FF 表示紫红色。

对于浏览器不能识别的颜色名称，就可以使用所需颜色的十六进制值或 RGB 值。如表 3-1 所示为几种常见的预定义颜色值的十六进制值和 RGB 值。

表 3-1　颜色对照表

颜色	十六进制值	RGB 值	颜色	十六进制值	RGB 值
红色	#FF0000	RGB(255,0,0)	灰色	#808080	RGB(128,128,128)
橙色	#FF6600	RGB(255,102,0)	褐色	#800000	RGB(128,0,0)
黄色	#FFFF00	RGB(255,255,0)	橄榄色	#808000	RGB(128,128,0)
绿色	#00FF00	RGB(0,255,0)	深蓝色	#000080	RGB(0,0,128)
蓝色	#0000FF	RGB(0,0,255)	银色	#C0C0C0	RGB(192,192,192)
紫色	#800080	RGB(128,0,128)	深青色	#008080	RGB(0,128,128)
紫红色	#FF00FF	RGB(255,0,255)	白色	#FFFFFF	RGB(255,255,255)
水绿色	#00FFFF	RGB(0,255,255)	黑色	#000000	RGB(0,0,0)

3.6.2　CSS 中的绝对单位

为保证页面元素能够在浏览器中完全显示且布局合理，就需要设定元素间的距离和元素本身的边距值，这都离不开长度单位的使用。

在 CSS 样式中，绝对单位用于设置绝对值，主要有以下 5 种绝对单位。

- ❷ in(英寸)：in(英寸) 是国外常用的量度单位，对于国内设计而言，使用较少。1in(英寸) 等于 2.54cm(厘米)，而 1cm(厘米) 等于 0.394in(英寸)。
- ❷ cm(厘米)：cm(厘米) 是常用的长度单位。它可以用来设定距离比较大的页面元素框。
- ❷ mm(毫米)：mm(毫米) 可以精确地设置页面元素距离或大小。10mm(毫米) 等于 1cm(厘米)。
- ❷ pt(磅)：pt(磅) 是标准的印刷量度，一般用来设定文字的大小。它广泛应用于打印机、文字程序等。72pt(磅) 等于 1in(英寸)，也就是等于 2.54cm(厘米)。另外，in(英寸)、cm(厘米) 和 mm(毫米) 也可以用来设定文字的大小。
- ❷ pc(派卡)：pc(派卡) 是另一种印刷量度，1pc(派卡) 等于 12pt(磅)，该单位并不经常使用。

3.6.3　CSS 中的相对单位

相对单位是指在度量时需要参照其他页面元素的单位值。使用相对单位所度量的实际距离可能会随着这些单位值的变化而变化。CSS 提供了 3 种相对单位：em、ex 和 px。

- ❷ em：用于指定字体的 font-size 值。1em 总是字体的大小值，它随着字体大小的变化而变化，如一个元素的字体大小为 12pt，那么 1em 就是 12pt；若该元素字体大小改为 15pt，则 1em 就是 15pt。

- ex：是以指定字体的小写字母 x 高度作为基准，对于不同的字体来说，小写字母 x 高度是不同的，因而 ex 的基准也不同。
- px：也叫像素，是目前广泛使用的一种量度单位，1px 就是屏幕上的一个小方格，这个通常是看不出来的，由于显示器的大小不同，它的每个小方格是有所差异的，因此以像素为单位的基准也是不同的。

3.6.4 CSS3 中新增的颜色定义方法

在 CSS3 中有 3 种颜色的定义方法，分别是 HSL colors、HSLA colors 和 RGBA colors，下面分别对这 3 种网页中的颜色定义方法进行简单的介绍。

1. HSL 和 HSLA 方法

CSS3 中的 HSL 颜色表现方式。HSL 色彩模式是工业界的一种颜色标准，这个标准几乎包括人类视力可以感知的所有颜色，是目前运用最广的颜色系统之一。

HSLA 是 HSL 颜色定义方法的扩展，在色相、饱和度和亮度 3 个要素的基础上增加了透明度的设置，使用 HSLA 颜色定义方法，能够灵活地设置各种不同的透明效果。

HSLA 色彩的定义语法格式如下。

```
hsla(<length>,<percentage>,<percentage>,<opacity>);
length
```

表示 Hue(色调)，0(或 360) 表示红色，120 表示绿色，240 表示蓝色。

- percentage：表示 Saturation(饱和度)，取值为 0~100% 的值。
- percentage：表示 Lightness(亮度)，取值为 0~100%。
- opacity：表示不透明度，取值范围为 0~1。

2. RGBA 方法

RGBA 是在 RGB 的基础上多了控制 Alpha 透明度的参数。

RGBA 色彩定义的语法格式如下。

```
rgba(r,g,b<opacity>);
```

其中 r、g、b 分别表示红色、绿色和蓝色 3 种原色所占的比重。第 4 个属性 <opacity> 表示不透明度，取值范围为 0~1。

第4章 使用 CSS 设置文本和段落样式 🔍

　　文字作为传递信息的主要手段，一直都是网页中必不可少的一个元素。网站中文字的表现形式非常丰富，网站越大，图形和文字内容越多，需要管理的文字样式也越多。使用 CSS 对文字样式进行控制是一种非常好的方法，不仅能够灵活控制文字样式，还便于设计师对网页内容进行修改和设置。本章主要介绍如何通过 CSS 样式对网页中的文本和段落进行有效控制。

本章知识点：
- ❷ 文本和段落 CSS 样式属性
- ❷ 掌握文本 CSS 样式设置
- ❷ 掌握段落 CSS 样式设置
- ❷ 了解 CSS 类选区
- ❷ 掌握在网页中使用特殊字体

4.1　设置文本 CSS 样式 🔍

　　在制作网站页面时，可以通过 CSS 控制文字样式，对文字的字体、大小、颜色、粗细、斜体、下画线、顶画线和删除线等属性进行设置。使用 CSS 控制文字样式的最大好处是，可以同时为多段文字赋予同一 CSS 样式，在修改时只需修改某一个 CSS 样式，即可同时修改应用该 CSS 样式的所有文字。

4.1.1　设置字体 font-family ❯

　　在 HTML 中提供了字体样式设置的功能，在 HTML 语言中文字样式是通过 <font face="字体名称"> 来设置的，而在 CSS 样式中则是通过 font-family 属性来进行设置的。font-family 属性的语法格式如下。

```
font-family:name1,name2,name3…;
```

　　通过 font-family 属性的语法格式可以看出，为 font-family 属性定义多个字体，按优先顺序，用逗号隔开，当系统中没有第一种字体时，会自动应用第二种字体，以此类推。需要注意的是，如果字体名称中包含空格，则字体名称需要用双引号括起来。

4.1.2　设置字体大小 font-size ❯

　　在网页应用中，字体大小的区别可以起到突出网站主题的作用。字体大小可以是相对大小，也可以是绝对大小。在 CSS 中，可以通过设置 font-size 属性来控制字体的大小。font-size 属性的基本语法如下。

```
font-size: 字体大小;
```

实例 10 设置欢迎页面中文字的字体和大小

最终文件：最终文件\第4章\4-1-2.html
操作视频：视频\第4章\设置欢迎页面中文字的字体和大小.mp4

通过 CSS 样式，可以有效地对文字字体进行控制，也可以对文字大小进行控制。接下来通过实例练习介绍如何通过 font-family 属性定义文字字体，同时介绍如何使用 font-size 属性设置不同的具体数值和单位，使文字大小产生不同的变化。

01 执行"文件" > "打开"命令，打开页面"源文件\第4章\4-1-2.html"，可以看到页面效果，如图 4-1 所示。转换到该网页链接的外部样式表 4-1-2.css 文件中，定义名为 .font01 的类 CSS 样式，如图 4-2 所示。

```
36 ▼ #welcome {
37        text-align: center;
38        margin-top: 100px;
39 }
40 ▼ .font01 {
41        font-family:幼圆;
42
43
```

图 4-1　　　　　　　　　　　　　　　图 4-2

02 返回 4-1-2.html 页面中，选择页面中相应的文字，在"属性"面板的"类"下拉列表中选择刚定义的 CSS 样式 font01 应用，如图 4-3 所示。完成类 CSS 样式的应用后，可以看到页面中的字体效果，如图 4-4 所示。

图 4-3　　　　　　　　　　　　　　　图 4-4

03 转换到 4-1-2.css 文件中，定义名为 .font02 的类 CSS 样式，如图 4-5 所示。返回 4-1-2.html 页面中，选择页面中的 Welcome 文字，在"类"下拉列表中选择刚定义的 CSS 样式 font02 应用，如图 4-6 所示。

```
36 ▼ #welcome {
37        text-align: center;
38        margin-top: 100px;
39 }
40 ▼ .font01 {
41        font-family:幼圆;
42 }
43 ▼ .font02 {
44        font-family:"Arial Black";
45 }
```

图 4-5

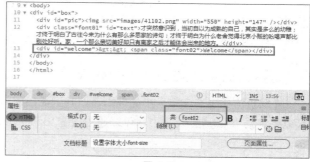

图 4-6

知识点睛：系统中默认的中文字体有哪些？

默认情况下，中文操作系统中默认的中文字体有宋体、黑体、幼圆和微软雅黑，其他的字体都不是系统默认支持的字体。如果需要使用一些特殊的字体，则需要通过图像来实现，否则用户的浏览器中可能显示不出所设置的特殊字体。

04 转换到该网页链接的外部样式表 4-1-2.css 文件中，为名为 .font01 的类 CSS 样式添加属性值，如图 4-7 所示。返回 4-1-2.html 页面中，在设计视图中可以看到页面中文字的效果，如图 4-8 所示。

```
36 ▼ #welcome {
37        text-align: center;
38        margin-top: 100px;
39  }
40 ▼ .font01{
41        font-family:幼圆;
42        font-size:16px;
43  }
44 ▼ .font02{
45        font-family:"Arial Black";
46  }
47
```

图 4-7

图 4-8

05 转换到 4-1-2.css 文件中，为名为 .font02 的类 CSS 样式添加属性，如图 4-9 所示。返回 4-1-2.html 中，保存页面，在浏览器中预览文字属性，如图 4-10 所示。

```
36 ▼ #welcome {
37        text-align: center;
38        margin-top: 100px;
39  }
40 ▼ .font01{
41        font-family:幼圆;
42        font-size:16px;
43  }
44 ▼ .font02{
45        font-family:"Arial Black";
46 ▼     font-size:2em;
47  }
```

图 4-9

图 4-10

> **提示**
>
> em 是相对大小单位，是指相对于父元素的大小值。所谓父元素是指当前输入文字的最近一级元素所设置的字体大小，如果父元素未设置则字体的大小会按照浏览器默认的比例显示，显示器的默认显示比例是 1em=16px。

知识点睛：在设置字体大小时，使用相对大小和绝对大小单位有什么区别？

设置绝对大小需要使用绝对单位，使用绝对大小的方法设置的文字无论在何种分辨率下显示出来的字体大小都是不变的。关于 CSS 样式中相对大小单位和绝对大小单位已经在第 3 章进行了介绍，这里不再赘述。

4.1.3　设置字体颜色 color

在 HTML 页面中，通常在页面的标题部分或者需要浏览者注意的部分使用不同的颜色，使其与其他文字有所区别，从而能够吸引浏览者的注意。在 CSS 样式中，文字的颜色是通过 color 属性进行设置的。

color 属性的基本语法如下。

`color: 颜色值；`

在 CSS 样式中颜色值的表示方法有多种，可以使用颜色英文名称、RGB 和 HEX 等多种方式设置颜色值，关于颜色值的多种设置方式，在第 3 章中进行了详细介绍，这里不再赘述。

4.1.4　设置字体粗细 font-weight

在 HTML 页面中，将字体加粗或是变细是吸引浏览者注意的另一种方式，同时还可以使网页的表现形式更加多样。在 CSS 样式中通过 font-weight 属性对字体的粗细进行控制。定义字体粗细

font-weight 属性的基本语法如下。

```
font-weight: 字体粗细;
```

font-weight 属性的属性值介绍如下。

- ⬇ **normal**：该属性值设置字体为正常的字体，相当于参数为 400。

- ⬇ **bold**：该属性值设置字体为粗体，相当于参数为 700。

- ⬇ **bolder**：该属性值设置的字体为特粗体。

- ⬇ **lighter**：该属性值设置的字体为细体。

- ⬇ **inherit**：该属性设置字体的粗细为继承上级元素的 font-weight 属性设置。

- ⬇ **100~900**：font-weight 属性值还可以通过 100~900 的数值来设置字体的粗细。

实例 11 设置网页中字体的颜色和粗细

最终文件：最终文件 \ 第 4 章 \4-1-4.html
操作视频：视频 \ 第 4 章 \ 设置网页中字体的颜色和粗细 .mp4

为文字设置颜色能够丰富网页色彩，增强网页表现效果。字体粗细可以表达网页的先后层次，突出重点部分。

设置颜色有很多方法，在下面的实例练习中使用比较常用的一种即设置 HEX 色值来设置文字颜色。同时前面已经介绍了 font-weight 属性的设置方法，这个实例练习还会介绍如何通过 font-weight 属性设置字体粗细。

01 执行"文件" > "打开"命令，打开页面"源文件 \ 第 4 章 \4-1-4.html"，可以看到页面效果如图 4-11 所示。转换到该网页链接的外部样式表 4-1-4.css 文件中，定义名为 .font01 的类 CSS样式，如图 4-12 所示。

图 4-11	图 4-12

02 返回 4-1-4.html 页面中，选中页面中相应的文字，在"类"下拉列表中选择刚定义的 CSS 样式 font01 应用，如图 4-13 所示。完成类 CSS 样式的应用后，可以看到页面中字体的效果，如图 4-14 所示。

图 4-13	图 4-14

03 转换到 4-1-4.css 文件中，定义名为 .font02 的类 CSS 样式，如图 4-15 所示。返回 4-1-4.html 页面中，选中相应的文字，在"类"下拉列表中选择刚定义的 CSS 样式 font02 应用，如图 4-16 所示。

图 4-15　　　　　　　　　图 4-16

```
44 ▼ .font01{
45       color: #600;
46   }
47 ▼ .font02{
48       color:#B44C41;
49   }
50
```

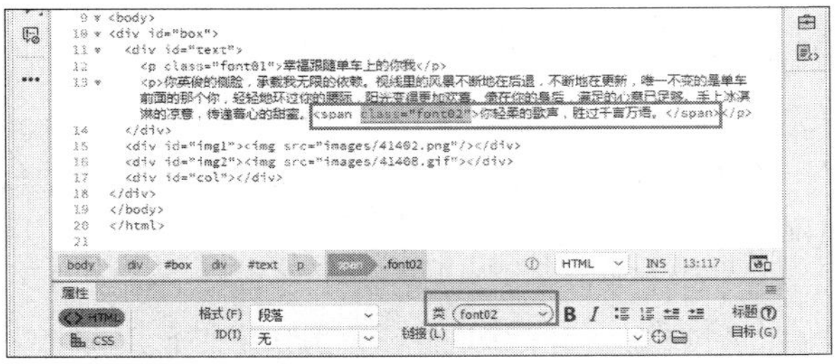

知识点睛：十六进制颜色值是如何表现的？

　　在 HTML 页面中，每一种颜色都是由 R、G、B 3 种颜色（红、绿、蓝三原色）按不同的比例合成。在网页中，默认的颜色表现方式是十六进制的表现方式，如 #000000 以 # 号开头，前面两位代表红色的分量，中间两位代表绿色的分量，最后两位代表蓝色的分量。

04 转换到外部样式表 4-1-4.css 文件中，为名为 .font01 的类 CSS 样式添加属性，如图 4-17 所示。返回 4-1-4.html 页面中，在设计视图中可以看到页面中文字的效果，如图 4-18 所示。

```
44 ▼ .font01{
45       color: #600;
46       font-weight:bold;
47   }
48 ▼ .font02{
49       color:#B44C41;
50   }
51
```

图 4-17　　　　　　　　　图 4-18

05 转换到 4-1-4.css 文件中，为名为 .font02 的类 CSS 样式添加属性，如图 4-19 所示。返回 4-1-4.html 页面中，保存页面，在浏览器中查看网页的文字颜色和粗细，如图 4-20 所示。

```
44 ▼ .font01{
45       color: #600;
46       font-weight:bold;
47   }
48 ▼ .font02{
49       color:#B44C41;
50       font-weight:bolder;
51   }
52
```

图 4-19　　　　　　　　　图 4-20

提示

　　使用 font-weight 属性设置网页中文字的粗细时，将该属性设置为 bold 和 bolder，对于中文字体，在视觉效果上几乎是一样的，没有什么区别，对于部分英文字体会有区别。

知识点睛：使用 CSS 样式设置文字粗细时需要注意什么？

　　在设置页面字体粗细时，文字的加粗或者细化都有一定的限制，字体粗细的设置范围是 100~900 的数值，不会出现无限加粗或无限细化的现象。如果出现高于最大值或者低于最小值的情况，字体的粗细则会以最大值 900 或者最小值 100 为界限。

4.1.5 设置字体样式 font-style

所谓字体样式，也就是平常所说的字体风格，在 Dreamweaver 中有 3 种不同的字体样式，分别是正常、斜体和偏斜体。在 CSS 中，字体的样式是通过 font-style 属性进行定义的。定义字体样式 font-style 属性的基本语法如下。

```
font-style:字体样式;
```

font-style 属性有 3 个属性值，分别介绍如下。

- **normal**：该属性值是默认值，显示的是标准字体样式。
- **italic**：设置 font-weight 属性为该属性值，则显示的是斜体的字体样式。
- **oblique**：设置 font-weight 属性为该属性值，则显示的是倾斜的字体样式。

4.1.6 设置英文字体大小写 text-transform

英文字体大小写转换是 CSS 提供的非常实用的功能之一，其主要通过设置英文段落的 text-transform 属性来定义。text-transform 属性的基本语法如下。

```
text-transform:属性值;
```

text-transform 属性值有 3 个，分别介绍如下。

- **capitalize**：设置 text-transform 属性值为 capitalize，表示单词首字母大写。
- **uppercase**：设置 text-transform 属性值为 uppercase，表示单词所有字母全部大写。
- **lowercase**：设置 text-transform 属性值为 lowercase，表示单词所有字母全部小写。

4.1.7 设置文字修饰 text-decoration

在网站页面设计中，为文字添加下画线、顶画线和删除线是美化和装饰网页的一种方法。在 CSS 样式中，可以通过 text-decoration 属性来实现这些效果。text-decoration 属性的基本语法如下。

```
text-decoration:属性值;
```

text-decoration 属性常用的属性值有 underline、overline 和 lin-through，分别介绍如下。

- **underline**：设置 text-decoration 属性值为 underline，可以为文字添加下画线效果。
- **overline**：设置 text-decoration 属性值为 overline，可以为文字添加顶画线效果。
- **line-through**：设置 text-decoration 属性值为 line-through，可以为文字添加删除线效果。

实 例 12　设置网页中英文字体的属性

最终文件：最终文件 \ 第 4 章 \4-1-7.html
操作视频：视频 \ 第 4 章 \ 设置网页中英文字体的属性 .mp4

文字可以设置倾斜样式，前面已经介绍了设置字体样式的方法，接下来通过实例练习介绍如何通过 font-style 属性设置字体样式。

在网站页面中，不同情况下英文字体需要运用不同的大小写，而且为文字添加下画线、顶画线和删除线也是美化和装饰网页的一种方法。

接下来通过实例练习介绍如何通过 text-transform 属性设置英文大小写和如何通过 text-decoration 属性实现各种下画线效果。

01 执行"文件" > "打开"命令，打开页面"源文件 \ 第 4 章 \4-1-7.html"，可以看到页面效果，如图 4-21 所示。转换到外部样式表 4-1-7.css 文件中，添加名为 .font01 的类 CSS 样式，设置 font-style 属性代码，如图 4-22 所示。

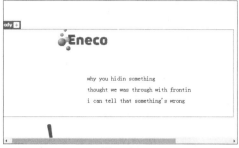

图 4-21   图 4-22

02 返回 4-1-7.html 页面中,可以看到网页中应用了名为 font01 的类 CSS 样式的文字效果,如图 4-23 所示。转换到 4-1-7.css 文件中,添加名为 .font02 的类 CSS 样式,设置 font-style 属性代码,如图 4-24 所示。

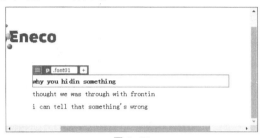

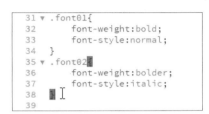

图 4-23   图 4-24

03 返回 4-1-7.html 页面中,可以看到网页中应用了名为 font02 的类 CSS 样式的文字效果,如图 4-25 所示。转换到 4-1-7.css 文件中,定义名为 .font03 的类 CSS 样式,如图 4-26 所示。

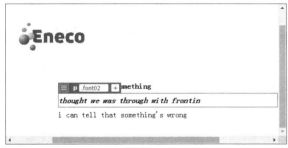

图 4-25   图 4-26

04 返回 4-1-7.html 页面中并选中相应的文字,在"类"下拉列表中选择刚定义的 CSS 样式 font03 应用,如图 4-27 所示。转换到 4-1-7.css 文件中,为名为 .font01 的类 CSS 样式添加 text-transform 的属性值,如图 4-28 所示。

图 4-27   图 4-28

知识点睛：斜体与偏斜体有什么区别？

斜体是指斜体字，也可以理解为使用文字的斜体；偏斜体则可以理解为强制文字进行斜体，并不是所有的文字都具有斜体属性，一般只有英文才具有这个属性，如果想对一些不具备斜体属性的文字进行斜体设置，则需要通过设置偏斜体强行对其进行斜体设置。

---

05 返回 4-1-7.html 页面中，在设计视图中可以看到页面中英文字体的效果，如图 4-29 所示。转换到 4-1-7.css 文件中，为名为 .font02 的类 CSS 样式添加 text-transform 的属性值，如图 4-30 所示。

图 4-29

图 4-30

06 返回 4-1-7.html 页面中，在设计视图中查看效果，如图 4-31 所示。转换到 4-1-7.css 文件中，继续为名为 .font03 的类 CSS 样式添加 text-transform 的属性，如图 4-32 所示。

图 4-31

图 4-32

知识点睛：在什么情况下不能实现首字母大写的效果？解决方式是什么？

在 CSS 中，设置 text-transform 属性值为 capitalize，便可定义英文单词的首字母大写。但是需要注意的是，如果单词之间有逗号和句号等标点符号隔开，那么标点符号后的英文单词便不能实现首字母大写的效果，解决的办法是，在该单词前面加上一个空格，便能实现首字母大写的样式。

---

07 返回 4-1-7.html 页面中，在设计视图中查看效果，如图 4-33 所示。在外部样式表 4-1-7.css 文件中，找到名为 .font01 的类 CSS 样式，添加 text-decoration 属性并设置代码，如图 4-34 所示。

图 4-33

图 4-34

08 返回 4-1-7.html 页面中，可以看到应用了名为 font01 的类 CSS 样式的文字效果，如图 4-35 所示。转换到 4-1-7.css 文件中，找到名为 .font02 的类 CSS 样式，添加 text-decoration 属性并设置代码，如图 4-36 所示。

图 4-35

```
31 ▼ .font01{
32      font-weight:bold;
33      font-style:normal;
34      text-transform:capitalize;
35      text-decoration:underline;
36  }
37 ▼ .font02{
38      font-weight:bolder;
39      font-style:italic;
40      text-transform:uppercase;
41 ▼    text-decoration:overline;
42  }
43 ▼ .font03{
44      font-style:oblique;
45      text-transform:lowercase;
46  }
47
```

图 4-36

09 返回 4-1-7.html 页面中，可以看到应用了名为 font02 的类 CSS 样式的文字效果，如图 4-37 所示。转换到 4-1-7.css 文件中，找到名为 .font03 的类 CSS 样式，添加 text-decoration 属性并设置代码，如图 4-38 所示。

图 4-37

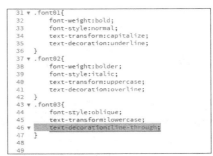

```
31 ▼ .font01{
32      font-weight:bold;
33      font-style:normal;
34      text-transform:capitalize;
35      text-decoration:underline;
36  }
37 ▼ .font02{
38      font-weight:bolder;
39      font-style:italic;
40      text-transform:uppercase;
41      text-decoration:overline;
42  }
43 ▼ .font03{
44      font-style:oblique;
45      text-transform:lowercase;
46      text-decoration:line-through;
47  }
48
49
```

图 4-38

10 返回 4-1-7.html 页面中，可以看到应用了名为 font03 的类 CSS 样式的文字效果，如图 4-39 所示。保存页面，并保存外部 CSS 样式文件，在浏览器中预览页面，可以看到页面效果，如图 4-40 所示。

图 4-39

图 4-40

知识点睛：如何实现文字既有下画线也有顶画线的效果？

在对网页界面进行设计时，如果希望文字既有下画线，同时也有顶画线或删除线，在 CSS 样式中，可以将下画线、顶画线或删除线的值同时赋予 text-decoration 属性上。

4.2　设置段落样式

在设计网页时，CSS 样式可以控制字体样式，同时也可以控制字间距和段落样式。在一般情况下，设置字体样式只能对少数文字起作用，对于文字段落来说，还是需要通过设置段落样式来加以控制。

4.2.1　字间距 letter-spacing

在 CSS 样式中，字间距的控制是通过 letter-spacing 属性来进行调整的，该属性既可以设置相对数值，也可以设置绝对数值，但在大多数情况下使用相对数值进行设置。letter-spacing 属性的语法格式如下。

```
letter-spacing: 字间距;
```

4.2.2　行间距 line-height

在 CSS 样式中，可以通过 line-height 属性对段落的行间距进行设置。line-height 的值表示两行文字基线之间的距离，既可以设置相对数值，也可以设置绝对数值。line-height 属性的基本语法格式如下。

```
line-height: 行间距;
```

通常在静态页面中，字体的大小使用的是绝对数值，从而达到页面整体的统一，但在一些论坛或博客等用户可以自由定义字体大小的网页中，使用的则是相对数值，从而便于用户通过设置字体大小来改变相应行距。

实例 13　在网页中设计文字间距

最终文件：最终文件 \ 第 4 章 \4-2-2.html
操作视频：视频 \ 第 4 章 \ 在网页中设计文字间距 .mp4

通过 CSS 样式能够控制字符之间的距离，也自由控制段落行与行之间的高度，即行间距。了解了 CSS 样式调整字符间距的语法格式和定义行间距的基本方法。

接下来通过实例练习介绍如何通过 letter-spacing 属性设置字间距，同时介绍如何通过 line-height 属性设置行间距。

01 执行"文件" > "打开"命令，打开页面"源文件 \ 第 4 章 \4-2-2.html"，可以看到页面效果，如图 4-41 所示。转换到该网页链接的外部样式表 4-2-2.css 文件中，定义名为 .font 的类 CSS 样式，如图 4-42 所示。

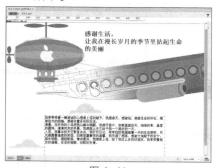

图 4-41

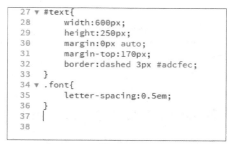

```
27 ▼ #text{
28        width:600px;
29        height:250px;
30        margin:0px auto;
31        margin-top:170px;
32        border:dashed 3px #adcfec;
33   }
34 ▼ .font{
35        letter-spacing:0.5em;
36   }
37
38
```

图 4-42

02 返回 4-2-2.html 页面中，选择页面中相应的文字，在"类"下拉列表中选择刚定义的类

CSS 样式 font 应用，如图 4–43 所示。完成类 CSS 样式的应用，可以看到页面中文字间距的效果，如图 4–44 所示。

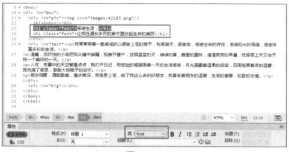

图 4–43

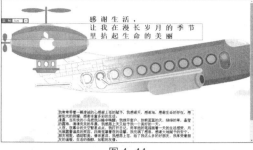

图 4–44

知识点睛：在为网页中的文字设置字间距时应考虑到哪些方面?

在对网页中的文本设置字间距时，需要根据页面整体的布局和构图进行适当的设置，同时还要考虑到文本内容的性质。如果是一些新闻类的文本，不宜设置得太过夸张和花哨，应以严谨、整齐为主；如果是艺术类网站，则可以尽情展示文字的多样化风格，从而更加吸引浏览者的注意力。

03 转换到该网页链接的外部样式表 4-2-2.css 文件中，定义名为 .font01 的类 CSS 样式，如图 4–45 所示。返回 4-2-2.html 页面中，选择页面中相应的文字，在“类”下拉列表中选择刚定义的类 CSS 样式 font01 应用，如图 4–46 所示。

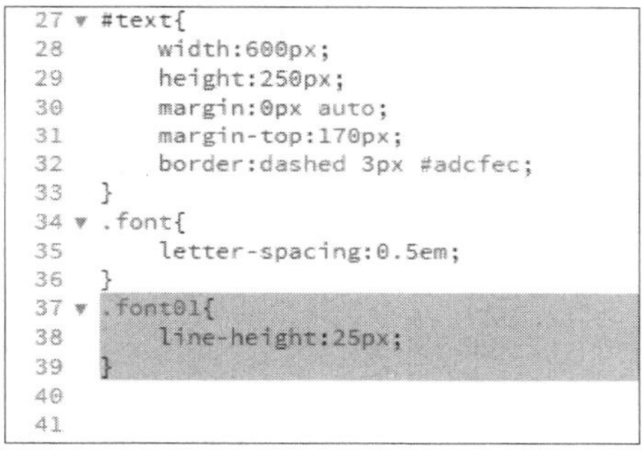

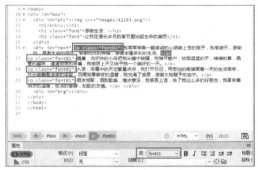

图 4–45

图 4–46

04 完成类 CSS 样式的应用，可以看到页面中文字行间距的效果，如图 4–47 所示。在浏览器中预览页面中的文字属性效果，如图 4–48 所示。

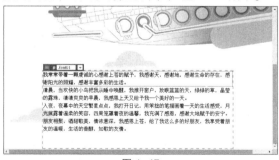

图 4–47

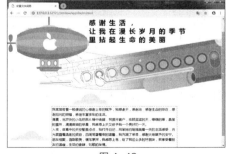

图 4–48

知识点睛：使用相对行距的方法设置行间距的优势是什么?

由于是通过相对行距的方式对该段文字进行设置的，因此行间距会随着字体大小的变化而变化，从而不会因为字体变大而出现行间距过宽或者过窄的情况。

4.2.3 段落首字下沉

首字下沉也称首字放大，一般应用在报纸、杂志或者网页上的一些文章中，开篇的第一个字都会使用首字下沉的效果进行排版，以此来吸引浏览者的目光。在 CSS 样式中，首字下沉是通过对段落中的第一个文字单独设置 CSS 样式来实现的。其基本语法如下。

```
font-size: 文字大小；
float: 浮动方式；
```

4.2.4 段落首行缩进 text-indent

段落首行缩进在一些文章开头通常都会用到，它是一个段落的第一行文字缩进两个字符进行显示。在 CSS 样式中，是通过 text-indent 属性进行设置的。text-indent 属性的基本语法如下。

```
text-indent: 首行缩进量；
```

实 例 14　设置段落文字首字下沉和缩进样式

最终文件：最终文件\第 4 章 \4-2-4.html
操作视频：视频\第 4 章\设置段落文字首字下沉和缩进样式 .mp4

首字下沉是通过设置首字大小和浮动方式实现的效果，网站页面中通常所见的段落都有两个字符的缩进，接下来通过实例练习介绍如何通过 CSS 样式设置首字下沉，同时通过实例练习介绍通过 text-indent 属性设置段落首行缩进。

01 执行"文件" > "打开"命令，打开页面"源文件\第 4 章 \4-2-4.html"，可以看到页面效果，如图 4-49 所示。转换到该网页链接的外部样式表 4-2-4.css 文件中，定义名为 .font01 的类 CSS 样式，如图 4-50 所示。

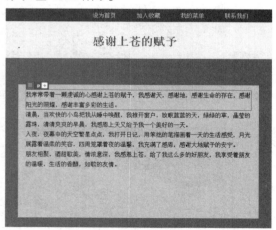

图 4-49

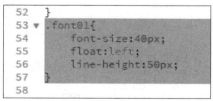

图 4-50

02 返回 4-2-4.html 页面中，选中段落中的第一个文字，在"目标规则"下拉列表中选择刚定义的类 CSS 样式 font01 应用，如图 4-51 所示。完成类 CSS 样式的应用，可以看到页面中段落首字下沉的效果，如图 4-52 所示。

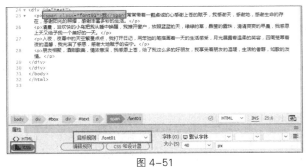
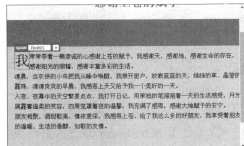

图 4-51　　　　　　　　　　　　　　　　图 4-52

> **知识点睛：CSS 样式是如何实现首字下沉的？**
>
> 　　首字下沉与其他设置段落的方式的区别在于，其是通过定义段落中第一个文字的大小并将其设置为左浮动而达到的页面效果。在 CSS 样式中可以看到，首字的大小是其他文字大小的一倍，并且首字大小不是固定不变的，主要是看页面整体布局和结构的需要。

03 转换到外部样式表 4-2-4.css 文件中，定义名为 .font02 的类 CSS 样式，如图 4-53 所示。返回 4-2-4.html 页面中，将光标放置在相应的段落，在"目标规则"下拉列表中选择刚定义的类 CSS 样式应用，如图 4-54 所示。

图 4-53　　　　　　　　　　　　　　　　图 4-54

04 完成类 CSS 样式的应用，可以看到页面中段落首行缩进的效果，如图 4-55 所示。使用相同的方法为其余两段文字添加 CSS 样式，并在浏览器中查看预览效果，如图 4-56 所示。

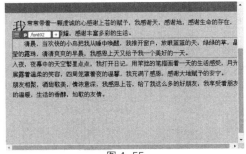

图 4-55　　　　　　　　　　　　　　　　图 4-56

> **提示**
>
> 　　一般文章段落的首行缩进在两个字的位置，因此，在 Dreamweaver 中使用 CSS 样式对段落设置首行缩进时，首先需要明白该段落字体的大小，然后再根据字体的大小设置首行缩进的数值。

> **知识点睛：首行缩进通常使用在什么地方？**
>
> 　　通常文章段落的首行缩进在两个字符的位置，因此，在使用 CSS 样式对段落进行首行缩进的属性设置时，应根据该段落字体的大小设置首行缩进的数值。例如当段落中字体大小为 12 像素时，应设置首行缩进的值为 24 像素。

4.2.5 段落水平对齐 text-align

在 CSS 样式中，段落的水平对齐是通过 text-align 属性进行控制的，段落对齐有 4 种方式，分别为左对齐、水平居中对齐、右对齐和两端对齐。text-align 属性的基本语法如下。

```
text-align: 对齐方式；
```

text-align 属性有 4 个属性值，分别介绍如下。

- ↘ left：设置 text-align 属性为 left，则表示段落的水平对齐方式为左对齐。
- ↘ center：设置 text-align 属性为 center，则表示段落的水平对齐方式为居中对齐。
- ↘ right：设置 text-align 属性为 right，则表示段落的水平对齐方式为右对齐。
- ↘ justify：设置 text-align 属性为 justify，则表示段落的水平对齐方式为两端对齐。

4.2.6 文本垂直对齐 vertical-align

在 CSS 样式中，文本垂直对齐是通过 vertical-align 属性进行设置的，常见的文本垂直对齐方式有 3 种，分别为顶端对齐、垂直居中对齐和底端对齐。vertical-align 属性的语法格式如下。

```
vertical-align: 对齐方式；
```

实例 15　设置文本水平居中和垂直居中对齐

最终文件：最终文件\第 4 章 \4-2-6.html
操作视频：视频\第 4 章\设置文本水平居中和垂直居中对齐 .mp4

通过 CSS 样式，可以为段落文本设置不同的水平对齐方式，了解了段落水平对齐的属性和文本垂直对齐的属性，接下来通过实例练习介绍如何为段落设置水平对齐，同时介绍如何通过 vertical-align 属性设置文本的垂直居中对齐。

01 执行 "文件" > "打开" 命令，打开页面 "源文件\第 4 章 \4-2-6.html"，可以看到页面效果，如图 4-57 所示。转换到该网页链接的外部样式表 4-2-6.css 文件中，定义名为 .font01 的类 CSS 样式，如图 4-58 所示。

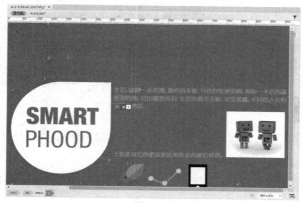

图 4-57

```
24 ▼ #pic{
25         width:324px;
26         margin-left:630px;
27         margin-top:20px;
28   }
29 ▼ .font01{
30         text-align:center;
31   }
32   |
33
34
```

图 4-58

02 返回 4-2-6.html 页面中，选中相应的段落文本，在 "目标规则" 下拉列表中选择刚定义的类 CSS 样式应用，如图 4-59 所示。完成类 CSS 样式的应用，可以看到页面中段落文本水平居中对齐的效果，如图 4-60 所示。

图 4-59　　　　　　　　　　　　　图 4-60

> **提示**
>
> 　　在设置文字的水平对齐时，如果需要设置对齐的段落不只一段，根据不同的文字，页面的变化也会有所不同。如果是英文，那么段落中每一个单词的位置都会相对于整体而发生一些变化；如果是中文，那么段落中除了最后一行文字的位置会发生变化外，其他段落中文字的位置相对于整体则不会发生变化。

> **知识点睛：中文可以使用设置为两端对齐吗？**
>
> 　　两端对齐是美化段落文本的一种方法，可以使段落的两端与边界对齐。但两端对齐的方式只对整段的英文起作用，对于中文来说没有什么作用。这是因为英文段落在换行时为保留单词的完整性，整个单词会一起换行，所以会出现段落两端不对齐的情况。两端对齐只能对这种两端不对齐的段落起作用，而中文段落由于每一个文字与符号的宽度相同，在换行时段落是对齐的，因此自然不需要使用两端对齐。

　　03 转换到外部样式表 4-2-6.css 文件中，定义名为 .font 的类 CSS 样式，如图 4-61 所示。返回 4-2-6.html 页面中，选中相应的图片，在"类"下拉列表中选择刚定义的类 CSS 样式应用，如图 4-62 所示。

图 4-61　　　　　　　　　　　　　图 4-62

　　04 完成类 CSS 样式的应用，可以看到页面中文本相对于图像垂直居中的对齐效果，如图 4-63 所示。在浏览者器中预览网页效果，如图 4-64 所示。

图 4-63　　　　　　　　　　　　　图 4-64

> **提示**
>
> 在使用 CSS 样式为文字设置垂直对齐时，首先必须要选择一个参照物，也就是行内元素。但是在设置时，由于文字并不属于行内元素，因此，在 DIV 中不能直接对文字进行垂直对齐的设置，只能对元素中的图片进行垂直对齐设置，从而达到文字的对齐效果。

知识点睛：为什么有些情况下应用的文本段落垂直对齐不起作用？

段落垂直对齐只对行内元素起作用，行内元素也称为内联元素，在没有任何布局属性作用时，默认排列方式是同行排列，直到宽度超出包含的容器宽度时才会自动换行。段落垂直对齐需要在行内元素中进行，如 `<span></span>`、`<p></p>` 以及图片等，否则段落垂直对齐不会起作用。

4.3　使用 CSS3 嵌入 Web 字体

在 CSS 的字体样式中，通常会受到客户端的限制，只有在客户端安装了该字体后，样式才能正确显示。如果使用的不是常用的字体，对于没有安装该字体的用户而言，是看不到真正的文字样式的。因此，设计师会避免使用不常用的字体，更不敢使用艺术字体。

为了弥补这一缺陷，CSS3 新增了字体自定义功能，通过 @font-face 规则来引用互联网任意服务器中存在的字体。这样在设计页面时，就不会因为字体稀缺而受限制。

4.3.1　@font-face 语法

只需要将字体放置在网站服务器端，即可在网站页面中使用 @font-face 规则来加载服务器端的特殊字体，从而在网页中表现出特殊字体的效果，不管用户端是否安装了对应的字体，网页中的行殊字体都能够正常显示。

通过 @font-face 规则可以加载服务器端的字体文件，让客户端显示客户端所没有安装的字体，@font-face 规则的语法格式如下。

```
@font-face: {font-family:取值 ; font-style:取值 ; font-variant:取值 ; font-weight:取值 ; font-stretch:取值 ; font-size:取值 ; src:取值 ; }
```

@font-face 规则的相关属性说明如表 4-1 所示。

表 4-1　@font-face 属性参数说明

属性参数	说明
font-family	设置自定义字体名称，最好使用默认的字体文件名
font-style	设置自定义字体的样式
font-variant	设置自定义字体是否大小写
font-weight	设置自定义字体的粗细
font-stretch	设置自定义字体是否横向拉伸变形
font-size	设置自定义字体的大小
src	设置自定义字体的相对路径或者绝对路径，可以包含 format 信息。注意，此属性只能在 @font-face 规则中使用

> **提示**
>
> @font-face 规则和 CSS3 中的 @media、@import、@keyframes 等规则一样，都是用关键字符 @ 封装多项规则。@font-face 的 @ 规则主要用于指定自定义字体，然后在其他 CSS 样式中调用 @font-face 中自定义的字体。

4.3.2　自定义字体方法

正确使用 @font-face 规则自定义字体，必须满足以下两个关键点。

🔽 将各种格式字体上传到服务器，从而支持各种浏览器。

🔽 在 @font-face 中必须指定自定义字体名称以及引用自定义字体的字体来源。

以下是一个使用 @font-face 规则自定义字体的示例。

```
@font-face {
  font-family:"NeuesBauenDemo";
  src:url("../font/neues_bauen_demo.eot");
  src:url("../font/neues_bauen_demo.eot?#iefix") format("embedded-opentype"),
    url("../font/neues_bauen_demo.woff") format("woff"),
    url("../font/neues_bauen_demo.ttf") format("truetype"),
    url("../font/neues_bauen_demo.svg#NeuesBauenDemo") format("svg");
}
```

在 @font-face 规则定义中 font-family 和 src 这两个属性是必须设置的，通过 font-family 来定义字体名称，而 src 是引用自定义字体的来源，其他的属性则是可选属性。

在 @font-face 规则中，通过 font-family 来自定义字体名称，而这个字体名称可以是任意的名称或形式，它仅用于元素 CSS 样式中的 font-family 属性引用。当然，自定义的字体名称最好与引用的字体文件名称相同，这样可以保持 CSS 的可读性。

上面的示例代码中通过 @font-face 规则声明了自定义字体名称为 NeuesBauenDemo，但不会有任何实际效果，如果想让网页中的文字应用该字体效果，需要在 CSS 样式设置中对元素引用 @font-face 规则中自定义的字体，例如下面的 CSS 样式设置代码。

```
.font01 {
font-family: NeuesBauenDemo;
}
```

> **提示**
> 一个 @font-face 规则仅自定义一个字体，如果在网页中需要自定义多个字体就需要对应多个 @font-face 规则。

4.3.3　声明多个字体来源

@font-face 规则中有一个非常重要的参数就是 src，这个属性类似于 <img> 标签中的 src 属性，其值主要是用于指向引用的字体文件。此外，可以声明多个字体来源，如果客户端的浏览器未能找到第一个来源，它会依次尝试寻找后面字体的来源，直到找到一个可用的字体来源为止。例如下面的 @font-face 规则定义代码。

```
@font-face {
  font-family:"NeuesBauenDemo";
  src:url("../font/neues_bauen_demo.eot");
  src:url("../font/neues_bauen_demo.eot?#iefix") format("embedded-opentype"),
    url("../font/neues_bauen_demo.woff") format("woff"),
    url("../font/neues_bauen_demo.ttf") format("truetype"),
    url("../font/neues_bauen_demo.svg#NeuesBauenDemo") format("svg");
}
```

在以上的 @font-face 规则定义代码中依次声明了 4 种字体：EOT、WOFF、TTF 和 SVG，每种字体都有其具体作用，并且浏览器对每种字体的支持情况也不一样。

4.3.4 @font-face 规则的浏览器兼容性

@font-face 规则的浏览器兼容性如表 4-2 所示。

表 4-2 @font-face 规则的浏览器兼容性

属性	Chrome	Firefox	Opera	Safari	IE
@font-face	4.0+ √	3.5+ √	10.0+ √	3.2+ √	5.5+ √

4.4　在网页中应用特殊字体

以前在网页中想要使用特殊的字体实现特殊的文字效果，只能是通过图片的方式来实现，非常麻烦也不利于修改。在 Dreamweaver CC 中的 Web 字体功能可以加载特殊的字体，从而在网页中实现特殊的文字效果。

实 例 16　在卡通网页中使用特殊字体

最终文件：最终文件 \ 第 4 章 \4-4.html
操作视频：视频 \ 第 4 章 \ 在卡通网页中使用特殊字体 .mp4

通过 CSS 样式不但可以为文字运用字体列表中的字体，还可以在网页中运用特殊字体。下面通过实例介绍如何通过 Web 字体功能实现特殊字体的功能。

01 执行"文件"＞"打开"命令，打开页面"源文件 \ 第 4 章 \4-4.html"，可以看到页面效果，如图 4-65 所示。执行"工具"＞"管理字体"命令，弹出"管理字体"对话框，单击"本地 Web 字体"标签，打开相应的内容，如图 4-66 所示。

图 4-65

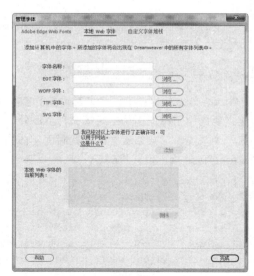

图 4-66

02 单击"TTF 字体"选项后的"浏览"按钮，弹出"打开"对话框，选择需要添加的字体，如图 4-67 所示。单击"打开"按钮，添加该字体，选中相应的复选框，如图 4-68 所示。

图 4-67　　　　　　　　　　　　　　　　　　　图 4-68

03 单击"添加"按钮，即可将所选择的字体添加到"本地 Web 字体的当前列表"列表框中，如图 4-69 所示。单击"完成"按钮，即可完成 Web 字体的添加。在 DIV 中定义 class 名为 font01，继续在 <style> 标签中添加类样式名称，如图 4-70 所示。

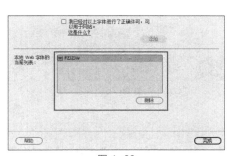

图 4-69　　　　　　　　　　　　　　　　　　　图 4-70

04 在"属性"面板中，"目标规则"选择".font01"选项，单击"编辑规则"按钮，如图 4-71 所示。在弹出的"CSS 规则定义"对话框中对其他选项进行设置，如图 4-72 所示。

图 4-71　　　　　　　　　　　　　　　　　　　图 4-72

05 单击"确定"按钮，完成 CSS 样式的设置，转换到代码视图中，可以在页面头部看到所创建的 CSS 样式代码，如图 4-73 所示。返回设计视图，可以看到使用 Web 字体的效果，如图 4-74 所示。

06 使用相同的方法，在 Web 字体管理器中添加另一种 Web 字体，如图 4-75 所示。创建相应的类 CSS 样式，在 Chrome 浏览器中预览页面，可以看到使用 Web 字体的效果，如图 4-76 所示。

```
 7 ▼ <style type="text/css">
 8     @import url("FZJZJW/stylesheet.css");
 9
10 ▼     .font01{
11         font-family: FZJZJW;
12         font-size: 34px;
13         font-weight: bold;
14         }
15    </style>
```

图 4-73

图 4-74

```
 7 ▼ <style type="text/css">
 8     @import url("FZJZJW/stylesheet.css");
 9     @import url("方____体/stylesheet.css");
10
11 ▼     .font01{
12         font-family: FZJZJW;
13         font-size: 34px;
14         font-weight: bold;
15         }
16 ▼     .fone02{
17         font-family: "方正卡通简体";
18         }
19    </style>
```

图 4-75

图 4-76

> **提示**
>
> 目前，对 Web 字体的应用很多浏览器的支持方式并不完全相同，例如 IE 10 及其以下版本的浏览器并不支持 Web 字体，所以目前在网页中还是尽量少用 Web 字体，并且如果在网页中使用的 Web 字体过多，还会导致网页下载时间过长。

知识点睛：在网页中可以使用哪几种格式的字体文件作为 Web 字体？

在 "Web 字体" 对话框中，可以添加 4 种格式的字体文件，分别为 EOT 字体、WOFF 字体、TTF 字体和 SVG 字体，分别单击各字体格式选项后的 "浏览" 按钮，即可添加相应格式的字体。

4.5 CSS3 中文字效果设置

在 CSS3 中提供了 4 种有关网页文字控制的属性，分别是 text-shadow、word-wrap、font-size-adjust 和 text-overflow。本节将重点介绍 text-shadow 和 text-overflow 属性的设置应用。

4.5.1 文字阴影 text-shadow

在显示文字时，有时要根据需要给出文字的阴影效果，从而增强文字的瞩目性。通过 CSS3 中的 text-shadow 属性就可以轻松地实现为文字添加阴影的效果。

text-shadow 语法格式如下。

```
text-shadow: none | <length> none | [<shadow>,]* <opacity> 或 none | <color>
[,<color>]*
```

- length：由浮点数字和单位标识符组成的长度值，可以为负值，用于设置阴影的水平延伸距离。
- color：用于设置阴影的颜色。
- opacity：用于指定模糊效果的作用距离。

4.5.2 文本溢出处理 text-overflow

在网页中显示信息时，如果指定显示信息过长，超过了显示区域的宽度，其结果就是信息撑破指定的信息区域，从而破坏了整个网页布局。如果设置的信息显示区域过长，就会影响整体页面的效果。以前遇到这种情况，需要使用 JavaScript 将超出的信息进行省略。现在只需要使用 CSS3 中的 text-overflow 属性，就可以解决这个问题。

text-overflow 属性的语法格式如下。

```
text-overflow: clip | ellipsis
```

- clip：不显示省略标记（…），而是简单的裁切。
- ellipsis：当对象内文本溢出时显示省略标记（…）。

> **提示**
>
> 需要特殊说明的是，text-overflow 属性非常特殊，当设置的属性值不同时，其浏览器对 text-overflow 属性支持也不相同。当 text-overflow 属性值为 clip 时，主流的浏览器都能够支持；如果 text-overflow 属性值为 ellipsis 时，除了 Firefox 浏览器不支持，其他主流的浏览器都能够支持。

实例 17　为网页中的文字设置效果

最终文件：最终文件\第 4 章\4-5-2.html
操作视频：视频\第 4 章\为网页中的文字设置效果 .mp4

通过 CSS 的属性，可以为文字添加阴影效果，并且能够通过参数控制阴影的距离和颜色。同时通过 text-overflow 属性可以让一段超过容器范围的文本被裁切或是以省略号显示。

接下来通过实例练习介绍如何为文字设置阴影，并了解 text-overflow 的语法格式，以及如何处理文本溢出。

`01` 执行"文件" > "打开"命令，打开页面"源文件\第 4 章\4-5-2.html"，如图 4-77 所示。转换到链接的外部 CSS 样式文件 4-5-2.css 中，定义名为 .font01 的 CSS 类样式，如图 4-78 所示。

图 4-77

```
.font01{
    text-shadow:5px 2px 6px #9fb4cc;
}
```

图 4-78

`02` 返回设计视图，为相应的文字应用刚刚定义的 font01 样式，如图 4-79 所示。保存页面，并保存外部 CSS 样式文件，在 Chrome 浏览器中预览页面，可以看到文字阴影的效果，如图 4-80 所示。

图 4-79

图 4-80

知识点睛：text-shadow 属性中 opacity 参数的取值是什么？

text-shadow 属性中的 opacity 参数表示文字阴影的模糊效果距离，由浮点数字和单位标识符组成的长度值，不可以为负值。如果仅仅需要模糊效果，将前两个 length 属性全部设置为 0 即可。

---

03 回到代码视图，在页面中添加如图 4-81 所示的代码。转换到设计视图页面中，可以看到文字的编写情况，如图 4-82 所示。

图 4-82

```
<div id="box1">
<div id="text1">
当我跃入春水荡漾的河中，片刻的凉意之后便有了轻松舒适的感觉，好久没有
如此酣畅淋漓！</div>
<div id="text2">当我跃入春水荡漾的河中，片刻的凉意之后便有了轻松舒
适的感觉，好久没有如此酣畅淋漓！</div>
</div>
```

图 4-81

04 转换到该网页链接的外部 CSS 样式 4-5-2.css 文件，可以看到名为 #text1 和 #text2 的 CSS 样式代码，如图 4-83 所示。在设计视图中预览该页面，可以看到溢出的文本被自动截断了，如图 4-84 所示。

```
#text1{
    width:400px;
    height:40px;
    overflow:hidden;
    white-space:nowrap;
    color:#000000;
}
#text2{
    width:400px;
    height:40px;
    overflow:hidden;
    white-space:nowrap;
    color:#000000;
}
#box1{
    width:405px;
    margin-left:-540px;
    margin-top:-200px;
}
```

图 4-83

图 4-84

　　05 分别在名为 #text1 和 #text2 的 CSS 样式中添加 text-overflow 属性设置，如图 4-85 所示。保存外部 CSS 样式文件，在浏览器中预览页面，可以看到通过 text-overflow 属性实现的溢出文本显示为省略号的效果，如图 4-86 所示。

```
#textl{
    width:400px;
    height:40px;
    overflow:hidden;
    white-space:nowrap;
    color:#000000;
    text-overflow:clip;
}
#text2{
    width:400px;
    height:40px;
    overflow:hidden;
    white-space:nowrap;
    color:#000000;
    text-overflow:ellipsis;
}
```

图 4-85

图 4-86

知识点睛：为什么定义了 text-overflow 属性，但并没有显示省略标记？

　　text-overflow 属性用于设置是否使用一个省略标记 (…) 表示对象内文本的溢出。text-overflow 属性仅是注解当文本溢出是否显示省略标记，并不具备其他的样式属性定义。要实现溢出时产生省略号的效果还需要定义：强制文本在一行内显示 (white-space: nowrap) 及溢出内容为隐藏 (overflow: hidden)，只有这样才能实现溢出文本显示省略号的效果。

第 5 章　使用 CSS 设置背景和图片样式设置

背景和图片是网页中非常重要的组成部分。在网页设计中，使用 CSS 样式控制背景和图片样式是较为常用的一项技术，它有效地避免了 HTML 对页面元素控制所带来的不必要的麻烦。通过 CSS 样式的灵活运用，可以使整个页面更加丰富多彩。

本章知识点：
- 设置背景颜色 CSS 样式
- 设置背景图像 CSS 样式
- 设置图片 CSS 样式
- 使用 CSS 样式实现图文混排
- 网页中特殊图像效果应用

5.1　设置背景颜色 CSS 样式

通过为网页设置一个合理的背景颜色，能够烘托网页的主体色彩，给人一种协调和统一的视觉感，达到美化页面的效果。不同的背景颜色给人的心理感受并不相同，因此为网页选择一个合适的背景颜色非常重要。

5.1.1　背景颜色 background-color

很多网站页面中都会设置页面的背景颜色，使用 CSS 样式控制网页背景颜色是一种十分方便和简洁的方法。在 CSS 样式中，background-color 属性用于设置页面的背景颜色，其基本语法格式如下。

```
background-color: color/transparent;
```

- color：该属性值设置背景的颜色，颜色值可以采用英文单词、十六进制、RGB、HSL、HSLA 和 RGBA 格式。
- transparent：该属性值为默认值，表示透明。

5.1.2　为页面元素设置不同的背景颜色

通过 background-color 属性不仅可以设置整个页面的背景颜色，还可以设置 HTML 中几乎所有元素的背景颜色，因此可以通过 background-color 属性为页面元素设置不同的背景颜色来为页面分块。

实 例 18　为网页设置背景颜色

最终文件：最终文件 \ 第 5 章 \5-1-2.html
操作视频：视频 \ 第 5 章 \ 为网页设置背景颜色 .mp4

前面讲解了设置背景颜色的基本语法和 background-color 属性的基本语法，下面通过实战练习介绍如何为页面设置背景颜色，同时为用户介绍如何设置不同的背景颜色。

01 执行"文件">"打开"命令，打开页面"源文件 \ 第 5 章\5-1-2.html"，可以看到页面效果，如图 5-1 所示。转换到代码视图中，可以看到该页面的 HTML 代码，如图 5-2 所示。

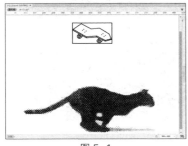

```
1  <!doctype html>
2  ▼ <html>
3  ▼ <head>
4    <meta charset="utf-8">
5    <title>使用背景颜色为网页分块</title>
6    <link rel="stylesheet" type="text/css" href="style/5-1-2.css" />
7  </head>
8
9  ▼ <body>
10   <div id="top">首页　收藏</div>
11   <div id="center"><img src="images/51101.png"/></div>
12   <div id="bottom"></div>
13 </body>
14 </html>
15
```

图 5-1　　　　　　　　　　　　　　　　图 5-2

02 转换到外部 CSS 样式 5-1-2.css 文件中，在名为 body 的标签 CSS 样式中添加 background-color 属性设置代码，如图 5-3 所示。

03 保存外部 CSS 样式文件，在浏览器中预览页面，可以看到为网页设置整体背景颜色的效果，如图 5-4 所示。

```
8 ▼ body{
9      font-size:18px;
10     font-family:"宋体";
11     color:#FFF;
12     line-height:30px;
13     text-align:center;
14     font-weight:bold;
15 ▼   background-color: #1Cf9d4;
16  }
```

图 5-3

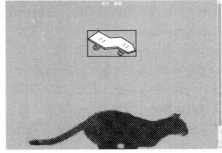

图 5-4

知识点睛：background-color 属性与 bgcolor 属性有什么不同？

　　background-color 属性类似于 HTML 中的 bgcolor 属性。CSS 样式中的 background-color 属性更加实用，不仅仅是因为它可以用于页面中的任何元素，bgcolor 属性只能对 <body>、<table>、<tr>、<th> 和 <td> 标签进行设置。通过 CSS 样式中的 background-color 属性可以设置页面中任意特定部分的背景颜色。

---

04 转换到外部 CSS 样式 5-1-2.css 文件中，找到名为 #top 和名为 #center 的 CSS 代码，如图 5-5 所示。在 top 的 CSS 样式中添加 background-color 属性设置代码，如图 5-6 所示。

```
17 ▼ #top{
18     width:100%;
19     height:38px;
20  }
21 ▼ #center{
22     width:100%;
23     height:360px;
24  }
```

图 5-5

```
13     text-align:center;
14     font-weight:bold;
15     background-color:
16  }
17 ▼ #top{
18     width:100%;
19     height:38px;
20 ▼   background-color: #000000;
21  }
22 ▼ #center{
23     width:100%;
24     height:360px;
25     background-color: #ff7755;
26  }
```

图 5-6

05 继续在 center 的 CSS 样式代码中添加 background-color 属性值，如图 5-7 所示。

06 保存外部 CSS 样式文件，在浏览器中预览该页面，可以看到为网页元素设置不同背景颜色的效果，如图 5-8 所示。

知识点睛：除了颜色值外，background-color 属性还包括哪些属性值？

　　background-color 属性还可以使用 transparent 和 inherit 值。transparent 值是所有元素的默认值，其意味着显示已经存在的背景；如果需要继承 background-color 属性，则可以使用 inherit 值。

```
15        background-color: #1Cf9d4;
16    }
17 ▼ #top{
18        width:100%;
19        height:38px;
20        background-color:
21    }
22 ▼ #center{
23        width:100%;
24        height:360px;
25 ▼      background-color: #fff055;
26    }
```

图 5-7

图 5-8

5.1.3　背景图像大小 background-size

以前在网页设计中背景图像的大小是无法控制的，如果想让背景图像填充整个页面背景，则需要事先设计一个较大的背景图像，只能让背景图像以平铺的方式来填充页面元素。在 CSS3 中提供了一个 background-size 属性，通过该属性可以控制背景图像的大小。

background-size 语法格式如下。

```
background-size: [<length> | <percentage> | auto]{1,2} | cover | contain
```

- **length**：由浮点数字和单位标识符组成的长度值，不可以为负值。
- **percentage**：取值为 0~100% 的值，不可以为负值。
- **cover**：保持背景图像本身的宽高比，将背景图像缩放到正好完全覆盖所定义的背景区域。
- **contain**：保持背景图像本身的宽高比，将图片缩放到宽度和高度正好适应所定义的背景区域。

5.1.4　背景图像显示区域 background-origin

在 CSS3 中的 background-origin 属性可以大大改善背景图像的定位方式，能够更加灵活地对背景图像进行定位。默认情况下，background-position 属性总是以元素左上角原点作为背景图像定位，使用 background-origin 属性可以改变这种背景图像定位方式。

background-origin 语法格式如下。

```
background-origin: border | padding | content
```

- **border**：从 border 区域开始显示背景图像。
- **padding**：从 padding 区域开始显示背景图像。
- **content**：从盒子内容区域开始显示背景图像。

5.1.5　背景图像裁剪区域 background-clip

在 CSS3 中的 background-clip 属性可以定义背景图像的裁剪区域。background-clip 属性与 background-origin 属性有一些相似，background-clip 属性用来判断背景图像是否包含边框区域，而 background-origin 属性用来决定 background-position 属性定位的参考位置。

background-clip 语法格式如下。

```
background-clip: border-box | padding-box | content-box | no-clip
```

- **border-box**：从 border 区域向外裁剪背景图像。
- **padding-box**：从 padding 区域向外裁剪背景图像。
- **content-box**：从盒模型内容区域向外裁剪背景图像。
- **no-clip**：与 border-box 属性值相同，从 border 区域向外裁剪背景图像。

实例 19　控制网页元素背景图像

最终文件：最终文件 \ 第 5 章 \5-1-5.html
操作视频：视频 \ 第 5 章 \ 控制网页元素背景图像 .mp4

前面学习了 background-size 属性、background-origin 属性和 background-clip 属性的用法和值，接下来通过实例练习介绍如何控制背景图像的大小、控制背景图像的显示区域和设置背景图像裁剪区域。

`01` 执行 "文件" > "打开" 命令，打开页面 "源文件 \ 第 5 章 \5-1-5.html"，可以看到页面效果，如图 5-9 所示。

`02` 转换到该网页所链接的外部 CSS 样式 5-1-5.css 文件中，可以看到名为 #bg 的 CSS 样式设置，如图 5-10 所示。

图 5-9

```
#bg{
    width:665px;
    height:338px;
    margin-left:15px;
    margin-top:10px;

}
```

图 5-10

`03` 在名为 #bg 的 CSS 样式中添加背景图像的 CSS 样式设置，如图 5-11 所示。保存外部 CSS 样式文件，在 Chrome 浏览器中预览页面，可以看到网页元素背景图像效果，如图 5-12 所示。

```
#bg{
    width:665px;
    height:338px;
    margin-left:15px;
    margin-top:10px;
    background-image:url(../images/1170109.jpg);
    background-repeat:no-repeat;
}
```

图 5-11

图 5-12

`04` 返回外部 CSS 样式 5-1-5.css 文件中，在名为 #bg 的 CSS 样式中添加背景图像大小的属性设置，如图 5-13 所示。

`05` 保存外部 CSS 样式文件，在 Chrome 浏览器中预览页面，可以看到控制背景图像大小的效果，如图 5-14 所示。

```
#bg{
    width:665px;
    height:338px;
    margin-left:15px;
    margin-top:10px;
    background-image:url(../images/1170109.jpg);
    background-repeat:no-repeat;
    -webkit-background-size:95% 300px;
}
```

图 5-13

图 5-14

转换到该网页所链接的外部 CSS 样式 5-1-5.css 文件中，可以看到名为 #bg 的 CSS 样式设置，如图 5-15 所示。返回到设计视图查看效果，如图 5-16 所示。

```
#bg{
    padding: 15px;
    border: 15px solid #533d1d;
    width:605px;
    height:278px;
    margin-left:15px;
    margin-top:10px;
    background-image:url(../images/1170109.jpg);
    background-repeat:no-repeat;
}
```

图 5-15

图 5-16

07 返回外部 CSS 样式 5-1-5.css 文件中，在名为 #bg 的 CSS 样式代码中添加背景图像显示区域的 CSS 样式设置，如图 5-17 所示。

08 保存外部 CSS 样式文件，在 Chrome 浏览器中预览页面，可以看到页面中背景图像的显示效果，如图 5-18 所示。

```
#bg{
    padding: 15px;
    border: 15px solid #533d1d;
    width:605px;
    height:278px;
    margin-left:15px;
    margin-top:10px;
    background-image:url(../images/1170109.jpg);
    background-repeat:no-repeat;
    -webkit-background-size:605px 278px;
    -webkit-background-origin:content;
}
```

图 5-17

图 5-18

> **知识点睛：目前常用的浏览器都是以什么为内核引擎的？**
>
> IE 浏览器采用的是自己的 IE 内核，包括国内的遨游、腾讯 TT 等浏览器都是以 IE 为内核的。而以 Gecko 为引擎的浏览器主要有 Netscape、Mozilla 和 Firefox。以 Webkit 为引擎核心的浏览器主要有 Safari 和 Chrome。以 Presto 为引擎核心的浏览器主要有 Opera。

09 返回外部 CSS 样式 5-1-5.css 文件中，在名为 #bg 的 CSS 样式代码中添加背景图像裁剪区域的 CSS 样式设置，如图 5-19 所示。

10 保存外部 CSS 样式文件，在 Chrome 浏览器中预览页面，可以看到背景图像裁剪的效果，如图 5-20 所示。

```
#bg{
    padding: 15px;
    border: 15px solid #533d1d;
    width:605px;
    height:278px;
    margin-left:15px;
    margin-top:10px;
    background-image:url(../images/1170109.jpg);
    background-repeat:no-repeat;
    -webkit-background-clip: content-box;
}
```

图 5-19

图 5-20

> **提示**
>
> 注意比较两次在 Chrome 浏览器中预览页面的效果，可以发现，默认情况下，背景图像是在边框以内开始显示，通过 background-clip 属性，并设置其属性值为 content-box，则从 content 区域向外裁剪掉多余的背景图像，只显示 content 区域中的背景图像。

知识点睛：在 CSS3 中可以为页面元素定义多重背景图像吗？

　　在 CSS3 中允许使用 background 属性定义多重背景图像，可以把不同的背景图像只放到一个块元素中。在 CSS3 中允许为容器设置多层背景图像，多个背景图像的 url 之间使用逗号 (,) 隔开；如果有多个背景图像，而其他属性只有一个 (例如 background-repeat 属性只有一个)，则表示所有背景图像都应用这一个 background-repeat 属性值。

5.2　设置背景图像 CSS 样式

　　在网页中，除了可以为网页设置纯色的背景颜色，还可以使用图片设置网页背景。通过 CSS 样式可以对页面中的背景图片进行精确控制，包括对其位置、重复方式和对齐方式等的设置。

5.2.1　背景图像 background-image

　　在 CSS 样式中，可以通过 background-image 属性设置背景图像。background-image 属性的基本语法如下。

```
background-image:none/url;
```

　　● none：该属性值是默认属性，表示无背景图片。

　　● url：该属性值定义了所需使用的背景图片地址，图片地址可以是相对路径地址，也可以是绝对路径地址。

5.2.2　背景图像重复方式 background-repeat

　　为网页设置的背景图像默认情况下会以平铺的方式显示，在 CSS 样式中，可以通过 background-repeat 属性为背景图像设置重复或不重复的样式，以及背景图像重复的方式。background-repeat 属性的基本语法如下。

```
background-repeat: 重复方式 ;
```

background-repeat 属性有 4 个属性值，分别介绍如下。

　　● no-repeat：设置该属性值，则表示背景图像不重复平铺，只显示一次。

　　● repeat-x：设置该属性值，则表示背景图像在水平方向重复平铺。

　　● repeat-y：设置该属性值，则表示背景图像在垂直方向重复平铺。

　　● repeat：设置该属性值，则表示背景图像在水平和垂直方向都重复平铺，该属性值为默认值。

实例 20　设置图片网站背景图像

最终文件：最终文件 \ 第 5 章 \5-2-2.html
操作视频：视频 \ 第 5 章 \ 设置图片网站背景图像 .mp4

　　通常情况下，将背景图像设置在 <body> 标签中，可以将背景图像应用在整个页面中。

　　通过 background-repeat 属性可以为网页设置相应的背景图像重复方式，从而对背景图像的控制更加灵活。接下来通过实例练习介绍如何为页面设置背景图像重复方式。

　　01 执行"文件" > "打开"命令，打开页面"源文件 \ 第 5 章 \5-2-2.html"，可以看到页面效果，如图 5-21 所示。转换到代码视图中，可以看到该页面的 HTML 代码，如图 5-22 所示。

图 5-21

```
1   <!doctype html>
2 ▼ <html>
3 ▼ <head>
4     <meta charset="utf-8">
5     <title>设置背景图像重复方式background-repeat</title>
6
7     <link href="style/5-2-2.css" rel="stylesheet" type="text/css"
      />
8     </head>
9
10 ▼ <body>
11 ▼ <div id="box">
12    <div id="text"><span class="font">小</span>时候，我们的愿望很简
      单。简单到拥有一份最喜欢的糖果就可以满足。现在，我有一个大大的愿望，就
      是吃遍全世界的彩虹糖。</div>
13    </div>
14    </body>
15    </html>
16
```

图 5-22

 转换到外部 CSS 样式 5-2-2.css 文件中，找到名为 body 的 CSS 样式，在该 CSS 样式代码中添加 background-image 属性设置，如图 5-23 所示。

 在设计视图中预览页面，可以看到设置网页背景图像的效果，如图 5-24 所示。

```
1   @charset "utf-8";
2   /* CSS Document */
3 ▼ * {
4       margin: 0px;
5       padding: 0px;
6       border: 0px;
7   }
8 ▼ body{
9       font-size: 12px;
10      color: #333;
11      line-height: 32px;
12 ▼    background-image:url(../images/52202.jpg);
13  }
14 ▼ #box{
15      width:1523px;
16      height:528px;
17      background-image:url(../images/52201.png);
18      margin-top:78px;
19  }
```

图 5-23

图 5-24

知识点睛： 使用 background-image 属性设置背景图像，默认显示方式是什么？

使用 background-image 属性设置背景图像，背景图像默认在网页中是以左上角为原点显示的，并且背景图像在网页中会重复平铺显示。

 转换到外部 CSS 样式 5-2-2.css 文件中，继续为名为 body 的 CSS 样式代码，添加 background-repeat 属性设置，如图 5-25 所示。

 此处设置的是背景图像不重复，保存外部 CSS 样式文件，在浏览器中预览页面，可以看到背景图像的显示效果，如图 5-26 所示。

```
1   @charset "utf-8";
2   /* CSS Document */
3 ▼ * {
4       margin: 0px;
5       padding: 0px;
6       border: 0px;
7   }
8 ▼ body{
9       font-size: 12px;
10      color: #333;
11      line-height: 32px;
12      background-image:url(../images/52202.jpg);
13 ▼    background-repeat:no-repeat;
14  }
15 ▼ #box{
16      width:1523px;
17      height:528px;
18      background-image:url(../images/52201.png);
19      margin-top:78px;
20  }
```

图 5-25

图 5-26

 返回外部 CSS 样式 5-2-2.css 文件中，修改名为 body 的 CSS 样式代码，如图 5-27 所示。

 保存外部 CSS 样式文件，在浏览器中预览页面，可以看到背景图像重复的效果，如图 5-28 所示。

```
 8 ▼ body{
 9        font-size: 12px;
10        color: #333;
11        line-height: 32px;
12        background-image:url(../images/52202.jpg);
13 ▼      background-repeat:repeat;
14      }
15 ▼ #box{
16        width:1523px;
17        height:528px;
18        background-image:url(../images/52201.png);
19        margin-top:78px;
20      }
```

图 5-27

图 5-28

知识点睛：为网页的背景图像设置重复的好处是什么？

为背景图像设置重复方式，背景图像就会沿 x 或 y 轴进行平铺。在网页设计中，这是一种很常见的方式。该方法一般用于设置渐变类背景图像，通过这种方法，可以使渐变图像沿设定的方向进行平铺，形成渐变背景、渐变网格等效果，从而达到减小背景图片大小、加快网页下载速度的目的。

5.2.3　背景图像固定 background-attachment

在网站页面中设置的背景图像，默认情况下在浏览器中预览时，当拖动滚动条，页面背景会自动跟随滚动条的下拉操作与页面的其余部分一起滚动。在 CSS 样式表中，针对背景元素的控制，提供了 background-attachment 属性，通过对该属性的设置，可以使页面的背景不受滚动条的限制，始终保持在固定位置。

background-attachment 属性的基本语法如下。

```
background-attachment:scroll/fixed;
```

- ❏ **scroll**：该属性值是默认值，当页面滚动时，页面背景图像会自动跟随滚动条的下拉操作与页面的其余部分一起滚动。
- ❏ **fixed**：该属性值用于设置背景图像在页面的可见区域，也就是背景图像固定不动。

5.2.4　背景图像位置 background-position

在传统的网页布局方式中，还没有办法实现精确到像素单位的背景图像定位。CSS 样式打破了这种局限，通过 CSS 样式中的 background-position 属性，能够在页面中精确定位背景图像，更改初始背景图像的位置。该属性值可以分为 4 种类型：绝对定义位置 (length)、百分比定义位置 (percentage)、垂直对齐值和水平对齐值。background-position 属性的基本语法如下。

```
background-position:length/percentage/top/center/bottom/left/right;
```

- ❏ **length**：该属性值用于设置背景图像与边距水平和垂直方向的距离长度，长度单位为 cm(厘米)、mm(毫米) 和 px(像素) 等。
- ❏ **percentage**：该属性值用于根据页面元素的宽度或高度的百分比放置背景图像。
- ❏ **top**：该属性值用于设置背景图像顶部显示。
- ❏ **center**：该属性值用于设置背景图像居中显示。
- ❏ **bottom**：该属性值用于设置背景图像底部显示。
- ❏ **left**：该属性值用于设置背景图像居左显示。
- ❏ **right**：该属性值用于设置背景图像居右显示。

实例 21 设置网页背景和图像固定位置

最终文件：最终文件 \ 第 5 章 \5-2-4.html
操作视频：视频 \ 第 5 章 \ 设置网页背景和图像固定位置 .mp4

如果需要将背景图像始终固定在一个位置，可以通过 background-attachment 属性来设置。背景图像的位置有多种定义方式，定义绝对位置的背景图像不会随着浏览器窗口的变化改变位置，而定义相对位置的背景图像则会随着浏览器窗口的变化而相应发生位置上的变化。接下来通过实例练习介绍如何设置背景图像的位置。

01 执行"文件" > "打开"命令，打开页面"源文件 \ 第 5 章 \5-2-4.html"，如图 5-29 所示。转换到外部 CSS 样式 5-2-4.css 文件中，找到名为 body 的 CSS 样式，代码如图 5-30 所示。

图 5-29

```
8 ▼ body{
9       background-image:url(../images/052405.jpg);
10      background-repeat: no-repeat;
11      background-position:center;
12    }
```

图 5-30

02 在名为 body 的 CSS 样式代码中添加 background-attachment 属性设置，如图 5-31 所示。保存外部 CSS 样式文件，在浏览器中预览页面，可以看到无论如何拖动滚动条，背景图像的位置始终是固定的，如图 5-32 所示。

```
8 ▼ body{
9       background-image:url(../images/052405.jpg);
10      background-repeat: no-repeat;
11      background-position:center;
12      background-attachment:fixed;
13    }
```

图 5-31

图 5-32

知识点睛：背景的 CSS 样式可以缩写吗？如何缩写？

可以缩写，background 属性也可以将各种关于背景的样式设置集成到一个语句上，这样不仅可以节省大量的代码，而且加快了网络下载页面的速度。例如下面的 CSS 样式设置代码。

```
.img01 {
    background-image: url(images/bg.jpg);
    background-repeat: no-repeat;
    background-attachment: scroll;
    background-position: center center;
}
```

以上的 CSS 样式代码可以简写为如下的形式。

```
.img01 {
    background: url(images/bg.jpg) no-repeat scroll center center;
}
```

两种属性声明的方式在显示效果上是完全一致的，第一种方法虽然代码较长，但可读性较高。

---

03 转换到外部 CSS 样式 5-2-4.css 文件中，找到名为 #box 的 CSS 样式，在该 CSS 样式代码中添加背景图像的设置代码，如图 5-33 所示。

04 保存外部 CSS 样式文件，在设计页面中预览效果，可以看到所设置的背景图像的效果，如图 5-34 所示。

```
8 ▼ body{
9        background-image:url(../images/052405.jpg);
10       background-repeat: no-repeat;
11       background-position:center;
12       background-attachment:fixed;
13   }
14 ▼ #box{
15       width:1048px;
16       margin:0px auto;
17       background-image:url(../images/052403.gif);
18       background-repeat:no-repeat;
19       background-position:bottom right;
20   }
```

图 5-33

图 5-34

05 返回外部样式 5-2-4.css 文件中，修改 background-position 属性值为像素单位固定值，如图 5-35 所示。

06 保存外部 CSS 样式文件，在设计视图中预览页面，可以看到背景图像定位的效果，如图 5-36 所示。

```
8 ▼ body{
9        background-image:url(../images/052405.jpg);
10       background-repeat: no-repeat;
11       background-position:center;
12       background-attachment:fixed;
13   }
14 ▼ #box{
15       width:1048px;
16       margin:0px auto;
17       background-image:url(../images/052403.gif);
18       background-repeat:no-repeat;
19       background-position:600px 200px;
20   }
```

图 5-35

图 5-36

知识点睛：background-position 属性的设置可以使用哪些值？

可以使用固定值、百分比值和预设值。固定值和百分比值表示背景图像与左边界和上边界的距离，例如 50 像素、100 像素即表示背景图像水平距左边界 50 像素、垂直距上边界 100 像素；如果使用预设值，例如，right center 即表示背景图像水平居右、垂直居中。

5.2.5 渐变背景

使用 CSS3 实现渐变效果和在图像处理软件中使用渐变工具创建渐变效果基本相同。首先指定一个渐变的方向，然后指定起始颜色和结束颜色，具有这 3 个参数就可以制作出一个最简单、最普通的渐变效果。接下来分别介绍 CSS3 中不同渐变的语法。

```
linear-gradient():  线性渐变
radial-gradient():  径向渐变
repeating-linear-gradient():重复线性渐变
repeating-radial-gradient():重复径向渐变
```

线性渐变的代码和显示效果如图 5-37 所示。径向渐变的代码和显示效果如图 5-38 所示。重复线性渐变的代码和显示效果如图 5-39 所示。重复径向渐变的代码和显示效果如图 5-40 所示。

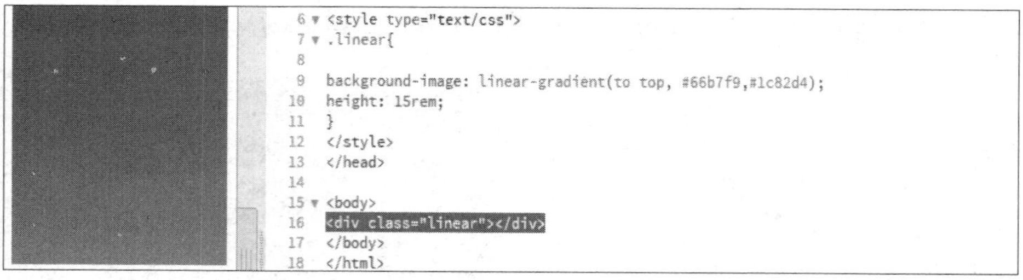

```
 6 ▼ <style type="text/css">
 7 ▼ .linear{
 8
 9   background-image: linear-gradient(to top, #66b7f9,#1c82d4);
10   height: 15rem;
11   }
12   </style>
13   </head>
14
15 ▼ <body>
16   <div class="linear"></div>
17   </body>
18   </html>
```

图 5-37

图 5-38

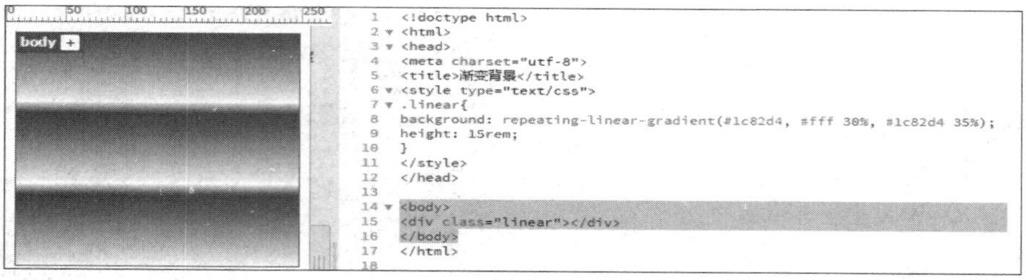

图 5-39

```
 3 ▼ <head>
 4   <meta charset="utf-8">
 5   <title>渐变背景</title>
 6 ▼ <style type="text/css">
 7   .linear{
 8   background: repeating-radial-gradient(#1c82d4, #fff 30%, #1c82d4 35%);
 9   height: 15rem;
10   </style>
11   </head>
12
13 ▼ <body>
14   <div class="linear"></div>
15   </body>
16   </html>
17
```

图 5-40

提示

　　CSS3 渐变效果的语法很复杂，而且在不同核心的浏览器中 CSS3 渐变语法也不完全相同，特别是在 Webkit 核心的浏览器中，还分为新旧两种版本。

5.3　设置图片 CSS 样式

　　使用 CSS 设置图像样式比通过 HTML 页面直接控制图片样式的好处在于，不仅能够实现一些在 HTML 页面中无法实现的特殊效果，而且有利于后期修改，避免了制作的烦琐和不便，因此在网页制作中更多时候会选用 CSS 样式来设置图片样式。

5.3.1　图片边框 border

　　通过 HTML 定义的图片边框，风格较为单一，只能改变边框的粗细，边框显示的都是黑色，无法设置边框的其他样式。在 CSS 样式中，通过对 border 属性进行定义，可以使图片边框有更加丰富的样式，从而使图片效果更加美观。border 属性的基本语法格式如下。

```
border:border-style/border-color/border-width;
```

- ◢ border-style：该属性用于设置图片边框的样式，属性值包括 none，定义无边框；hidden，与 none 相同；dotted，定义点状边框；dashed，定义虚线边框；solid，定义实线边框；ridge，定义脊线式边框；inset，定义内嵌效果的边框；outset，定义凸起效果的边框。double，定义双线边框，双线宽度等于 border-width 的值；groove，定义 3D 凹槽边框，其效果取决于 border-color 的值。
- ◢ border-color：该属性用于设置边框的颜色。
- ◢ border-width：该属性用于设置边框的粗细。

1. 多重边框颜色 border-colors

多重边框颜色的书写格式和语法如下。

```
border-colors: <color> <color> <color>…
```

2. 圆角边框 border-radius

border-radius 属性的语法格式如下。

```
border-radius: none | <length>{1,4} [ / <length>{1,4} ]?
```

- ◢ none：none 为默认值，表示不设置圆角效果。
- ◢ length：用于设置圆角度数值，由浮点数字和单位标识符组成，不可以设置为负值。
- ◢ %：以百分比定义圆角的形状。

在 Dreamweaver 中检测 border-radius 属性的使用效果，在设计视图中查看预览效果，如图 5-41 所示。

图 5-41

3. 图像边框 border-image

为了增强边框效果，CSS3 中提供了 border-image 属性，用来设置使用图像作为对象的边框效果，如果 <table> 标签设置了 border-collapse: collapse，则 border-image 属性设置将会无效。

border-image 属性的语法格式如下。

```
border-image: none | <image> [ <number> | <percentage>]{1,4}[ / <border-width>{1,4}
]? [stretch |
  repeat | round] {0,2}
```

- ◢ none：none 为默认值，表示无图像。
- ◢ image：用于设置边框图像，可以使用绝对地址或相对地址。
- ◢ number：边框宽度或者边框图像的大小，使用固定像素值表示。
- ◢ percentage：用于设置边框图像的大小，即边框宽度，用百分比表示。

⤵ stretch | repeat | round：拉伸 / 重复 / 平铺（其中 stretch 是默认值）。

知识点睛：background-position 属性的设置可以使用哪些值？

border-image-slice 是用来切割边框图片的，这个参数相对来说比较复杂和特别，主要表现在以下几点。

① 取值支持 <number> 或 <percentage> 两种方式，其中 <number> 是固定大小，其默认单位就是像素。<percentage> 表示取百分比数值，即相对于边框图片的而言的。<number> 或 <percentage> 都可以取 1~4 个值，类似于 CSS1 中的 border-width 属性的取值方式，也是遵循 top、right、bottom、left 的原则，如果对这个还不太清楚，可以好好温习一下前面讲解过的 border-width 属性。

fill 从字面上说就是填充的意思，如果使用这个关键字，图片边界的中间部分将保留下来。默认情况下为空。

② 剪切的特性 (slice)。在 border-image 属性中，边框图片的剪切是一个关键的部分，也是让人难以理解的部分，它是将边框图片切割为 9 份，再像 background-image 属性一样进行重新布置。

如图 5-42 所示为 W3C 官网中 border-image 属性的背景图片，接下来将通过该图片来讲解边框图片的切割。

从图中可以发现，4 条切割线分别在距边框图片 27 像素的位置切割了 4 下，将边框图片分成 9 个部分，包括 8 个边块 border-top-image、border-right-image、border-bottom-image、border-left-image、border-top-right-image、border-bottom-right-image、border-bottom-left-image、border-top-left-image 和最中间的内容区域，如果元素的 border-width 刚好是 27 像素，则上面所说的九部分正好如图 5-43 所示的对应位置。

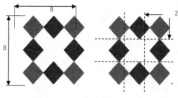

图 5-42　九宫格示意图

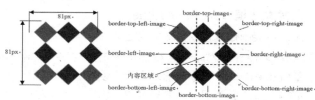

图 5-43　九宫格示意图

其中 border-top-right-image、border-bottom-right-image、border-bottom-left-image 和 border-top-left-image 这 4 个边角部分，在 border-image 属性中是没有任何展示效果的，可以将这 4 个部分称为盲区；而对应的 border-top-image、border-right-image、border-bottom-image 和 border-left-image 这 4 个部分在 border-image 属性中属于展示效果区域。

其中上下区域 border-top-image 和 border-bottom-image 区域受到水平方向效果影响，而 border-right-image 和 border-left-image 区域则受到垂直方向效果影响。

在 Dreamweaver 中检测 border-image 属性的使用效果，在 Google Chrome 浏览器中查看预览效果，如图 5-44 所示。

```
1  <!DOCTYPE html>
2  <html>
3  <head>
4  <style>
5  div{
6      border:18px solid transparent;
7      width:300px;
8      padding:10px 20px;
9  }
10 #round{
11     -moz-border-image:url(images/003.png) 10 10 round;     /* Old Firefox */
12     -webkit-border-image:url(images/003.png) 10 10 round; /* Safari and Chrome */
13     -o-border-image:url(images/003.png) 10 10 round;      /* Opera */
14     border-image:url(images/003.png) 10 10 round;
15 }
16 #stretch{
17     -moz-border-image:url(images/003.png) 10 10 stretch;     /* Old Firefox */
18     -webkit-border-image:url(images/003.png) 10 10 stretch; /* Safari and Chrome */
19     -o-border-image:url(images/003.png) 10 10 stretch;      /* Opera */
20     border-image:url(images/003.png) 10 10 stretch;
21 }
22 </style>
23 </head>
24 <body>
25 <div id="round">在这里，图片铺满整个边框。</div>
26 <br>
27 <div id="stretch">在这里，图片被拉伸以填充该区域。</div>
28 <p>这是我们使用的图片：</p>
29 <img src="images/003.png">
30 <p><b>注释：</b> Internet Explorer 不支持 border-image 属性。</p>
31 <p>border-image 属性规定了用作边框的图片。</p>
32
33 </body>
34 </html>
```

图 5-44

4. 边框阴影 box-shadow

在 CSS3 中，box-shadow 用于向方框添加阴影，下面是语法。

```
box-shadow: h-shadow v-shadow blur spread color inset;
```

⤵ h-shadow：必填。水平阴影的位置。允许负值。

- ⟳ **v-shadow**：必填。垂直阴影的位置。允许负值。
- ⟳ **blur**：可选。模糊距离。
- ⟳ **spread**：选填。阴影的尺寸。
- ⟳ **color**：选填。阴影的颜色。颜色值可以参考 3.6.1 小节。
- ⟳ **inset**：选填。将外部阴影 (outset) 改为内部阴影。

在 Dreamweaver 中检测 box-shadow 属性的使用效果，在设计视图中查看预览效果，如图 5-45 所示。

```
1   <!DOCTYPE html>
2 ▼ <html>
3 ▼ <head>
4 ▼ <style>
5    div
6 ▼ {
7    width:300px;
8    height:100px;
9    background-color:#00FF4C;
10   -moz-box-shadow: 10px 10px 5px #888888; /* 旧版Firefox */
11   box-shadow: 10px 10px 5px #888888;
12   }
13   </style>
14   </head>
15 ▼ <body>
16
17   <div></div>
18
19   </body>
20   </html>
21
22
```

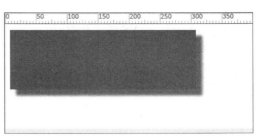

图 5-45

实 例 22　设置卡通网站中的图片边框

最终文件：最终文件 \ 第 5 章 \5-3-1.html
操作视频：视频 \ 第 5 章 \ 设置卡通网站中的图片边框 .mp4

CSS 样式中的 border 属性可以为图片设置不同的边框样式、边框粗细和边框颜色，同时还可以单独定义某一条或几条单独的边框样式。接下来通过实例练习介绍如何通过 CSS 样式设置图片边框。

01 执行 "文件" > "打开" 命令，打开页面 "源文件 \ 第 5 章 \5-3-1.html"，可以看到页面效果，如图 5-46 所示。在浏览器中预览页面，可以看到页面中图像的效果，如图 5-47 所示。

图 5-46

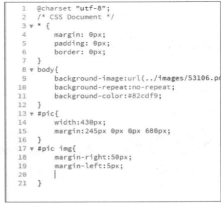

```
1   @charset "utf-8";
2   /* CSS Document */
3 ▼ * {
4       margin: 0px;
5       padding: 0px;
6       border: 0px;
7   }
8 ▼ body{
9       background-image:url(../images/53106.pr
10      background-repeat:no-repeat;
11      background-color:#82cdf9;
12  }
13 ▼ #pic{
14      width:430px;
15      margin:245px 0px 0px 680px;
16  }
17 ▼ #pic img{
18      margin-right:50px;
19      margin-left:5px;
20
21  }
```

图 5-47

02 转换到外部 CSS 样式 5-3-1.css 文件中，找到名为 #pic img 的 CSS 样式，在该 CSS 样式代码中添加图像边框的属性设置，如图 5-48 所示。

03 保存外部 CSS 样式文件，在设计视图中预览页面，可以看到网页中图像边框的效果，如图 5-49 所示。

```
13 ▼ #pic{
14        width:430px;
15        margin:245px 0px 0px 680px;
16   }
17 ▼ #pic img{
18        margin-right:50px;
19        margin-left:5px;
20        border-style:solid;
21        border-color:#81b9fb;
22        border-width:5px;
23   }
```

图 5-48

图 5-49

04 转换到外部 CSS 样式 5-3-1.css 文件中，继续为 #pic img CSS 样式添加颜色值，代码如图 5-50 所示。

05 保存外部 CSS 样式文件，在设计视图中预览页面，可以看到网页中图像边框的效果，如图 5-51 所示。

```
13 ▼ #pic{
14        width:430px;
15        margin:245px 0px 0px 680px;
16   }
17 ▼ #pic img{
18        margin-right:50px;
19        margin-left:5px;
20        border-style:solid;
21        border-color:#81b9fb #6CF3B6 #FF829D #FFD55D;
22        border-width:5px;
23   }
```

图 5-50

图 5-51

知识点睛：图片的边框应如何定义？

图片的边框属性可以不完全定义，仅单独定义宽度与样式，不定义边框的颜色，图片边框也会有效果，边框默认颜色为黑色。但是如果单独定义颜色，边框不会有任何效果。

5.3.2 图片缩放

在默认情况下，网页上的图片都是以原始大小显示的。在 CSS 样式中，可以通过 width 和 height 两个属性来实现图像的缩放。在网页设计中，可以为图片的 width 和 height 属性设置绝对值和相对值实现相应的缩放。

实例 23 实现跟随浏览器窗口缩放的图片

最终文件：最终文件\第 5 章\5-3-2.html
操作视频：视频\第 5 章\实现跟随浏览器窗口缩放的图片 .mp4

使用相对值和绝对值定义的图片大小在网页中显示的效果是不同的，接下来通过练习分别介绍通过相对值和绝对值控制的图片大小在网页中显示的变化。

01 执行"文件" > "打开"命令，打开页面"源文件\第 5 章\5-3-2.html"，如图 5-52 所示。转换到外部 CSS 样式 5-3-2.css 文件中，创建名为 .img1 的类 CSS 样式，如图 5-53 所示。

图 5-52

02 返回 5-3-2.html 页面中，选中页面中插入的图像，应用名为 img1 的类 CSS 样式，如图 5-54 所示。

```
▼ #left li{
    list-style-type:none;
    float:left;
    padding:26px 20px;
    border-right:solid 1px #d8d5d5;
    letter-spacing:2px;
}
▼ .img1{
    width:1100px;
    height:438px;
}
```

图 5-53

03 保存页面，在浏览器中预览该页面。当缩放浏览器窗口时，可以看到使用绝对值设置的图像并不会跟随浏览器窗口进行缩放，始终保持所设置的大小，如图 5-55 所示。

图 5-54

图 5-55

04 返回外部 CSS 样式 5-3-2.css 文件中，创建名为 .img2 的类 CSS 样式，如图 5-56 所示。

05 返回 5-3-2.html 页面中，选中页面中插入的图像，在"类"下拉列表中选择刚定义的名为 img2 的类 CSS 样式应用，如图 5-57 所示。

```
25 ▼ .img1{
26      width:1100px;
27      height:438px;
28  }
29 ▼ .img2{
30      width:100%;
31  }
```

图 5-56

图 5-57

06 保存页面，并保存外部 CSS 样式文件，在浏览器中预览页面，可以看到网页中图像的效果，如图 5-58 所示。

07 当缩放浏览器窗口时，可以看到使用相对值设置的图像会跟随浏览器窗口进行缩放，如图 5-59 所示。

图 5-58

图 5-59

101

提示

在使用相对数值对图片进行缩放时可以看到，图片的宽度、高度都发生了变化，但有些时候不需要图片在高度上发生变化，只需要对宽度缩放，那么可以将图片的高度设置为绝对数值，将宽度设置为相对数值。

08 返回外部样式 5-3-2.css 文件中，创建名为 .img3 的类 CSS 样式，如图 5-60 所示。

09 返回 5-3-2.html 页面中，选中页面中插入的图像，在“类”下拉列表中选中刚定义的名为 img3 的类 CSS 样式应用，如图 5-61 所示。

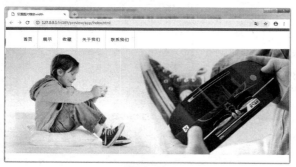

```
.img1{
    width:1100px;
    height:438px;
}
.img2{
    width:100%;
}
.img3{
    width:100%;
    height:438px;
}
```

图 5-60

```
    <div id="left">
      <ul>
        <li>首页</li>
        <li>展示</li>
        <li>收藏</li>
        <li>关于我们</li>
        <li> 联系我们</li>
      </ul>
    </div>
  </div>
  <div id="pic"><img src="images/53204.png" class="img3"/></div>
</body>
</html>
```

图 5-61

10 保存页面，并保存外部 CSS 样式文件，在浏览器中预览页面，可以看到网页中图像的效果，如图 5-62 所示。

11 当缩放浏览器窗口时，可以看到图像的宽度会跟随浏览器窗口进行缩放，而图像的高度始终保持固定，如图 5-63 所示。

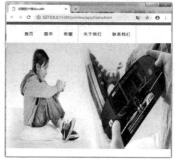

图 5-62

图 5-63

提示

百分比指的是基于包含该图片的块级对象的百分比，如果将图片的元素置于 DIV 元素中，图片的块级对象就是包含该图片的 DIV 元素。在使用相对数值控制图片缩放效果时需要注意，图片的宽度可以随相对数值的变化而发生变化，但高度不会随相对数值的变化而发生改变，所以在使用相对数值对图片设置缩放效果时，只需要设置图片宽度的相对数值即可。

知识点睛：使用绝对值和相对值对图片大小进行设置有什么不同?

使用绝对值对图片进行缩放后，图片的大小是固定的，不会随着浏览器界面的变化而变化；使用相对值对图片进行缩放就可以实现图片随浏览器变化而变化的效果。

5.3.3 图片水平对齐

排版格式整齐是一个优秀网页必备的条件，图片的对齐方式是页面排版的基础，网页中需要将图片对齐到合理的位置。其中，图片的对齐分为水平对齐和垂直对齐，在 CSS 样式中，text-align 属性用于设置图片的水平对齐方式。text-align 属性的基本语法格式如下。

```
text-align: 对齐方式；
```

定义图片的水平对齐有 3 种方式，当 text-align 属性值为 left、center、right 时，分别代表图片水平方向上的左对齐、居中对齐和右对齐。

使用 CSS 样式能够将图片对齐到理想的位置，从而使页面整体达到协调和统一的效果。接下来通过练习介绍如何设置图片的水平对齐。

首先在新建的 HTML 文件中输入网页架构，代码如图 5-64 所示。接着在 CSS 文件中定义各个标签的属性，如图 5-65 所示。

```
1  <!doctype html>
2  <html>
3  <head>
4  <meta charset="utf-8">
5  <title>设置图片的水平对齐</title>
6  <link href="style/5-3-3.css" rel="stylesheet" type="text/css" />
7  </head>
8
9  <body>
10 <div id="top">
11   <div id="daoh">首页　|　收藏　|　我们的故事　|　联系我们　|</div>
12 </div>
13 <div id="pic">
14   <div id="pic01"><img src="images/53302.png" class="img"/></div>
15   <div id="pic02"><img src="images/53305.png" class="img"/></div>
16   <div id="pic03"><img src="images/53303.png" class="img"/></div>
17 </div>
18 </body>
19 </html>
20
```

图 5-64

```
8  body{
9    background-image:url(../images/53301.jpg);
10 }
11 #top{
12   height:47px;
13   background-color:#d5f1fd;
14   padding-top:80px;
15 }
16 #daoh{
17   height:47px;
18   background-color:#ee2d24;
19   border-top:solid 2px #000000;
20   border-bottom:solid 2px #000000;
21   text-align:center;
22   line-height:45px;
23   color:#ffffff;
24 }
25 #pic{
26   margin:8px auto;
27   margin-top:4px;
28 }
29 #pic01{
30   width:880px;
31   margin:30px auto 0px auto;
32   padding-bottom:25px;
33   border-bottom:dashed 3px #71876c;
34   text-align:left;
35
```

图 5-65

继续在 CSS 文件中定义图片的各个属性，代码如图 5-66 所示。输入完成后，保存代码，在设计视图中预览页面，如图 5-67 所示。

```
8  body{
9    background-image:url(../images/53301.jpg);
10 }
11 #top{
12   height:47px;
13   background-color:#d5f1fd;
14   padding-top:80px;
15 }
16 #daoh{
17   height:47px;
18   background-color:#ee2d24;
19   border-top:solid 2px #000000;
20   border-bottom:solid 2px #000000;
21   text-align:center;
22   line-height:45px;
23   color:#ffffff;
24 }
25 #pic{
26
```

图 5-66

图 5-67

知识点睛：在定义图片的对齐方式时，为什么要在父标签中对 text-align 属性进行定义？

在 CSS 样式中，定义图片的对齐方式不能直接定义图片样式，因为 <img> 标签本身没有水平对齐属性，需要在图片的上一个标记级别，即父标签中定义，让图片继承父标签的对齐方式。需要使用 CSS 继承父标签的 text-align 属性来定义图片的水平对齐方式。

5.3.4　图片的垂直对齐

通过 CSS 样式中的 vertical-align 属性可以为图片设置垂直对齐样式，即定义行内元素的基线对于该元素所在行的基线的垂直对齐，允许指定负值和百分比。vertical-align 属性的基本语法格式如下。

```
vertical-align: baseline/sub/super/top/text-top/middle/bottom/text-bottom/length;
```

❷ baseline：该属性值用于设置图片基线对齐。

❷ sub：该属性值用于设置垂直对齐文本的下标。

❷ super：该属性值用于设置垂直对齐文本的上标。

- top：该属性值用于设置图片顶部对齐。
- text-top：该属性值用于设置对齐文本顶部。
- middle：该属性值用于设置图片居中对齐。
- bottom：该属性值用于设置图片底部对齐。
- text-bottom：该属性值用于设置图片对齐文本底部。
- length：该属性值用于设置具体的长度值或百分数，可以使用正值或负值，定义由基线算起的偏移量。基线对于数值来说为 0，对于百分数来说为 0%。

CSS 样式中的 vertical-align 属性可以设置图片垂直对齐，并可以与文字进行搭配使用。接下来通过实例练习介绍如何设置图片的垂直对齐方式，如图 5-68 所示。

图 5-68

知识点睛：是否可以对图片的某一边的效果进行单独定义？

还可以根据页面设计的需要，单独对某一条边的边框样式进行定义，如 border-top-style:solid; 定义了图片上边框的样式为实线边框。同 border-style 属性，可以为边框的 4 条边分别设置不同的颜色，也可以对边框的 4 条边进行粗细不等的设置。

5.4　在网页中实现图文混排

在网页页面中，文字可以详细和清晰地表达主题，图片能够形象和鲜明地展现情境，文字与图片合理结合能够丰富网页页面，增强表达效果。关于图片和文字搭配的页面，比较常见的是图文混排的效果。在网页中，通过 CSS 样式可以实现图文混排的效果。

5.4.1　使用 CSS 样式实现文本绕图效果

通过 CSS 样式能够实现文本绕图效果，即将文字设置成环绕图片的形式。CSS 样式中的 float 属性不仅能够定义网页元素浮动，应用于图像还可以实现文本绕图的效果。实现文本绕图的基本语法格式如下。

```
float:none|left|right
```

- none：默认属性值，设置对象不浮动。
- left：设置 float 属性值为 left，可以实现文本环绕在图像的右边。
- right：设置 float 属性值为 right，可以实现文本环绕在图像的左边。

知识点睛：如何调整图文混排中的文字是左边环绕还是右边环绕？

图文混排的效果是随着 float 属性的改变而改变的，因此当 float 的属性值设置为 right 时，图片则会移至文本内容的右边，从而使文字形成左边环绕的效果；反之当 float 的属性值设置为 left 时，图片则会移至文本内容的左边，从而使文字形成右边环绕的效果。

5.4.2 设置文本绕图间距

在设置图文混排的时候，如果希望图片和文字之间有一定的距离，可以通过 CSS 样式中的 margin 属性来设置。margin 属性的基本语法格式如下。

```
margin:margin-top|margin-right|margin-bottom|margin-left
```

- ↘ margin-top：设置文本距离图片顶部的距离。
- ↘ margin-right：设置文本距离图片右部的距离。
- ↘ margin-bottom：设置文本距离图片底部的距离。
- ↘ margin-left：设置文本距离图片左部的距离。

实例 24　实现图文混排并设置间距

最终文件：最终文件 \ 第 4 章 \5-4-2.html
操作视频：视频 \ 第 4 章 \ 实现图文混排并设置间距 .mp4

通过 CSS 样式设置的图文混排默认情况下图片和文字紧紧靠在一起，看起来非常拥挤。为图片和文字设置间距可以使二者产生一定的距离，从而使页面看起来更美观。接下来通过实例练习介绍如何通过 margin 属性设置图文混排间距。

01 执行"文件" > "打开"命令，打开页面"源文件 \ 第 5 章 \5-4-2.html"，可以看到页面效果，如图 5-69 所示。转换到代码视图中，可以看到页面的 HTML 代码，如图 5-70 所示。

图 5-69　　　　　　　　　　图 5-70

02 转换到外部 CSS 样式 5-4-2.css 文件中，创建名为 #text img 的 CSS 样式，如图 5-71 所示。保存外部 CSS 样式文件，在浏览器中预览页面，可以看到文本绕图的效果，如图 5-72 所示。

```
37 ▼ #text1{
38       width:440px;
39       float:left;
40       margin-right:28px;
41  }
42 ▼ #text2{
43       margin-right:28px;
44  }
45 ▼ #text img{
46       float: right;
47  }
```

图 5-71　　　　　　　　　　图 5-72

03 返回外部 CSS 样式 5-4-2.css 文件中，修改 #text img 样式的定义，如图 5-73 所示。保存外部 CSS 样式文件，在浏览器中预览页面，可以看到文本绕图的效果，如图 5-74 所示。

```
37 ▼ #text1{
38        width:440px;
39        float:left;
40        margin-right:28px;
41   }
42 ▼ #text2{
43        margin-right:28px;
44   }
45 ▼ #text img{
46        float:left;
47   }
48
```

图 5-73

图 5-74

04 在名为 #text img 的 CSS 样式中添加边距的设置，使图像和文字内容有一定的间距，如图 5-75 所示。保存外部 CSS 样式文件，在浏览器中预览页面，可以看到页面的效果，如图 5-76 所示。

```
37 ▼ #text1{
38        width:440px;
39        float:left;
40        margin-right:28px;
41   }
42 ▼ #text2{
43        margin-right:28px;
44   }
45 ▼ #text img{
46        float:left;
47        margin: 0px 16px;
48   }
```

图 5-75

图 5-76

知识点睛：图文混排的排版方式在什么情况下会出现错误？

由于需要设置的图文混排中的文本内容需要在行内元素中才能正确显示，如 <p>...</p>，因此，当该文本内容没有在行内元素中进行时，则有可能会出现错行的情况。

5.5 网页中特殊的图像效果应用

图像是网页中最重要的元素之一，几乎所有的网站中都有图像，甚至有些网站中只有图像而没有文字，图像在网页中的应用效果也千变万化，通过 CSS 样式和 JavaScript 脚本可以在网页中实现许多特殊的图像效果。

5.5.1 全屏大图切换

在网页中常常可以看到全屏的图像效果，这些效果除了可以使用背景图像的方式实现，插入网页中的图像同样可以实现全屏的效果。全屏的图像会随着浏览器窗口的大小变化而变化，无论在何种分辨率情况下，都会全屏显示图像，大大提高了网页的视觉效果。

实 例 25　设计作品展示页面

最终文件：最终文件 \ 第 5 章 \5-5-1.html
操作视频：视频 \ 第 5 章 \ 设计作品展示页面 .mp4

本实例制作一个作品展示页面，通过 CSS 样式的设置实现网页中图像的全屏显示效果，再通过 JavaScript 脚本程序实现全屏大图的自动切换效果，使网页具有一定的动感和强烈的视觉感。

01 执行"文件" > "打开"命令，打开页面"源文件 \ 第 5 章 \5-5-1.html"，可以看到页面的效果，如图 5-77 所示。

02 在页面中插入名为 full-screen-slider 的 DIV，转换到该网页所链接的外部 CSS 样式文件 5-5-1.css 中，创建名为 #full-screen-slider 的 CSS 样式，如图 5-78 所示。

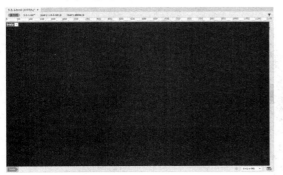

图 5-77

```
17 ▼ #full-screen-slider {
18       position: relative;
19       width: 100%;
20       height: 100%;
21       overflow: hidden;
22   }
```

图 5-78

03 返回网页设计视图中，将光标移至名为 full-screen-slider 的 DIV 中，将多余文字删除，依次插入相应的图像，如图 5-79 所示。转换到代码视图中，可以看到该部分内容的代码，如图 5-80 所示。

图 5-79

```
源代码    5-5-1.css*    jquery-1.8.0.min.js    jquery.jslides.js
1   <!doctype html>
2 ▼ <html>
3 ▼ <head>
4   <meta charset="utf-8">
5   <title>全屏大图切换</title>
6   <link href="style/5-5-1.css" rel="stylesheet" type="text/css" />
7   <script type="text/javascript" src="js/jquery-1.8.0.min.js"></script>
8   <script type="text/javascript" src="js/jquery.jslides.js"></script>
9   </head>
10
```

图 5-80

04 将图像 <img> 标签中的 width 和 height 属性删除，并添加相应的项目列表标签，如图 5-81 所示。在 <ul> 标签中添加 ID 属性设置，为 <ul> 标签设置 ID 名称，如图 5-82 所示。

```
11 ▼ <body>
12 ▼ <div id="full-screen-slider">
13       <li><img src="images/55101.jpg" /></li>
14       <li><img src="images/55102.jpg" /></li>
15       <li><img src="images/55103.jpg" /></li>
16       <li><img src="images/55104.jpg" /></li>
17       <li><img src="images/55105.jpg" /></li>
18   </div>
19   </div>
20   </body>
21   </html>
22
```

图 5-81

```
11 ▼ <body>
12 ▼ <div id="full-screen-slider">
13       <ul id="sliders">
14           <li><img src="images/55101.jpg" /></li>
15           <li><img src="images/55102.jpg" /></li>
16           <li><img src="images/55103.jpg" /></li>
17           <li><img src="images/55104.jpg" /></li>
18           <li><img src="images/55105.jpg" /></li>
19       </ul>
20   </div>
21   </div>
22   </body>
23   </html>
```

图 5-82

05 转换到 5-5-1.css 文件中，创建名为 #slides 的 CSS 样式，如图 5-83 所示。创建名为 #slides li 和名为 #slides li img 的 CSS 样式，如图 5-84 所示。

```
24 ▼ #slides {
25       display: block;
26       position: relative;
27       width: 100%;
28       height: 100%;
29       overflow: hidden;
30       list-style: none;
31   }
```
图 5-83

```
33 ▼ #slides li {
34       display: block;
35       position: absolute;
36       width: 100%;
37       height: auto;
38       overflow: hidden;
39       list-style: none;
40   }
41 ▼ #slides li img {
42       width: 100%;
43   }
```
图 5-84

06 返回网页设计视图，可以看到页面的效果，如图 5-85 所示。转换到 5-5-1.css 文件中，分别创建名为 #pagination、#pagination li、#pagination li a 和 #pagination li.current 的 CSS 样式，如图 5-86 所示。

图 5-85

```
45 ▼ #pagination {
46       position: absolute;
47       display: block;
48       left: 50%;
49       bottom: 20px;
50       z-index: 9900;
51   }
52 ▼ #pagination li {
53       display:block;
54       list-style:none;
55       width:10px;
56       height:10px;
57       float:left;
58       margin-left:15px;
59       border-radius:5px;
60       background:#CCC;
61   }
62 ▼ #pagination li a {
63       display:block;
64       text-indent:-9999px;
65   }
66 ▼ #pagination li.current {
67       background:#0092CE;
68   }
```
图 5-86

07 返回网页代码视图，在 <head> 与 </head> 标签之间添加链接外部 JS 脚本文件代码，如图 5-87 所示。保存页面，保存外部 CSS 样式文件，在浏览器中预览页面，可以看到页面中全屏大图切换效果，如图 5-88 所示。

```
1  <!doctype html>
2 ▼ <html>
3 ▼ <head>
4    <meta charset="utf-8">
5    <title>全屏大图切换</title>
6    <link href="style/5-5-1.css" rel="stylesheet" type="text/css" />
7    <script type="text/javascript" src="js/jquery-1.8.0.min.js"></script>
8    <script type="text/javascript" src="js/jquery.jslides.js"></script>
9  </head>
10
11 ▼ <body>
12 ▼ <div id="full-screen-slider">
13 ▼   <ul id="slides">
14       <li><img src="images/55101.jpg" /></li>
15       <li><img src="images/55102.jpg" /></li>
16       <li><img src="images/55103.jpg" /></li>
17       <li><img src="images/55104.jpg" /></li>
18       <li><img src="images/55105.jpg" /></li>
19     </ul>
20   </div>
21 </body>
22 </html>
23
```
图 5-87

图 5-88

> **提示**
>
> 名为 #pagination、#pagination li、#pagination li a 和 #pagination li.current 的 CSS 样式设置的是全屏图像切换的小点，该部分内容是通过 JavaScript 脚本程序来生成的。此处的 JavaScript 脚本文件是编写好的程序，在这里直接使用，感兴趣的读者可以看 JavaScript 程序文件代码。

知识点睛：如何实现网页中所插入的图像显示为全屏的效果？

在网页中插入的图像，如果想实现在不同分辨率下全屏的效果，则必须将图像的宽度设置为 100%，关于使用 CSS 样式对图像进行缩放在前面已经介绍过，这里就是通过 CSS 样式的设置实现网页中插入的图像在不同分辨率下全屏的效果。

5.5.2　鼠标经过图像动态效果

所有的网站页面都需要实现一定的交互效果，这样才能够吸引浏览者的目光。图像的动态交互效果是网页中比较常见的交互效果，通常网页中的图像动态交互效果都是使用 JavaScript 脚本程序来实现的，本小节将介绍如何使用 CSS 样式来实现网页中图像的动态交互效果。

实 例 26　制作图片展示网页

最终文件：最终文件 \ 第 5 章 \5-5-2.html
操作视频：视频 \ 第 5 章 \ 制作图片展示网页 .mp4

本实例制作一个图片展示网页，在网页中重点介绍如何使用 CSS3 中的属性实现多种不同效果的图像动态交互效果，通过图像动态交互效果的实现，可以使网页更加美观和便于操作，也能够大大提高网页的交互性。

01 执行 "文件" > "打开" 命令，打开页面 "源文件 \ 第 5 章 \5-5-2.html"，可以看到页面的效果，如图 5-89 所示。

02 在页面中插入名为 title 的 DIV，转换到该网页所链接的外部 CSS 样式文件 5-5-2.css 中，创建名为 #title 的 CSS 样式，如图 5-90 所示。

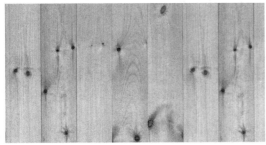

图 5-89

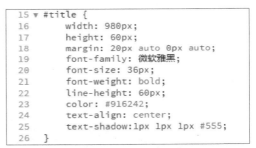

```
15 ▼ #title {
16       width: 980px;
17       height: 60px;
18       margin: 20px auto 0px auto;
19       font-family: 微软雅黑;
20       font-size: 36px;
21       font-weight: bold;
22       line-height: 60px;
23       color: #916242;
24       text-align: center;
25       text-shadow:1px 1px 1px #555;
26  }
```

图 5-90

> **提示**
>
> 在名为 #title 的 CSS 样式设置代码中添加 text-shadow 属性设置，text-shadow 属性为 CSS3 中新增的文字阴影属性，通过该属性设置可以为文字添加阴影效果。

03 返回网页设计视图中，将光标移至名为 title 的 DIV 中，并将多余文字删除，输入相应的文字，如图 5-91 所示。在名为 title 的 DIV 之后插入名为 box 的 DIV，转换到 5-5-2.css 文件中，创建名为 #box 的 CSS 样式，如图 5-92 所示。

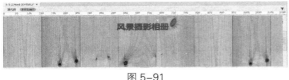

图 5-91

```
29 ▼ #box {
30       width: 980px;
31       height: 599px;
32       background-image: url(../images/55202.png);
33       background-repeat: no-repeat;
34       margin: 0px auto;
35  }
```

图 5-92

04 返回网页设计视图中，可以看到名为 box 的 DIV 的效果，如图 5-93 所示。将该 DIV 中多余的文字删除，在该 DIV 中依次插入名为 pic1、pic2、pic3 和 pic4 的 DIV，如图 5-94 所示。

05 转换到 5-5-2.css 文件中，创建名为 #pic1,#pic2,#pic3,#pic4 的 CSS 样式，如图 5-95 所示。返回网页设计视图中，可以看到网页的效果，如图 5-96 所示。

DIV+CSS3 网页样式与布局全程揭秘（第3版）

图 5-93

图 5-94

```
34 ▼ #pic1,#pic2,#pic3,#pic4 {
35     width: 375px;
36     height: 250px;
37     background-color: #CCC;
38     padding: 5px;
39     float: left;
40     margin-top: 25px;
41     margin-left: 70px;
42     overflow:hidden;
43 }
```

图 5-95

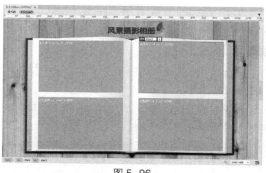

图 5-96

06 分别在名为 pic1、pic2、pic3 和 pic4 的 DIV 中插入相应的图像，如图 5-97 所示。转换到 5-5-2.css 文件中，创建名为 .picbg 的类 CSS 样式和名为 h1 的标签 CSS 样式，如图 5-98 所示。

图 5-97

```
44 ▼ .picbg{
45     width:375px;
46     height:250px;
47     background:#000;
48     color:#fff;
49     text-align:center;
50 }
51 ▼ h1 {
52     font-family: 微软雅黑;
53     font-size: 18px;
54     font-weight: bold;
55     line-height: 48px;
56     margin-top: 30px;
57 }
```

图 5-98

07 返回网页的代码视图中，在 <div id=" pic2"> 与 </div> 标签之间的图像后添加相应的标签和文字内容，如图 5-99 所示。使用相同的方法，分别在名为 pic3 和名为 pic4 的 DIV 中添加相应的内容，如图 5-100 所示。

```
12    <div id="pic1"><img src="images/pic1.jpg" width="375" height="250" /></div>
13 ▼  <div id="pic2"><img src="images/pic2.jpg" width="375" height="250" />
14 ▼    <div class="picbg">
15         <h1>夕阳下的山峰</h1>
16         <p>落日的黄昏，蜿蜒的盘山公路，给人窒息的美！</p>
17       </div>
18    </div>
```

图 5-99

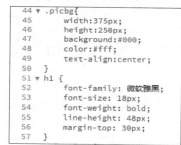

图 5-100

08 转换到 5-5-2.css 文件中，创建名为 #pic1 img 和 #pic1 img:hover 的 CSS 样式，如图 5-101 所示。保存页面，在浏览器中预览页面，将鼠标移至第一张图像上，图像会出现慢慢变为半透明的动画效果，如图 5-102 所示。

09 转换到 5-5-2.css 文件中，创建名为 #pic2、#pic2 img、#pic2.picbg 和 #pic2.picbg:hover 的 CSS 样式，如图 5-103 所示。

110

```
59 ▼ #pic1 img {
60        opacity: 1;
61        transition: opacity;
62        transition-timing-function: ease-out;
63        transition-duration: 500ms;
64 }
65 ▼ #pic1 img:hover{
66        opacity: .5;
67        transition: opacity;
68        transition-timing-function: ease-out;
69        transition-duration: 500ms;
70 }
```

图 5-101

图 5-102

10 保存页面，在浏览器中预览页面，当鼠标移至第二张图像上时，会出现半透明黑色慢慢覆盖在图像上的动画效果，如图 5-104 所示。

```
72 ▼ #pic2{
73        position:relative;
74 }
75 ▼ #pic2 img{
76        opacity:1;
77        transition: opacity;
78        transition-timing-function: ease-out;
79        transition-duration: 500ms;
80 }
81 ▼ #pic2 .picbg{
82        position:absolute;
83        top:5px;
84        left:5px;
85        opacity: 0;
86        transition: opacity;
87        transition-timing-function: ease-out;
88        transition-duration: 500ms;
89 }
90 ▼ #pic2 .picbg:hover{
91        opacity: .9;
92        transition: opacity;
93        transition-timing-function: ease-out;
94        transition-duration: 500ms;
95 }
```

图 5-103

图 5-104

11 转换到 5-5-2.css 文件中，创建名为 #pic3、#pic3 img、#pic3 .picbg 和 #pic3:hover .picbg 的 CSS 样式，如图 5-105 所示。

12 保存页面，在浏览器中预览页面，当鼠标移至第三张图像上时，会出现半透明黑色由小到大覆盖图像的动画效果，如图 5-106 所示。

```
96 ▼ #pic3{
97        position:relative;
98 }
99 ▼ #pic3 img{
100        position:absolute;
101        top: 5px;
102        left: 5px;
103        z-index:0;
104 }
105 ▼ #pic3 .picbg{
106        opacity: .9;
107        position:absolute;
108        top:100;
109        left:150;
110        z-index:999;
111        transform: scale(0);
112        transition-timing-function: ease-out;
113        transition-duration: 250ms;
114 }
115 ▼ #pic3:hover .picbg{
116        transform: scale(1);
117        transition-timing-function: ease-out;
118        transition-duration: 250ms;
119 }
```

图 5-105

图 5-106

13 转换到 5-5-2.css 文件中，创建名为 #pic4、#pic4 .picbg 和 #pic4:hover .picbg 的 CSS 样式，如图 5-107 所示。

14 保存页面，在浏览器中预览页面，当鼠标移至第四张图像上时，会出现半透明黑色从左至右移动覆盖图像的动画效果，如图 5-108 所示。

```
120 ▼ #pic4{
121        position:relative;
122   }
123 ▼ #pic4 .picbg{
124        opacity: .9;
125        position:absolute;
126        top:5px;
127        left:5px;
128        margin-left:-380px;
129        transition: margin-left;
130        transition-timing-function: ease-in;
131        transition-duration: 250ms;
132   }
133 ▼ #pic4:hover .picbg{
134        margin-left: 0px;
135   }
136
```

图 5-107

图 5-108

知识点睛：为什么在 IE 浏览器中预览不到切换的过渡效果？

在该网页的制作过程中，将鼠标移至相应的图像上会出现图像切换至相应介绍文字的过渡效果，这里使用的是 CSS3 中的 transition 和 transform 属性来实现的，需要使用 IE 10 及以上版本的浏览器才能看到相应的效果。如果使用 IE 9 及其以下版本浏览器，则看不到切换的过渡效果。

第 6 章 使用 CSS 设置列表样式

在网页页面中经常会用到项目列表，如我们常看到的网站新闻、排行榜等，大多数情况下都是使用列表制作的。列表是用来整理网页中一系列相互关联的文本信息的，其中包括有序列表、无序列表和自定义列表 3 种。通过 CSS 属性可以对列表进行更好的控制，从而使列表呈现出不同的样式。本章将介绍使用 CSS 样式对网页中列表的样式进行控制。

本章知识点：

- 了解网页列表的相关知识
- CSS 样式设置有序和无序列表
- CSS 样式设置定义列表
- 使用列表制作导航菜单
- 掌握网页中列表的特殊应用

6.1 了解网页中的列表

列表形式在网页设计中占有很大比重，在信息显示时非常整齐直观，便于理解。从出现网页开始到现在，列表元素一直都是页面中非常重要的应用形式。

在早期的表格式网页布局中，列表恰恰也是表格用处最大的地方，表格是由多行多列的表格来完成的。当列表头部是图像时，则需要在原有的基础上多加一列表格，用来插入图像，这样就增加了很多列表元素的代码，不方便设计者读取，如图 6-1 所示。

图 6-1

CSS 布局中的列表使用 HTML 中自带的 <ul> 和 <ol> 标签。这些标签在早期的 HTML 版本中就已经存在，由于当时 CSS 没有非常强大的样式控制，因此被设计者放弃使用，改为使用表格来控制。

自从 CSS2 出现后，<ul> 和 <ol> 标签在 CSS 样式中拥有了较多的样式属性，完全可以抛弃表格来制作列表。使用 CSS 样式来制作列表，还可以减少页面的代码数量。

6.2 设置列表的 CSS 样式

在 Dreamweaver 中，通过 CSS 属性来控制列表，能够从更多方面控制列表的外观，使列表看起来更加整齐和美观，使网站实用性更强。在 CSS 样式中专门提供了控制列表样式的属性，下面就不同类型的列表分别进行介绍。

6.2.1 ul 无序项目列表

无序项目列表是网页中运用得非常多的一种列表形式，用于将一组相关的列表项目排列在一起，并且列表中的项目没有特别的先后顺序。无序列表使用 <li> 标签来罗列各个项目，并且每个项目前面都带有特殊符号。在 CSS 样式中，list-style-type 属性用于控制无序列表项目前面的符号，list-style-type 属性的语法格式如下。

```
list-style-type: 参数1、参数2...;
```

list-style-type 属性常用的属性值有 3 个，分别介绍如下。

- **disc**：如果设置 list-style-type 属性值为 disc，则项目列表前的符号为实心圆。
- **circle**：如果设置 list-style-type 属性值为 circle，则项目列表前的符号为空心圆。
- **square**：如果设置 list-style-type 属性值为 square，则项目列表前的符号为实心方块。

6.2.2 ol 有序编号列表

有序列表即具有明确先后顺序的列表，默认情况下，在 Dreamweaver 中创建的有序列表在每条信息前加上序号 1、2、3... 通过 CSS 样式中的 list-style-type 属性可以对有序列表进行控制。list-style-type 属性的基本语法格式如下。

```
list-style-type:参数值;
```

在设置有序列表时，list-style-type 属性常用的属性值有如下几种。

- **decimal**：如果设置 list-style-type 属性值为 decimal，则表示有序列表前使用十进制数字标记 (1、2、3...)。
- **decimal-leading-zero**：如果设置 list-style-type 属性值为 decimal-leading-zero，则表示有序列表前使用有前导零的十进制数字标记 (01、02、03...)。
- **lower-roman**：如果设置 list-style-type 属性值为 lower-roman，则表示有序列表前使用小写罗马数字标记 (i、ii、iii...)。
- **upper-roman**：如果设置 list-style-type 属性值为 upper-roman，则表示有序列表前使用大写罗马数字标记 (I、II、III...)。
- **lower-alpha**：如果设置 list-style-type 属性值为 lower-alpha，则表示有序列表前使用小写英文字母标记 (a、b、c...)。
- **upper-alpha**：如果设置 list-style-type 属性值为 upper-alpha，则表示有序列表前使用大写英文字母标记 (A、B、C...)。
- **none**：如果设置 list-style-type 属性值为 none，则表示有序列表前不使用任何形式的符号。
- **inherit**：如果设置 list-style-type 属性值为 inherit，则表示有序列表继承父级元素的 list-style-type 属性设置。

实例 27　制作无序列表和有序列表

最终文件：最终文件 \ 第 6 章 \6-2-2.html
操作视频：视频 \ 第 6 章 \ 制作无序列表和有序列表 .mp4

网页中很多文字的排版都用到列表，其中无序列表是应用比较多的一种列表形式。通过 CSS 样式设置的无序列表在外观上能够有多种变化，适宜在很多情况下使用。下面通过实例练习介绍如何设置无序列表。

当需要强调列表项的先后顺序时，一般采用有序列表制作，使各列表项呈现出鲜明的层次。了解了有序列表的制作方法，下面通过实例练习介绍如何使用 CSS 样式设置有序列表。

01 执行"文件" > "打开"命令，打开页面"源文件 \ 第 6 章 \6-2-2.html"，可以看到页面效果，如图 6-2 所示。转换到代码视图中，可以看到该页面的 HTML 代码，如图 6-3 所示。

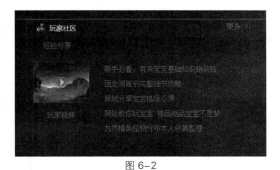

图 6-2   图 6-3

02 转换到所链接的外部 CSS 样式文件 6-2-2.css 中，定义 #text li 的 CSS 样式，如图 6-4 所示。保存外部 CSS 样式文件，在浏览器中预览页面，可以看到无序列表的效果，如图 6-5 所示。

图 6-4   图 6-5

 提示

如果希望单击"属性"面板上的"项目列表"按钮在网页中创建项目列表，则需要在页面中选中的是段落文本。段落文本的输入方法是在段落后按键盘上的 Enter 键，即可在页面中插入一个段落。

知识点睛：网页中文本分行与分段有什么区别？

到文本末尾的地方，Dreamweaver 会自动进行分行操作，然而在某些情况下，我们需要进行强迫分行，将某些文本放到下一行去，此时在操作上读者可以有两种选择：按键盘上的 Enter 键 (为段落标签)，在代码视图中显示为 <P> 标签。

也可以按快捷键 Shift+Enter(为换行符也被称为强迫分行)，在代码视图中显示为
，可以使文本落到下一行去，在这种情况下被分行的文本仍然在同一段落中。

03 在设计视图中可以看到页面效果，如图 6-6 所示。转换到代码视图中，可以看到该页面的 HTML 代码，如图 6-7 所示。

图 6-6

```
27 ▼ <div id="box1">
28     <div id="top1">【周榜】音乐榜单</div>
29 ▼   <div id="text1">
30 ▼     <ol>
31         <li><img src="images/62203.jpg" width="27" height="23" />舍不得忘记</li>
32         <li><img src="images/62203.jpg" width="27" height="23" />穿军装的好妹子</li>
33         <li><img src="images/62203.jpg" width="27" height="23" />努力去飞翔</li>
34         <li><img src="images/62203.jpg" width="27" height="23" />海风吹过的哨岗</li>
35         <li><img src="images/62203.jpg" width="27" height="23" />我的好战友</li>
36         <li><img src="images/62203.jpg" width="27" height="23" />祖国啊母亲</li>
37         <li><img src="images/62203.jpg" width="27" height="23" />还如当初</li>
38         <li><img src="images/62203.jpg" width="27" height="23" />绿海</li>
39         <li><img src="images/62203.jpg" width="27" height="23" />战士的脚</li>
40       </ol>
41     </div>
42     <div id="pic1">音乐排行>></div>
43 </div>
```

图 6-7

04 转换到所链接的外部 CSS 样式文件 6-2-2.css 中，定义 #text li 的 CSS 样式，如图 6-8 所示。保存外部 CSS 样式文件，在浏览器中预览页面，可以看到有序列表的效果，如图 6-9 所示。

```
92 ▼ #text1 li{
93         list-style-type:decimal-leading-zero;
94         list-style-position:inside;
95     }
96
```

图 6-8

图 6-9

知识点睛：如何不通过 CSS 样式更改有序列表前的编号符号？

如果在"列表属性"对话框中的"列表类型"下拉列表中选择"编号列表"选项，则"样式"下拉列表中有 6 个选项，分别为"默认""数字""小写罗马字母""大写罗马字母""小写字母"和"大写字母"，这是用来设置编号列表里每行开头的编辑号符号。

6.2.3 dl 定义列表

定义列表是一种比较特殊的列表形式，相对于有序列表和无序列表来说，应用得比较少。定义列表的 <dl> 标签是成对出现的，并且需要在代码视图中手动添加代码。从 <dl> 开始到 </dl> 结束，列表中每个元素的标题使用 <dt></dt> 标签，后跟随 <dd></dd> 标签，用于描述列表中元素的内容。

在网页中常常看到带有日期的新闻栏目，这样的新闻栏目就可以使用定义列表来制作，通过 CSS 样式中的 float 属性设置，使 <dt> 标签中的内容与 <dd> 标签中的内容显示在一行中，如图 6-10 所示。

```
1   @charset "utf-8";
2   /* CSS Document */
3 ▼ *{
4       margin:0px;
5       padding:0px;
6       border:0px;
7   }
8 ▼ body{
9       font-size:13px;
10      line-height:30px;
11      background-image:url(../images/62302.gif);
13 ▼ #box{
14      width:330px;
15      height:170px;
16      padding:58px 10px 12px 20px;
17      margin:0px auto;
18      margin-top:30px;
19      background-image:url(../images/62301.gif);
20      background-repeat:no-repeat;
22 ▼ #box dt{
23      width:280px;
24      float:left;
25      border-bottom:dashed 1px;
26  }
27 ▼ #box dd{
28      float:left;
29      border-bottom:dashed 1px;
30
```

```
9 ▼ <body>
10 ▼ <div id="box">4
11 ▼   <dl>
12       <dt>· 改变在哪？ 元朝地图关键词盘 </dt>
13       <dd>08-28</dd>
14       <dt>· 周年感恩回馈福利惊爆登场</dt>
15       <dd>08-26</dd>
16       <dt>· 坐骑也能打架？独创全新铸战 </dt>
17       <dd>08-23</dd>
18       <dt>· 现麦大叔卖糕点传其与麦当 </dt>
19       <dd>08-20</dd>
20       <dt>· 情谊的羁绊！ 唯美祝福玩法曝</dt>
21       <dd>08-15</dd>
22     </dl>
23   </div>
24 </body>
```

图 6-10

不可以，在 Dreamweaver 中并没有提供定义列表的可视化创建操作，设计者可以转换到代码视图中，手动添加相关的 <dl>、<dt> 和 <dd> 标签来创建定义列表，注意，<dl>、<dt> 和 <dd> 标签都是成对出现的。

6.2.4 更改列表项目样式

当为有序列表或无序列表设置 list-style-type 属性时，列表中的所有列表项都会应用该设置，如果想要 <li> 标签具有单独的样式，则可以对 <li> 标记单独设置 list-style-type 属性，那么该样式仅仅只会对该条项目起作用。

不是列表中的所有列表项都只能有一种列表样式，通过 CSS 样式设置类 CSS 样式，再为单独的列表项应用，则该列表项会有区别于其他列表项的样式，如图 6-11 所示。

```
35     }
36 ▼ .special{
37         list-style-type:square;
38     }
39
```

图 6-11

提示

由于 <ol> 标签的默认属性值是 decima，<ul> 默认的属性值是 disc，因此通过 display:listitem 创建的项目列表，其默认属性值也是 disc。

知识点睛：如何不通过 CSS 样式更改项目列表前的符号效果？

在设计视图中选中已有列表的其中一项，执行"格式">"列表">"属性"命令，弹出"列表属性"对话框，在"列表类型"下拉列表中选择"项目列表"选项，此时"列表属性"对话框上除"列表类型"下拉列表框外，只有"样式"下拉列表框和"新建样式"下拉列表框可用，在"样式"下拉列表中共有 3 个选项，分别为"默认""项目符号"和"正方形"，它们用来设置项目列表里每行开头的列表标志。

6.2.5 自定义列表符号

在网页设计中，除了可以使用 CSS 样式中的列表符号，还可以使用 list-style-image 属性自定义列表符号，list-style-image 属性的基本语法如下。

`list-style-image:图片地址;`

在 CSS 样式中，list-style-image 属性用于设置图片作为列表样式，只需输入图片的路径作为属性值即可。

使用自定义的列表符号能够使列表样式更具个性化，有创意的列表符号能够使网页页面更加生动活泼，如图 6-12 所示。

```
#text li{
    list-style-type: none;
    list-style-image: url(../images/62504.gif);
    list-style-position: inside;
}
```

图 6-12

知识点睛：还可以使用什么方法实现自定义项目列表符号？

除了可以使用 CSS 样式中的 list-style-image 属性定义列表符号，还可以使用 background-image 属性来实现，首先在列表项左边添加填充，为图像符号预留出需要占用的空间，然后将图像符号作为背景图像应用于列表项即可。在网页页面中，经常将图片作为列表样式，用来美化网页界面、提升网页整体视觉效果。

6.3　使用列表制作导航菜单

在 Dreamweaver 中，可以非常方便地控制列表的形式，通过 CSS 属性对项目列表进行控制可以产生很多意想不到的效果。由于项目列表的项目符号可以通过 list-style-type 属性将其设置为 none，结合这个特性，可以使用列表制作成各种各样的菜单和导航条。

6.3.1　使用 CSS 样式创建横向导航菜单

横向导航菜单在网页中很常见，通常位于网页的头部，不同页面之间的链接主要是通过它来实现的。网站导航菜单显示网页的头部信息，在网站中的重要性不言而喻，因此为网页设计一个美观、大方的导航菜单是网页设计中最为重要的第一步。

实例 28　制作游戏网站导航

最终文件：最终文件 \ 第 6 章 \6-3-1.html
操作视频：视频 \ 第 6 章 \ 制作游戏网站导航 .mp4

默认情况下，每个列表项单独占据一行，通过 CSS 样式中的 float 属性，可以让各列表项在同一行显示。接下来通过实例练习介绍如何使用 CSS 样式创建横向导航菜单。

01 执行"文件">"打开"命令，打开页面"源文件 \ 第 6 章 \6-3-1.html"，可以看到页面效果，如图 6-13 所示。将光标移至名为 daoh 的 DIV 中，并将多余文字删除，输入相应的段落文字，如图 6-14 所示。

图 6-13　　　　　　　　　　　　　　　　图 6-14

02 拖动鼠标选中刚输入的段落文本，单击"属性"面板上的"项目列表"按钮，如图 6-15 所示。创建项目列表，如图 6-16 所示。

03 转换到代码视图中，可以看到该页面的 HTML 代码，如图 6-17 所示。

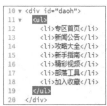

图 6-15　　　　　　　　　　图 6-16　　　　　　　　　　图 6-17

04 转换到所链接的外部 CSS 样式文件 6-3-1.css 中，定义 #daoh li 的 CSS 样式，如图 6-18 所示。保存外部 CSS 样式文件，在浏览器中预览页面，可以看到横向导航菜单的效果，如图 6-19 所示。

```
▼ #daoh li{
    list-style-type:none;
    float:left;
    margin:0px 20px;
}
```

图 6-18　　　　　　　　　　　　　图 6-19

知识点睛：横向导航菜单的优点是什么？

　　横向导航菜单一般用作网站的主导航菜单，门户类网站更是如此。由于门户网站的分类导航较多，且每个频道均有不同的样式区分，因此在网站顶部固定一个区域设计统一样式且不占用过多空间的横向导航菜单是最理想的选择。

6.3.2　使用 CSS 样式创建竖向导航菜单

与横向导航菜单相对的是竖向菜单，通过 CSS 样式不仅可以创建横向导航菜单，还可以创建竖向导航菜单。竖向菜单在网页中起着导航、美化页面的作用，创建的方法与横向菜单类似，先通过 CSS 样式设置列表外观，再为其添加相应的链接。

在 Dreamweaver 中，可以通过 CSS 属性的控制轻松实现导航菜单的横竖转换，主要就是清除列表项的浮动属性。接下来通过实例练习介绍如何使用 CSS 样式创建竖向菜单。

将光标移至名为 text 的 DIV 中，并将多余文字删除，输入相应的段落文本，如图 6-20 所示。选中刚输入的段落文本，单击"属性"面板上的"项目列表"按钮，创建项目列表如图 6-21 所示。

图 6-20　　　　　　　　　　　　　　　　　图 6-21

转换到所链接的外部 CSS 样式文件 6-3-1.css 中，定义 #text li 的 CSS 样式，如图 6-22 所示。保存外部 CSS 样式文件，在浏览器中预览页面，可以看到竖向导航菜单的效果，如图 6-23 所示。

图 6-22

```
▼ #text li{
      list-style-type:none;
      font-family: 微软雅黑;
      font-weight: bold;
      border-bottom: dashed 1px #CCCCCC;
      margin-right: 30px;
  }
```

图 6-23

知识点睛：纵向导航菜单通常用在什么类型的网站中？

纵向导航菜单很少用于门户网站中，而更倾向于表达产品分类。例如很多购物网站和电子商务网站左侧都提供了对全部的商品进行分类的导航菜单，以方便浏览者快速找到想要的内容。

6.4　列表在网页中的特殊应用

列表在网页中应用最多的就是新闻列表和排行列表，这些都是为文本创建列表的应用。除了可以为网页中的文本创建列表外，还可以为网页中的图像等其他元素创建列表，通过对列表的控制，可以实现许多特殊的效果。本节将向读者介绍使用项目列表在网页中所实现的特殊效果。

6.4.1　滚动图像

滚动图像是网页中常见的效果，其可以在有限的页面空间中展示多张图像，并且能够为网页实现一定的动态交互效果。虽然使用 HTML 中的 <marquee> 标签可以实现文字和图像的滚动效果，但是使用 <marquee> 标签所实现的滚动效果比较单一，而且无法人为进行控制，滚动的效果也并不是很美观。本节将介绍如何使用项目列表与 JavaScript 脚本相结合在网页中实现四图横向滚动的效果。

实例 29　在网页中实现四图横向滚动效果

最终文件：最终文件 \ 第 6 章 \6-4-1.html
操作视频：视频 \ 第 6 章 \ 在网页中实现四图横向滚动效果 .mp4

除了可以为文本创建项目列表外，还可以为网页中的图像创建项目列表，本实例首先为网页中的图像创建项目列表，对项目列表的 CSS 样式进行设置，接着通过 JavaScript 脚本代码实现网页中图像的横向滚动效果。

01 执行"文件" > "打开"命令，打开页面"源文件 \ 第 6 章 \6-4-1.html"，执行"插入" >Div 命令，弹出"插入 Div"对话框，设置 DIV 的 ID 为 box，如图 6-24 所示。

02 将光标移至名为 box 的 DIV 中，将多余文字删除，在该 DIV 中插入一个不设置 ID 名称的 DIV，如图 6-25 所示。

03 将光标移至刚插入的 DIV 中，并将多余文字删除，执行"插入" >Image 命令，弹出"选择图像源文件"对话框，选择相应的图像，单击"确定"按钮，如图 6-26 所示。

04 执行"插入" > "项目列表"命令，插入 <ul> 标签。继续执行"插入" > "列表项"命令，插入 <li> 标签，如图 6-27 所示。

图 6-24

图 6-25

```
9  ▼ <body>
10   <div id="logo"><img src="images/64102.png" width="300"
     height="380" /></div>
11 ▼ <div id="box">
12 ▼   <div>
13      <img src="images/64103.jpg" width="220" height="105" />
14      <img src="images/64104.jpg" width="220" height="105" />
15      <img src="images/64105.jpg" width="220" height="105" />
16      <img src="images/64106.jpg" width="220" height="105" />
17      <img src="images/64107.jpg" width="220" height="105" />
18      <img src="images/64108.jpg" width="220" height="105" />
19      <img src="images/64109.jpg" width="220" height="105" />
20      <img src="images/64110.jpg" width="220" height="105" />
21     </div>
22   </div>
23  </body>
24 </html>
25
```

图 6-26

```
<div id="box">
    <div>
        <ul>
            <li><img src="images/64103.jpg" width="220"
            height="105" /></li>
            <li><img src="images/64104.jpg" width="220"
            height="105" /></li>
            <li><img src="images/64105.jpg" width="220"
            height="105" /></li>
            <li><img src="images/64106.jpg" width="220"
            height="105" /></li>
            <li><img src="images/64107.jpg" width="220"
            height="105" /></li>
            <li><img src="images/64108.jpg" width="220"
            height="105" /></li>
            <li><img src="images/64109.jpg" width="220"
            height="105" /></li>
            <li><img src="images/64110.jpg" width="220"
            height="105" /></li>
        </ul>
    </div>
</div>
```

图 6-27

05 在设计视图中，可以看到插入的序列图，如图 6-28 所示。转换到该网页所链接的外部 CSS 样式文件 6-4-1.css 中，创建名为 .picbox 的类 CSS 样式，如图 6-29 所示。

图 6-28

```
▼ .picbox{
      position: relative;
      width: 980px;
      height: 115px;
      overflow: hidden;
  }
```

图 6-29

06 返回 6-4-1.html 文档中，为刚插入的 DIV 应用该类 CSS 样式，如图 6-30 所示。在设计视图中，查看网页效果，如图 6-31 所示。

```
<div class="picbox">
    <ul>
        <li><img src="images/64103.jpg" width="220"
        height="105" /></li>
        <li><img src="images/64104.jpg" width="220"
        height="105" /></li>
        <li><img src="images/64105.jpg" width="220"
        height="105" /></li>
        <li><img src="images/64106.jpg" width="220"
        height="105" /></li>
        <li><img src="images/64107.jpg" width="220"
        height="105" /></li>
        <li><img src="images/64108.jpg" width="220"
        height="105" /></li>
        <li><img src="images/64109.jpg" width="220"
        height="105" /></li>
        <li><img src="images/64110.jpg" width="220"
        height="105" /></li>
    </ul>
</div>
```

图 6-30

图 6-31

07 转换到 6-4-1.css 文件中，创建名为 .piclist 和名为 .piclist li 的 CSS 样式，如图 6-32 所示。返回网页代码视图中，在项目列表 <ul> 标签中添加 class 属性，应用相应的类 CSS 样式，如图 6-33 所示。

```
35 ▼ .piclist{
36        position: absolute;
37        height: 115px;
38        left: 0px;
39        top: 0px;
40    }
41 ▼ .piclist li{
42        list-style-type: none;
43        background: #A6CDD0;
44        margin-right: 20px;
45        padding: 5px;
46        float: left;
47    }
```

图 6-32

```
11 ▼ <div id="box">
12 ▼     <div class="picbox">
13 ▼         <ul class="piclist mainlist">
14             <li><img src="images/64103.jpg" width="220" height="105"
               /></li>
15             <li><img src="images/64104.jpg" width="220" height="105"
               /></li>
16             <li><img src="images/64105.jpg" width="220" height="105"
               /></li>
17             <li><img src="images/64106.jpg" width="220" height="105"
               /></li>
18             <li><img src="images/64107.jpg" width="220" height="105"
               /></li>
19             <li><img src="images/64108.jpg" width="220" height="105"
               /></li>
20             <li><img src="images/64109.jpg" width="220" height="105"
               /></li>
21             <li><img src="images/64110.jpg" width="220" height="105"
               /></li>
22         </ul>
23     </div>
24 </div>
```

图 6-33

> **提示**
>
> 此处在 <ul> 标签中使用 class 属性为该标签应用两个类 CSS 样式，在两个类 CSS 样式的名称之间使用空格分隔，其中名为 piclist 的类 CSS 样式是刚刚定义的类 CSS 样式，名为 mainlist 的类 CSS 样式并没有定义，在后面编写的 JavaScript 脚本代码中需要用到。

08 返回网页设计视图，可以看到页面中项目列表中的图像效果，如图 6-34 所示。转换到 6-4-1.css 文件中，创建名为 .swaplist 的类 CSS 样式，如图 6-35 所示。

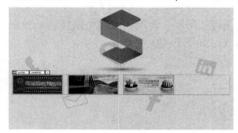

图 6-34

```
48 ▼ .swaplist{
49        position:absolute;
50        left:-3000px;
51        top:0px;
52    }
53
```

图 6-35

09 返回网页代码视图中，在项目列表的结束标签 </ul> 之后添加 <ul></ul> 标签，并在 <ul> 标签中使用 class 属性添加相应的类 CSS 样式，如图 6-36 所示。在应用了名为 picbox 的 DIV 之后插入一个空白的 DIV，可以看到相应的代码，如图 6-37 所示。

```
9 ▼ <body>
10    <div id="logo"><img src="images/64102.png" width="300"
      height="380" /></div>
11 ▼ <div id="box">
12 ▼     <div class="picbox">
13 ▼         <ul class="piclist mainlist">
14             <li><img src="images/64103.jpg" width="220"
               height="105" /></li>
15             <li><img src="images/64104.jpg" width="220"
               height="105" /></li>
16             <li><img src="images/64105.jpg" width="220"
               height="105" /></li>
17             <li><img src="images/64106.jpg" width="220"
               height="105" /></li>
18             <li><img src="images/64107.jpg" width="220"
               height="105" /></li>
19             <li><img src="images/64108.jpg" width="220"
               height="105" /></li>
20             <li><img src="images/64109.jpg" width="220"
               height="105" /></li>
21             <li><img src="images/64110.jpg" width="220"
               height="105" /></li>
22         </ul>
23         <ul class="piclist swaplist"></ul>
24     </div>
25 </div>
26 </body>
```

图 6-36

图 6-37

10 转换到 6-4-1.css 文件中，创建名为 .og_prev 的类 CSS 样式，如图 6-38 所示。返回网页代码视图中，在刚刚添加的 <div> 标签中应用类 CSS 样式 og_prev，如图 6-39 所示。

```
19        <li><img src="images/64108.jpg" width="220"
          height="105" /></li>
20        <li><img src="images/64109.jpg" width="220"
          height="105" /></li>
21        <li><img src="images/64110.jpg" width="220"
          height="105" /></li>
22      </ul>
23      <ul class="piclist swaplist"></ul>
24    </div>
25    <div class="og_prev"></div>
26  </div>
27  </body>
```
图 6-38

```
53 ▼ .og_prev{
54      width: 30px;
55      height: 50px;
56      background-image: url(../images/icon.png);
57      background-repeat: no-repeat;
58      background-position: 0 -60px;
59      position: absolute;
60      top: 33px;
61      left: 4px;
62      z-index: 99;
63      cursor: pointer;
64      filter: alpha(opacity=70);
65      opacity: 0.7;
66   }
67  |
```
图 6-39

11 使用相同的方法,添加 <div> 标签,转换到 6-4-1.css 文件中,创建名为 .og_next 的类 CSS 样式,如图 6-40 所示。返回网页代码视图中,在刚刚添加的 <div> 标签中应用类 CSS 样式 og_next,如图 6-41 所示。

```
16        <li><img src="images/64105.jpg" width="220"
          height="105" /></li>
17        <li><img src="images/64106.jpg" width="220"
          height="105" /></li>
18        <li><img src="images/64107.jpg" width="220"
          height="105" /></li>
19        <li><img src="images/64108.jpg" width="220"
          height="105" /></li>
20        <li><img src="images/64109.jpg" width="220"
          height="105" /></li>
21        <li><img src="images/64110.jpg" width="220"
          height="105" /></li>
22      </ul>
23      <ul class="piclist swaplist"></ul>
24    </div>
25    <div class="og_prev"></div>
26    <div class="og_next"></div>
27  </div>
```
图 6-40

```
67 ▼ .og_next{
68      width: 30px;
69      height: 50px;
70      background-image: url(../images/icon.png);
71      background-repeat: no-repeat;
72      background-position: 0 0;
73      position: absolute;
74      top: 33px;
75      right: 4px;
76      z-index: 99;
77      cursor: pointer;
78      filter: alpha(opacity=70);
79      opacity: 0.7;
80   }
```
图 6-41

12 返回网页设计视图,可以看到页面的效果,如图 6-42 所示。新建一个 JavaScript 脚本文件,将该文件保存为"源文件\第6章\js\6-4-1.js",如图 6-43 所示。

13 在 6-4-1.js 文件中编写相应的 JavaScript 脚本代码,如图 6-44 所示。返回网页代码视图中,在 <head> 与 </head> 标签之间添加 <script> 标签,链接 jQuery 库文件和刚刚编辑的 6-4-1.js 文件,如图 6-45 所示。

图 6-42

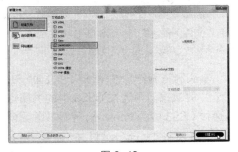

图 6-43

图 6-44

图 6-45

> **提示**
>
> 此处编写的 JavaScript 脚本代码较多，由于篇幅有限，没有给出详细的代码，读者可以打开附赠文件中的 6-4-1. js 文件查看详细代码。关于 JavaScript 将在第 13 章中进行介绍。此处链接的 jQuery.js 是 jQuery 库文件，代码已经编写好，可以直接使用。

14 保存页面，并保存外部 CSS 样式文件，在浏览器中预览页面，可以看到页面的效果如图 6-46 所示。页面中的四图滚动效果会在设定的时间自动滚动，也可以单击左右方向箭头手动滚动，如图 6-47 所示。

图 6-46 图 6-47

知识点睛：如何创建项目列表？

如果需要创建项目列表，可以在 Dreamweaver 设计视图中选中所输入的段落文本或者放置在段落中的图像，单击"属性"面板上的"项目列表"按钮，一个段落将会自动转换为一个列表项，即可创建项目列表。也可以在 Dreamweaver 的代码视图中，直接添加相应的 `<ul>` 和 `<li>` 标签，创建项目列表。注意，`<ul>` 和 `<li>` 标签是成对出现的。

6.4.2 动态堆叠卡 ⟩

在项目列表的 `<li>` 标签中可以放置任意元素，甚至是 DIV，通过对项目列表的 CSS 样式进行设置，可以使项目列表在网页中显示为任意的效果。本节将介绍如何使用项目列表与 CSS 样式综合应用，在网页中实现动态堆叠卡的效果。

实 | 例 | 30   制作个性网站欢迎页面

最终文件：最终文件 \ 第 6 章 \6-4-2.html
操作视频：视频 \ 第 6 章 \ 制作个性网站欢迎页面 .mp4

本实例将制作个性网站欢迎页面，主要是通过 CSS 样式对项目列表进行控制，使项目列表显示为卡片的效果，再通过 CSS3 中的的属性将元素的边框设置为圆角边框，为元素添加阴影效果，并且通过 CSS3 中的 transition 属性实现元素的动态变换效果。

01 执行"文件" > "打开"命令，打开页面"源文件 \ 第 6 章 \6-4-2.html"，可以看到页面的效果，如图 6-48 所示。将光标移至名为 card 的 DIV 中，将多余文字删除，转换到代码视图，在该 DIV 中添加项目列表标签并输入相应文字，如图 6-49 所示。

02 转换到链接的外部 CSS 样式文件 6-4-2.css 中，创建名为 #card li 的 CSS 样式，如图 6-50 所示。返回网页设计视图中，可以看到页面的效果，如图 6-51 所示。

图 6-48

```html
<body>
<div id="box">
<div id="logo"><img src="images/64202.png" width="120" height="120" /></div>
<div id="card">
<ul>
<li><h3>网站首页</h3><img src="images/64203.png" width="130" height="130" /><P>我们是一家专业互联网设
计机构，为您提供专业的、全方位的互联网解决方案！</P></li>

</ul>
</div>
</div>
</body>
</html>
```

图 6-49

```css
32 ▼ #card li {
33       display: block;
34       position: relative;
35       list-style-type: none;
36       width: 130px;
37       height: 350px;
38       background-color: #963;
39       border: 2px dashed #FF6600;
40       padding: 25px 9px;
41       margin-bottom: 60px;
42       float: left;
43       border-radius: 10px;
44       -moz-border-radius: 10px;
45       -webkit-border-radius: 10px;
46       box-shadow: 2px 2px 10px #000;
47       -moz-box-shadow: 2px 2px 10px #000;
48       -webkit-box-shadow: 2px 2px 10px #000;
49       transition: all 0.5s ease-in-out;
50       -moz-transition: all 0.5s ease-in-out;
51       -webkit-transition: all 0.5s ease-in-out;
52  }
```

图 6-50

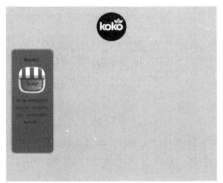

图 6-51

> **提示**
>
> 　　在该 CSS 样式中，通过 CSS3 中的 border-radius 属性定义元素的圆角半径值，通过 box-shadow 属性定义元素的阴影效果，通过 transition 属性定义元素的过渡效果。-moz- 和 -webkit- 是针对不同核心浏览器的不同写法。

03 转换到 6-4-2.css 文件中，创建名为 #card h3 和名为 #card p 的 CSS 样式，如图 6-52 所示。返回网页设计视图中，可以看到页面的效果，如图 6-53 所示。

```css
53 ▼ #card h3 {
54       font-size: 24px;
55       font-weight: bold;
56       color: #FFF;
57       line-height: 40px;
58  }
59 ▼ #card p {
60       margin-top: 20px;
61       text-align: left;
62       color: #FFF;
63  }
```

图 6-52

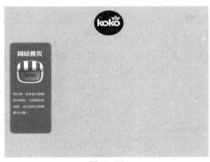

图 6-53

04 转换到 6-4-2.css 文件中，创建名为 #card img 的 CSS 样式，如图 6-54 所示。返回网页设计视图中，可以看到页面的效果，如图 6-55 所示。

05 转换到代码视图中，在名为 card 的 DIV 的 `<ul>` 标签中添加多个 `<li>` 标签，并分别在每个 `<li>` 标签中添加相应的内容，如图 6-56 所示。返回设计视图中，可以看到所制作的页面效果，如图 6-57 所示。

```
64 ▼ #card img {
65       margin-top: 5px;
66       background-color: #FFF;
67       border-radius: 5px;
68       -moz-border-radius: 5px;
69       -webkit-border-radius: 5px;
70       box-shadow: 0px 0px 5px #666;
71       -moz-box-shadow: 0px 0px 5px #666;
72       -webkit-box-shadow: 0px 0px 5px #666;
73    }
```

图 6-54

图 6-55

```
12 ▼ <div id="card">
13 ▼    <ul>
14         <li><h3>网站首页</h3><img src="images/64203.png"
           width="130" height="130" /><P>我们是一家专业互联网设计机
           构，为您提供专业的、全方位的互联网解决方案！</P></li>
15         <li><h3>关于我们</h3><img src="images/64204.png"
           width="130" height="130" /><P>专业的设计团队，优秀的设计理
           念，团队成员多次担任国内大型设计开发工作，力求打造完美的设计作
           品！</P></li>
16         <li><h3>成功案例</h3><img src="images/64205.png"
           width="130" height="130" /><P>多年的互联网设计经验，成功的
           为国内许多知名企业和机构设计网站等，详细点击查看></li>
17         <li><h3>服务内容</h3><img src="images/64206.png"
           width="130" height="130" /><P>专业的互联网设计机构，为您解
           各种互联网设计问题，网站、Logo、品牌推广、整体形象......</P>
           </li>
18         <li><h3>联系我们</h3><img src="images/64207.png"
           width="130" height="130" /><P>有任何的疑问，请与我们联系，
           您的见意，是我们发展的动力！</P></li>
19       </ul>
20  </div>
```

图 6-56

图 6-57

06 转换到代码视图中，为每一个 <li> 标签添加 ID 属性设置，如图 6-58 所示。转换到 6-4-2. css 文件中，创建名为 #card-1 和 #card-2 的 CSS 样式，如图 6-59 所示。

```
12 ▼ <div id="card">
13 ▼    <ul>
14         <li id="card-1"><h3>网站首页</h3><img src="images/64203.png"
           width="130" height="130" /><P>我们是一家专业互联网设计机构，为您提
           供专业的、全方位的互联网解决方案！</P></li>
15         <li id="card-2"><h3>关于我们</h3><img src="images/64204.png"
           width="130" height="130" /><P>专业的设计团队，优秀的设计理念，团队
           成员多次担任国内大型设计开发工作，力求打造完美的设计作品！</P></li>
16         <li id="card-3"><h3>成功案例</h3><img src="images/64205.png"
           width="130" height="130" /><P>多年的互联网设计经验，成功的为国内许
           多知名企业和机构设计网站等，详细点击查看></li>
17         <li id="card-4"><h3>服务内容</h3><img src="images/64206.png"
           width="130" height="130" /><P>专业的互联网设计机构，为您解各种互联
           网设计问题，网站、Logo、品牌推广、整体形象......</P></li>
18         <li id="card-5"><h3>联系我们</h3><img src="images/64207.png"
           width="130" height="130" /><P>有任何的疑问，请与我们联系，您的见
           意，是我们发展的动力！</P></li>
19       </ul>
20  </div>
```

图 6-58

```
74 ▼ #card-1 {
75       z-index:1;
76       left:150px;
77       top:40px;
78       transform: rotate(-20deg);
79       -webkit-transform: rotate(-20deg);
80       -moz-transform: rotate(-20deg);
81    }
82 ▼ #card-2 {
83       z-index:2;
84       left:70px;
85       top:10px;
86       transform: rotate(-10deg);
87       -webkit-transform: rotate(-10deg);
88       -moz-transform: rotate(-10deg);
89    }
```

图 6-59

07 继续在 6-4-2.css 文件中创建名为 #card-3、#card-4 和 #card-5 的 CSS 样式，如图 6-60 所示。返回网页设计视图，可以看到页面的效果，如图 6-61 所示。

```
90 ▼ #card-3 {
91       z-index:3;
92       background-color: #963;
93    }
94 ▼ #card-4 {
95       z-index:2;
96       right:70px;
97       top:10px;
98       transform: rotate(10deg);
99       -webkit-transform: rotate(10deg);
100      -moz-transform: rotate(10deg);
101    }
102 ▼ #card-5 {
103      z-index:1;
104      right:150px;
105      top:40px;
106      transform: rotate(20deg);
107      -webkit-transform: rotate(20deg);
108      -moz-transform: rotate(20deg);
109    }
```

图 6-60

图 6-61

08 转换到 6-4-2.css 文件中，创建名为 #card-1:hover 和名为 #card-2:hover 的 CSS 样式，如图 6-62 所示。接着创建名为 #card-3:hover、#card-4:hover 和 #card-5:hover 的 CSS 样式，如图 6-63 所示。

```
122 ▼ #card-3:hover {
123       z-index: 4;
124       transform: scale(1.1) rotate(2deg);
125       -moz-transform: scale(1.1) rotate(2deg);
126       -webkit-transform: scale(1.1) rotate(2deg);
127   }
128 ▼ #card-4:hover {
129       z-index: 4;
130       transform: scale(1.1) rotate(12deg);
131       -moz-transform: scale(1.1) rotate(12deg);
132       -webkit-transform: scale(1.1) rotate(12deg);
133   }
134 ▼ #card-5:hover {
135       z-index: 4;
136       transform: scale(1.1) rotate(22deg);
137       -moz-transform: scale(1.1) rotate(22deg);
138       -webkit-transform: scale(1.1) rotate(22deg);
139   }
```

```
110 ▼ #card-1:hover {
111       z-index: 4;
112       transform: scale(1.1) rotate(-18deg);
113       -moz-transform: scale(1.1) rotate(-18deg);
114       -webkit-transform: scale(1.1) rotate(-18deg);
115   }
116 ▼ #card-2:hover {
117       z-index: 4;
118       transform: scale(1.1) rotate(-8deg);
119       -moz-transform: scale(1.1) rotate(-8deg);
120       -webkit-transform: scale(1.1) rotate(-8deg);
121   }
```

图 6-62　　　　　　　　　　　　　　　　　　　　图 6-63

09 保存页面，并保存外部 CSS 样式文件，在浏览器中预览页面，可以看到页面的效果，如图 6-64 所示。如果将光标移至某个选项卡上时，可以看到切换的动画效果，如图 6-65 所示。

图 6-64　　　　　　　　　　　　　　　　　　　　图 6-65

知识点睛：为什么使用 CSS 设置后，元素的效果在 Dreamweaver 中和浏览器中显示不一样？

很多 CSS3 的新增属性在 Dreamweaver 设计视图中并不能看到实际显示效果，所以在 Dreamweaver 设计视图中的效果与实际在浏览器中显示的效果会有区别，在制作的过程中，需要用户边制作边在浏览器中预览效果。

第 7 章 使用 CSS 设置超链接样式

超链接在网页中是必不可少的部分，在浏览网页时，单击一张图片或者一段文字就可以跳转到相应的网页中，这些功能都是通过超链接来实现的。在网页中，超链接的创建是很简单的，但是默认的超链接效果并不能符合所有网页外观的需要，通过 CSS 样式可以对网页中的超链接进行设置，使超链接表现出千变万化的效果。

本章知识点：
- 了解网页超链接的相关知识
- 理解 CSS 样式伪类
- 掌握超链接 CSS 样式设置
- 设置网页中的光标效果
- 超链接在网页中的特殊应用

7.1 了解网页超链接

超链接是互联网的基础，是网页中最重要的元素之一，是从一个网页或文件到另一个网页或文件的链接，包括图像或多媒体文件，还可以指向电子邮件地址或程序。在网页中创建超链接，就可以把互联网中众多的网站和网页联系起来，构成一个有机的整体。

7.1.1 什么是超链接

超链接是指从一个网页指向一个目标的链接关系，这个目标可以是另一个网页，也可以是相同网页上的不同位置，还可以是一张图片、一个电子邮件地址、一个文件，甚至是一个应用程序。而用来超链接的对象，可以是一段文本或者是一张图片。

超链接由源地址文件和目标地址文件构成，当访问者单击超链接时，浏览器会从相应的目标地址检索网页并显示在浏览器中。如果目标地址不是网页而是其他类型的文件，浏览器会自动调用本地计算机上的相关程序打开访问的文件。

在网页中创建一个完整的超链接，通常需要由 3 个部分组成。

- **超链接 <a> 标签**：通过为网页中的文本或图像添加超链接 <a> 标签，将相应的网页元素标示为超链接。
- **href 属性**：是超链接 <a> 标签中的属性，用于标示超链接地址。
- **超链接地址**：又称为 URL，是指超链接所链接到的文件路径和文件名。URL 用于标示 Web 或本地计算机中的文件位置，可以指向某个 HTML 页面，也可以指向文档引用的其他元素，如图形、脚本或其他文件。

7.1.2 关于链接路径

超链接在网站中的使用非常广泛，一个网站由多个页面组成，页面之间的关系就是依靠超链接来完成的。在网页文档中，每一个文件都有一个存放的位置和路径，了解一个文件与另一个文件之间的路径关系对建立超链接是至关重要的。按照链接路径的不同，超链接可以分为以下几种。

⬇ **相对路径链接**：相对路径链接就是链接站点内部的文件，在"链接"文本框中用户需要输入文档的相对路径，一般使用"指向文件"和"浏览文件"的方式来创建，如图 7-1 所示。

图 7-1

⬇ **绝对路径链接**：绝对路径链接是相对于相对路径链接而言的，不同的是绝对路径链接的链接目标文件不在站点内，而在远程的服务器上，所以只需在"链接"文本框中输入需链接的网址就可以了，如图 7-2 所示。

图 7-2

⬇ **脚本链接**：脚本链接是指通过脚本来控制链接结果的。一般而言，其脚本语言为 JavaScript。常用的有 javascript:window.close( )、javascript:alert("……") 等，如图 7-3 所示。

图 7-3

7.1.3　超链接对象

在网页中可以为多种网页元素设置超链接，按照使用对象的不同，超链接可以分为以下几种类型。

⬇ **文本超链接**：建立一个文本超链接的方法非常简单，首先选中要建立成超链接的文本，然后在"属性"面板内的"链接"文本框内输入要跳转到的目标网页的路径及名称即可。

⬇ **图像超链接**：创建图像超链接的方法和文本超链接方法基本一致，选中图像，在"属性"面板中输入链接地址即可。较大的图片中如果要实现多个链接，可以使用图像热点链接的方式实现。

⬇ **E-mail 链接**：在网页中为 E-mail 添加链接的方法是利用 mailto 标签，在"属性"面板上的"链接"文本框内输入要提交的邮箱即可，如图 7-4 所示。

图 7-4

⬇ **锚点链接**　锚点就是在文档中设置位置标记，并给该位置一个名称，以便引用。通过创建锚点，可以使链接指向当前文档或不同文档中的指定位置。锚点常常被用来跳转到特定的主题或文档的顶部，使访问者能够快速浏览到选定的位置，以加快信息检索速度。

⬇ **空链接**：网页在制作或开发过程中可以使用空链接来模拟链接，用来响应鼠标事件，可以防止页面出现各种问题，在"属性"面板上的"链接"文本框内输入 # 符号即可创建空链接。

7.1.4　创建超链接原则

在网页中创建超链接时，用户需要综合整个网站中的所有页面进行考虑，合理地安排超链接，才会使整个网站中的页面具有一定的条理性，创建超链接的原则如下。

⬇ **避免孤立文件的存在**：应该避免存在孤立的文件，这样能使将来在修改和维护链接时有清晰的思路。

- **在网页中避免使用过多的超链接**：在一个网页中设置过多超链接会导致网页的观赏性不强，文件过大。如果避免不了过多的超链接，可以尝试使用下拉列表框、动态链接等一些链接方式。
- **网页中的超链接不要超过4层**：链接层数过多容易让人产生厌烦的感觉，在力求做到结构化的同时，应注意链接避免超过4层。
- **页面较长时可以使用锚点链接**：在页面较长时，可以定义一个锚点链接，这样能让浏览者方便地找到想要的信息。
- **设置主页或上一层的链接**：有些浏览者可能不是从网站的主页进入网站的，设置主页或上一层的链接，会让浏览者更加方便地浏览全部网页。

7.2　CSS 样式伪类

对于网页中超链接文本的修饰，通常可以采用 CSS 样式伪类。伪类是一种特殊的选择符，能被浏览器自动识别。其最大的用处是在不同状态下可以对超链接定义不同的样式效果，是 CSS 本身定义的一种类。CSS 样式中用于超链接的伪类有如下 4 种。

- **:link 伪类**：用于定义超链接对象在没有访问前的样式。
- **:hover 伪类**：用于定义当鼠标移至超链接对象上时的样式。
- **:active 伪类**：用于定义当鼠标单击超链接对象时的样式。
- **:visited 伪类**：用于定义超链接对象已经被访问过后的样式。

7.2.1　:link 伪类

:link 伪类用于设置超链接对象在没有被访问时的样式。在很多的超链接应用中，可能会直接定义 <a> 标签的 CSS 样式，这种方法与定义 a:link 的 CSS 样式有什么不同呢？

HTML 代码如下。

```
<a> 超链接文字样式 </a>
<a href="#"> 超链接文字样式 </a>
CSS 样式代码如下。
a {
color: black;
}
a:link {
color: red;
}
```

预览效果中 <a> 标签的样式表显示为黑色，使用 a:link 显示为红色。也就是说 a:link 只对拥有 href 属性的 <a> 标签产生影响，也就是拥有实际链接地址的对象，而对直接使用 <a> 标签嵌套的内容不会发生实际效果，如图 7-5 所示。

超链接文字样式　<u>超链接文字样式</u>

图 7-5

7.2.2　:hover 伪类

:hover 伪类用来设置对象在其鼠标悬停时的样式表属性。该状态是非常实用的状态之一，当鼠标移动到链接对象上时，改变其颜色或是改变下画线状态，这些都可以通过 a:hover 状态控制实现。对于无 href 属性的 <a> 标签，该伪类不发生作用。在 CSS 样式中该伪类可以应用于任何对象。

CSS 样式代码如下。

```
a {
color: #ffffff;
```

```
background-color: #CCCCCC;
text-decoration: none;
display: block;
float:left;
padding: 20px;
margin-right: 1px;
}
a:hover {
background-color: #FF9900
}
```

在浏览器中预览，当鼠标没有移至超链接对象上时，初始背景为灰色；当鼠标经过链接区域时，背景色由灰色变成橙色，如图 7-6 所示。

图 7-6

7.2.3 :active 伪类

:active 伪类用于设置链接对象在被用户激活（在被点击与释放之间发生的事件）时的样式。在实际应用中，本状态很少使用。对于无 href 属性的 <a> 标签，该伪类不发生作用。在 CSS 样式中该伪类可以应用于任何对象，并且 :active 状态可以和 :link 以及 :visited 状态同时发生。

CSS 样式代码如下。

```
a:active {
background-color:#0099FF;
}
```

在浏览器中预览，当鼠标没有移至超链接对象上时，初始背景为灰色，当单击链接而且还没有释放鼠标按键之前，链接块呈现出 a:active 中定义的蓝色背景，如图 7-7 所示。

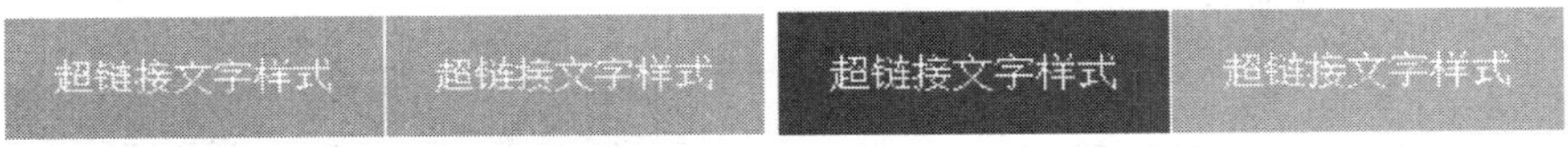

图 7-7

7.2.4 :visited 伪类

:visited 伪类用于设置超链接对象在其链接地址已被访问过后的样式属性。页面中每一个链接被访问过之后，在浏览器内部都会做一个特定的标记，这个标记能够被 CSS 所识别，a:visited 就是能够针对浏览器检测已经被访问过的链接进行样式设置。通过 a:visited 的样式设置，能够设置访问过的链接呈现为另外一种颜色，或删除线的效果。定义网页过期时间或用户清空历史记录将影响该伪类的作用，对于无 href 属性的 <a> 标签，该伪类不发生作用。

CSS 样式代码如下。

```
a:link {
color: #FFFFFF;
text-decoration: none;
}
a:visited {
color: #FF0000;
}
```

在浏览器中预览，当鼠标没有移至超链接对象上时，初始背景为灰色；当单击设置了超链接的文本并释放鼠标左键后，被访问过后的链接文本会由白色变为红色，如图 7-8 所示。

超链接文字样式 　　超链接文字样式 　　超链接文字样式 　　超链接文字样式

图 7-8

7.3 超链接 CSS 样式应用

超链接是网页中最常使用的元素，使用超链接 CSS 样式不仅可以对网页中的超链接文字效果进行设置，还可以通过 CSS 样式对超链接的 4 种伪类进行设置，从而实现网页中许多常见的效果，例如按钮导航菜单等。

7.3.1 超链接文字样式

使用 HTML 中的超链接标签 <a> 创建的超链接非常普通，除了颜色发生变化和带有下画线，其他的和普通文本没有太大的区别，这种传统的超链接样式显然无法满足网页设计制作的需求，这时就可以通过 CSS 样式对网页中的超链接样式进行控制。

实 例 31　设置游戏网站文字超链接效果

最终文件：最终文件 \ 第 7 章 \7-3-1.html
操作视频：视频 \ 第 7 章 \ 设置游戏网站文字超链接效果 .mp4

网页中文字是最常用的超链接对象，CSS 样式伪类也是主要对文字超链接起作用的，前面已经介绍了 CSS 样式伪类的相关知识，接下来通过实例练习讲解如何通过 CSS 样式伪类设置网页中文字超链接效果。

01 执行"文件">"打开"命令，打开页面"源文件\第 7 章\7-3-1.html"，可以看到页面效果，如图 7-9 所示。选中页面中的新闻标题文字，分别为各新闻标题设置空链接，可以看到默认的超链接文字效果，如图 7-10 所示。

图 7-9

图 7-10

02 转换到代码视图中，可以看到所设置的链接代码，如图 7-11 所示。在浏览器中预览页面，可以看到默认的超链接文字效果，如图 7-12 所示。

图 7-11

图 7-12

03 转换到该网页所链接的外部 CSS 样式文件 7-3-1.css 中，创建名为 .link1 的类 CSS 样式的 4 种伪类样式设置，如图 7-13 所示。返回 7-3-1.html 页面中，选中第一条新闻标题，在"类"下拉列表中选择刚定义的 CSS 样式 link1 应用，如图 7-14 所示。

图 7-13　　　　　　　　　　　　　　图 7-14

04 在设计视图中可以看到应用超链接文本的效果，如图 7-15 所示。转换到代码视图中，可以看到名为 link1 的类 CSS 样式是直接应用在 `<a>` 标签中的，如图 7-16 所示。

图 7-15

图 7-16

05 保存页面和外部 CSS 样式文件，当单击超链接文本时，可以看到超链接文本显示为红橙色有下画线的效果，如图 7-17 所示。返回外部 CSS 样式文件中，创建名为 .link2 的类 CSS 样式的 4 种伪类样式设置，如图 7-18 所示。

图 7-17

图 7-18

06 返回 7-3-1.html 页面中，选中第二条新闻标题，选择刚定义的 CSS 样式 link2 应用，使用相同的方法，可以为其他新闻标题应用超链接样式，如图 7-19 所示。

07 保存页面，并保存外部 CSS 样式表文件，在浏览器中预览页面，将光标移至某个超链接文本上，可以看到鼠标经过状态下的超链接文字效果，如图 7-20 所示。

图 7-19

图 7-20

知识点睛：如何实现网页中不同的超链接文字效果？

定义类 CSS 样式的 4 种伪类，再将该类 CSS 样式应用于 <a> 标签，同样可以实现超链接文本样式的设置。如果直接定义 <a> 标签的 4 种伪类，则对页面中的所有 <a> 标签起作用，这样页面中的所有链接文本的样式效果都是一样的，通过定义类 CSS 样式的 4 种伪类，就可以在页面中实现多种不同的文本超链接效果。

7.3.2 按钮式超链接

在很多网页中，超链接制作成各种按钮的效果，这些效果大多采用图像的方式来实现。通过 CSS 样式的设置，同样可以制作出类似于按钮效果的导航菜单超链接。

实例 32 制作设计网站导航菜单

最终文件：最终文件 \ 第 7 章 \7-3-2.html
操作视频：视频 \ 第 7 章 \ 制作设计网站导航菜单 .mp4

超链接是网页中最常使用的元素之一，网页中的导航菜单项都需要设置超链接，通过对超链接 CSS 样式的综合设置，可以制作出许多简单、精美的导航菜单。接下来通过实例练习介绍如何通过对超链接 CSS 样式设置，从而制作出按钮式导航菜单。

01 执行"文件">"打开"命令，打开页面"源文件 \ 第 7 章 \7-3-2.html"，可以看到页面效果，如图 7-21 所示。将光标移至名为 menu 的 DIV 中，并将多余文字删除，输入相应的段落文本，并将段落文本创建为项目列表，如图 7-22 所示。

图 7-21

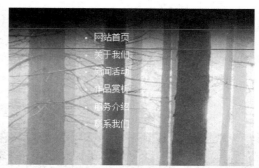
图 7-22

02 转换到链接的外部 CSS 样式文件 7-3-2.css 中，创建名为 #menu li 的 CSS 样式，如图 7-23 所示。返回 7-3-2.html 页面中，可以看到页面的效果，如图 7-24 所示。

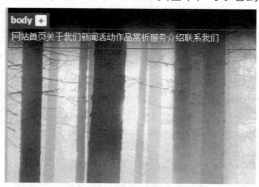
图 7-23

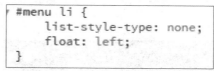

```
#menu li {
    list-style-type: none;
    float: left;
}
```
图 7-24

03 分别为各导航菜单项设置空链接，可以看到超链接文字效果，如图 7-25 所示。转换到代码视图中，可以看到该部分的页面代码，如图 7-26 所示。

```
<body>
<div id="menu">
  <ul>
    <li><a href="#">网站首页</a></li>
    <li><a href="#">关于我们</a></li>
    <li><a href="#">新闻活动</a></li>
    <li><a href="#">作品赏析</a></li>
    <li><a href="#">服务介绍</a></li>
    <li><a href="#">联系我们</a></li>
  </ul>
</div>
</body>
</html>
```

图 7-25

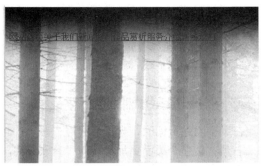

图 7-26

04 转换到外部 CSS 样式文件中，定义名称为 #menu li a 的 CSS 样式，如图 7-27 所示。返回设计视图中，可以看到所设置的超链接文字效果，如图 7-28 所示。

```
#menu li a {
    width: 130px;
    height: 25px;
    line-height: 25px;
    font-weight: bold;
    color: #FFF;
    text-align: center;
    margin-left: 4px;
    margin-right: 4px;
    float: left;
}
```

图 7-27

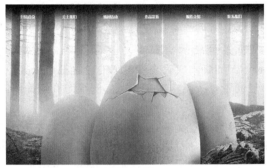

图 7-28

05 转换到外部 CSS 样式表文件中，定义名称为 #menu li a:link,#menu li a:visited 的 CSS 样式，如图 7-29 所示。转换到外部 CSS 样式表文件中，定义名称为 #menu li a:hover 的 CSS 样式，如图 7-30 所示。

```
#menu li a:link,
#menu li a:visited {
    border: solid 2px #FFF;
    background-color: #0097B0;
    text-decoration: none;
}
```

图 7-29

```
#menu li a:hover {
    border: solid 2px #141414;
    background-color: #F6AA14;
    color: #333;
    text-decoration: none;
}
```

图 7-30

06 返回设计视图中，可以看到所设置的超链接文字效果，如图 7-31 所示。完成导航菜单的制作，保存页面，并保存外部 CSS 样式表文件，将光标移至导航菜单项上，可以看到使用 CSS 样式实现的按钮式导航菜单效果，如图 7-32 所示。

图 7-31

图 7-32

知识点睛：在 Dreamweaver 中如何创建超链接？

使用 Dreamweaver 创建链接既简单又方便，只要选中要设置成链接的文字或图像，然后在"属性"面板上的"链接"文本框中添加相应的 URL 地址即可，也可以拖动指向文件的指针图标指向链接的文件，同时可以使用"浏览"按钮在当地和局域网上选择链接的文件。

7.3.3　为超链接添加背景

在浏览网站页面时，当鼠标经过一些添加超链接的页面部分时，页面上会出现一些交替变换的绚丽背景，使整个页面更加美观而具有欣赏性，同样也可以使用 CSS 样式为超链接添加背景图像，从而实现交互的超链接效果。

实例 33　背景翻转导航菜单

最终文件：最终文件 \ 第 7 章 \7-3-3.html
操作视频：视频 \ 第 7 章 \ 背景翻转导航菜单 .mp4

背景翻转的导航菜单在网页中非常常见，实现的方法也比较多，使用鼠标经过图像、JavaScript 脚本代码或者 HTML 动画都可以实现。而使用 CSS 样式的方式来实现，其方法更加简单，而且便于修改。接下来通过实例练习介绍如何通过对超链接 CSS 样式进行设置来实现背景翻转的导航菜单。

01 执行"文件" > "打开"命令，打开页面"源文件 \ 第 7 章 \7-3-3.html"，可以看到页面的效果，如图 7-33 所示。将光标移至名为 menu 的 DIV 中，并将多余文字删除，输入相应的段落文本，并将段落文本创建为项目列表，如图 7-34 所示。

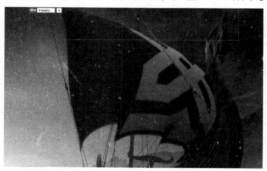

图 7-33

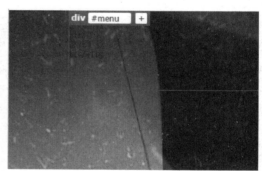

图 7-34

02 转换到链接的外部 CSS 样式文件 7-3-3.css 中，创建名为 #menu li 的 CSS 样式，如图 7-35 所示。返回 7-3-3.html 页面中，可以看到页面的效果，如图 7-36 所示。

```
#menu li{
    font-family: 微软雅黑;
    font-size: 14px;
    list-style-type:none;
    float:left;
}
```

图 7-35

图 7-36

03 分别为各导航菜单项设置空链接，可以看到超链接文字效果，如图 7-37 所示。转换到代码视图中，可以看到该部分页面代码，如图 7-38 所示。

```
<body>
<div id="menu">
  <ul>
    <li><a href="#">航海历险</a></li>
    <li><a href="#">游戏资料</a></li>
    <li><a href="#">视觉盛宴</a></li>
    <li><a href="#">游戏下载</a></li>
    <li><a href="#">玩家社区</a></li>
  </ul>
</div>
</body>
```

图 7-37

图 7-38

04 转换到外部 CSS 样式表文件中，定义名称为 #menu li a 的 CSS 样式，如图 7-39 所示。返回设计视图中，可以看到所设置的超链接效果，如图 7-40 所示。

```
#menu li a{
    width:129px;
    height:45px;
    padding-top:70px;
    margin-left:6px;
    margin-right:5px;
    line-height:25px;
    text-align:center;
    float:left;
}
```

图 7-39

图 7-40

05 转换到外部 CSS 样式文件中，定义名称为 #menu li a:link,#menu li a:active,#menu li a:visited 的 CSS 样式，如图 7-41 所示。再定义一个名称为 #menu li a:hover 的 CSS 样式，如图 7-42 所示。

```
#menu li a:link,
#menu li a:active,
#menu li a:visited{
    background-image:url(../images/73302.gif);
    background-repeat:no-repeat;
    color: #033;
    text-decoration:none;
}
```

图 7-41

```
#menu li a:hover{
    background-image:url(../images/73303.gif);
    background-repeat:no-repeat;
    color:#FFF;
    text-decoration:none;
}
```

图 7-42

06 返回设计视图中，可以看到为各链接选项设置背景图像的效果，如图 7-43 所示。保存页面和外部 CSS 样式表文件，在浏览器中预览页面，可以看到使用 CSS 样式实现的背景翻转导航菜单，如图 7-44 所示。

图 7-43

图 7-44

> **知识点睛：网页中默认的超链接文本效果是什么样的？**
>
> 　　浏览器在默认的显示状态下，超链接文本显示为蓝色并且有下画线，被单击过的超链接文本显示为紫色并且也有下画线。通过 CSS 样式的 text-decoration 属性可以轻松地控制超链接下画线的样式以及清除下画线，综合应用 CSS 样式的各种属性可以制作出千变万化的超链接效果。

7.4　设置网页中的光标效果

通常在浏览网页时，看到的鼠标指针形状有箭头、手形和 I 字形，而通常在 Windows 环境下实际看到的鼠标指针种类要比这个多得多。CSS 样式弥补了 HTML 语言在这方面的不足，通过 cursor 属性可以设置各式各样的光标效果。

cursor 属性包含 17 个属性值，对应光标的 17 种样式，而且还可以通过 url 链接地址自定义光标指针，cursor 属性的相关属性值如表 7-1 所示。

表 7-1　cursor 属性值

属性值	指针效果	属性值	指针效果
auto	浏览器默认设置	nw-resize	⬉
crosshair	╋	pointer	👆
default	▶	se-resize	⬊
e-resize	⬌	s-resize	↕
help	▶?	sw-resize	⬋
inherit	继承	text	I
move	✥	wait	○
ne-resize	⬈	w-resize	⬌
n-resize	↕		

在 CSS 样式中，可以通过 cursor 属性设置光标指针效果，该属性可以在网页的任何标签中使用，从而改变各种页面元素的光标效果。在网页中将光标移至某个超链接对象上时，可以实现超链接颜色变化和背景图像变化，并且光标指针也可以发生变化。

执行 "文件" > "打开" 命令，打开一个源文件，可以看到该页面效果，如图 7-45 所示。转换到该网页所链接的外部 CSS 样式文件中，找到名为 body 的标签 CSS 样式设置代码，如图 7-46 所示。

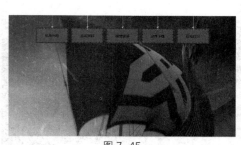

图 7-45

```
@charset "utf-8";
/* CSS Document */
* {
    margin: 0px;
    padding: 0px;
    border: 0px;
}
body {
    font-size: 12px;
    font-weight: bold;
    color: #900;
    background-image: url(../images/73301.jpg);
    background-repeat: repeat-x;
    background-position: center top;|
}
```

图 7-46

在名为 body 的标签 CSS 样式设置代码中添加 cursor 属性设置，如图 7-47 所示。保存页面和 CSS 样式文件，在浏览器中可以看到网页中的光标指针效果，如图 7-48 所示。

转换到该网页所链接的外部 CSS 样式文件 7-4-1.css 中，创建名为 .pointer 的类 CSS 样式，如图 7-49 所示。

返回页面设计视图，选中页面中相应的内容，如图 7-50 所示。在 "属性" 面板中的 "类" 下拉列表中选择刚定义的 CSS 样式应用，如图 7-51 所示。保存页面，并保存 CSS 样式文件，在浏览器中预览页面，可以看到网页中自定义的光标效果，如图7-52所示。

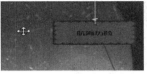

```
body {
    font-size: 12px;
    font-weight: bold;
    color: #900;
    background-image: url(../images/73301.jpg);
    background-repeat: repeat-x;
    background-position: center top;
    cursor: move;
}
```
图7-47

图7-48

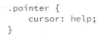
```
.pointer {
    cursor: help;
}
```
图7-49

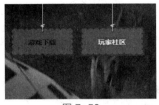
图7-50

图7-51

图7-52

知识点睛：使用CSS样式定义了光标效果，在不同的操作系统中显示效果是一样的吗？

　　CSS样式不仅能够准确地控制及美化页面，而且还能定义鼠标指针的样式。当鼠标移至不同的HTML元素对象上时，光标会以不同的形状显示。很多时候，浏览器调用的鼠标是操作系统的鼠标效果，因此同一浏览器之间的差别很小，但不同操作系统的用户之间还是存在差异的。

7.5　超链接在网页中的特殊应用

　　超链接在网页中的应用非常广泛，除了最常用的在网页中为文字和图像设置超链接外，通过CSS样式对超链接样式进行设置，还可以在网页中实现许多特殊的效果。许多网页的导航菜单都是通过对超链接样式进行设置而实现的，本节将通过实例的形式介绍超链接在网页中的特殊应用效果。

7.5.1　倾斜导航菜单

　　在网页中看到的导航菜单通常都是水平或垂直的，如果网页的导航菜单中有其他特殊形状的，大多数都是使用图像或Flash动画来实现的。通过CSS样式的设置，除了可以实现水平和垂直方向上的导航菜单效果，还可以实现倾斜的导航菜单效果。

实例 34　玩具网站倾斜导航

最终文件：最终文件\第7章\7-5-1.html
操作视频：视频\第7章\玩具网站倾斜导航.mp4

　　很多网站为了页面设计的需要或追求与众不同的效果，将网页的导航菜单设计为倾斜的效果，这样的导航菜单效果更能够吸引浏览者的注意力，使网站页面给人新奇的感受。接下来通过实例练习介绍如何使用CSS样式实现倾斜的导航菜单效果。

01 执行"文件">"打开"命令，打开页面"源文件\第7章\7-5-1.html"，可以看到该页面效果，如图7-53所示。在网页中插入一个名为menu-bg的DIV，如图7-54所示。

图 7-53

图 7-54

02 转换到该网页所链接的外部 CSS 样式文件 7-5-1.css 中，创建名为 #menu-bg 的 ID CSS 样式，如图 7-55 所示。返回网页设计视图中，可以看到页面的效果，如图 7-56 所示。

```css
#menu-bg {
    position: absolute;
    bottom: 150px;
    left: -20px;
    width: 120%;
    height: 25px;
    background-color: #E95383;
    transform: rotate(-10deg);
    -moz-transform: rotate(-10deg);
    -ms-transform: rotate(-10deg);
    -o-transform: rotate(-10deg);
    -webkit-transform: rotate(-10deg);
}
```

图 7-55

图 7-56

> **提示**
>
> 使用 CSS 样式中的 transform 属性可以在网页中实现网页元素的变换和过渡特效。因为各浏览器对 transform 属性的支持情况不一致，所以此处还定义了 transform 属性在不同核心的浏览器中的私有属性写法。IE 9 及以上浏览器支持 transform 属性，如果使用 IE 9 以下版本浏览器预览，则看不到倾斜的效果。

03 返回网页设计视图中，将名为 menu-bg 的 DIV 中多余的文字删除，在该 DIV 中插入名为 menu 的 DIV，如图 7-57 所示。转换到该网页所链接的外部 CSS 样式文件 7-5-1.css 中，创建名为 #menu 的 ID CSS 样式，如图 7-58 所示。

图 7-57

```css
#menu {
    width: 900px;
    height: 25px;
    margin: 0px auto;
}
```

图 7-58

04 返回网页设计视图中，将光标移至名为 menu 的 DIV 中，将多余文字删除，输入相应的段落文本，并将段落文本创建为项目列表，如图 7-59 所示。转换到该网页所链接的外部 CSS 样式文件 7-5-1.css 中，创建名为 #menu li 的 CSS 样式，如图 7-60 所示。

05 返回网页设计视图中，可以看到页面的效果，如图 7-61 所示。分别为各导航菜单项设置空链接，可以看到超链接文字效果，如图 7-62 所示。

图 7-59

```
#menu li {
    list-style-type: none;
    font-weight: bold;
    float: left;
    width: 150px;
    text-align: center;
}
```

图 7-60

图 7-61

```
#menu li a:link {
    color: #FFF;
    text-decoration: none;
}
#menu li a:hover {
    color: #F4B3C1;
    text-decoration: underline;
}
#menu li a:active {
    color: #F4B3C1;
    text-decoration: underline;
}
#menu li a:visited {
    color: #FFF;
    text-decoration: none;
}
```

图 7-62

06 转换到该网页所链接的外部 CSS 样式文件 7-5-1.css 中，创建 #menu li a 的 4 种伪类 CSS 样式，如图 7-63 所示。保存页面，并保存外部 CSS 样式文件，在浏览器中预览页面，可以看到倾斜导航菜单的效果，如图 7-64 所示。

图 7-63

图 7-64

知识点睛：定义了 transform 属性后，在 Dreamweaver 设计视图中是否能直接看到效果？

　　为网页元素定义了 transform 属性后，在 Dreamweaver 的设计视图中是看不到元素的变换效果的，必须在支持 transform 属性的浏览器中才能看到所实现的变换效果。

7.5.2　动感超链接

　　导航菜单是网站中最重要的元素之一，是整个网站的"指路牌"，而导航菜单的根本还是超链接。导航菜单是否能吸引浏览者也是网站成功与否的重要因素之一，而交互式的导航菜单更能吸引浏览者的注意。

实 例 **35** 卡通网站动感导航菜单

最终文件：最终文件 \ 第 7 章 \7-5-2.html
操作视频：视频 \ 第 7 章 \ 卡通网站动感导航菜单 .mp4

动感的交互导航菜单无疑能够使网站页面更加出彩，本实例将通过对 CSS 样式中的 transition 属性进行设置，从而实现网站动感导航菜单效果。

01 执行"文件">"打开"命令，打开页面"源文件\第 7 章\7-5-2.html"，可以看到该页面效果，如图 7-65 所示。在网页中插入一个名为 top-bg 的 DIV，如图 7-66 所示。

图 7-65

图 7-66

02 转换到该网页所链接的外部 CSS 样式文件 7-5-2.css 中，创建名为 #top-bg 的 ID CSS 样式，如图 7-67 所示。返回网页设计视图中，将光标移至名为 top-bg 的 DIV 中，并将多余文字删除，在该 DIV 中插入名为 menu 的 DIV，如图 7-68 所示。

```
#top-bg {
    width: 100%;
    height:  50px;
    background-color: #E95383;
    box-shadow: 0px 3px 3px #993300;
}
```

图 7-67

图 7-68

> **提示**
>
> box-shadow 属性用于在网页中设置网页元素的阴影效果，4 个属性值分别是阴影水平偏移值、阴影垂直偏移值、阴影模糊值和阴影颜色值。

03 转换到该网页所链接的外部 CSS 样式文件 7-5-2.css 中，创建名为 #menu 的 ID CSS 样式，如图 7-69 所示。

04 返回网页设计视图中，将光标移至名为 menu 的 DIV 中，并将多余文字删除，输入相应的段落文字，并将段落文字创建为项目列表，如图 7-70 所示。

```
#menu {
    width: 900px;
    height: 50px;
    line-height: 50px;
    margin: 0px auto;
}
```

图 7-69

图 7-70

05 转换到所链接的外部 CSS 样式文件 7-5-2.css 中，创建名为 #menu li 的 CSS 样式，如图 7-71 所示。返回网页设计视图中，分别为各菜单项文件设置空链接，如图 7-72 所示。

图 7-71

```
#menu li {
    list-style-type: none;
    font-weight: bold;
    float: left;
}
```

图 7-72

06 转换到该网页所链接的外部 CSS 样式文件 7-5-2.css 中，创建名为 #menu li a 的 CSS 样式，如图 7-73 所示。返回网页设计视图中，可以看到各导航菜单项的效果，如图 7-74 所示。

```
#menu li a {
    width: 128px;
    height: 50px;
    color: #FFF;
    text-decoration: none;
    display: block;
}
```

图 7-73

图 7-74

07 转换到所链接的外部 CSS 样式文件 7-5-2.css 中，创建名为 .ico01 的类 CSS 样式，如图 7-75 所示。返回网页代码视图中，在第 1 个导航菜单项添加相应的代码应用 ico01 样式，如图 7-76 所示。

```
.ico01 {
    display: block;
    width: 40px;
    height: 32px;
    float: left;
    background-image: url(../images/ico01.png);
    background-repeat: no-repeat;
    margin-top: 10px;
    margin-left: 14px;
}
```

图 7-75

```
<div id="menu">
  <ul>
    <li><a href="#"><span class="ico01"></span>最新</a></li>
    <li><a href="#">电台</a></li>
    <li><a href="#">单曲</a></li>
    <li><a href="#">专辑</a></li>
    <li><a href="#">MV</a></li>
    <li><a href="#">查找</a></li>
    <li><a href="#">留言</a></li>
  </ul>
</div>
```

图 7-76

08 返回网页设计视图中，可以看到第 1 个导航菜单项的效果，如图 7-77 所示。转换到该网页所链接的外部 CSS 样式文件 7-5-2.css 中，创建名为 .ico02 至 .ico07 的类 CSS 样式，如图 7-78 所示。

图 7-77

```
.ico06 {
    display: block;
    width: 40px;
    height: 32px;
    float: left;
    background-image: url(../images/ico06.png);
    background-repeat: no-repeat;
    margin-top: 10px;
    margin-left: 14px;
}
.ico07 {
    display: block;
    width: 40px;
    height: 32px;
    float: left;
    background-image: url(../images/ico07.png);
    background-repeat: no-repeat;
    margin-top: 10px;
    margin-left: 14px;
}
```

图 7-78

提示

名为 .ico02 至 .ico07 的类 CSS 样式设置代码与名为 .ico01 的类 CSS 样式的设置代码基本相同，唯一的不同设置在于背景图像的设置。

09 返回网页代码视图中，为其他导航菜单项添加相应的代码，分别应用相应的类 CSS 样式，如图 7-79 所示。返回网页设计视图中，可以看到页面中导航菜单项的效果，如图 7-80 所示。

```
<div id="menu">
  <ul>
    <li><a href="#"><span class="ico01"></span>最新</a></li>
    <li><a href="#"><span class="ico02"></span>电台</a></li>
    <li><a href="#"><span class="ico03"></span>单曲</a></li>
    <li><a href="#"><span class="ico04"></span>专辑</a></li>
    <li><a href="#"><span class="ico05"></span>MV</a></li>
    <li><a href="#"><span class="ico06"></span>查找</a></li>
    <li><a href="#"><span class="ico07"></span>留言</a></li>
  </ul>
</div>
```

图 7-79   　　　　　图 7-80

10 转换到该网页所链接的外部 CSS 样式文件 7-5-2.css 中，创建名为 #menu li a:hover 的 CSS 样式，如图 7-81 所示。保存页面，并保存外部 CSS 样式文件，在浏览器中预览页面，可以看到导航菜单的效果，如图 7-82 所示。

```
#menu li a:hover {
    color: #F4B3C1;
    text-decoration: underline;
    height: 48px;
    border-bottom: 2px solid #FFF;
}
```

图 7-81   　　　　　图 7-82

11 转换到该网页所链接的外部 CSS 样式文件 7-5-2.css 中，创建 hover 状态下 ico01 至 ico07 的 CSS 样式，如图 7-83 所示。保存页面，并保存外部 CSS 样式文件，在浏览器中预览页面，将光标移至导航菜单项上可以看到动感的菜单效果，如图 7-84 所示。

```
#menu li a:hover .ico01,#menu li a:hover .ico02,
#menu li a:hover .ico03,#menu li a:hover .ico04,
#menu li a:hover .ico05,#menu li a:hover .ico06,
#menu li a:hover .ico07 {
    background-position: left -32px;
    transition: all 0.25s linear 0.01s;
    -webkit-transition: all 0.25s linear 0.01s;
    -moz-transition: all 0.25s linear 0.01s;
    -ms-transition: all 0.25s linear 0.01s;
    -o-transition: all 0.25s linear 0.01s;
}
```

图 7-83   　　　　　

图 7-84

提示

transition 属性用于对 CSS 属性的变化过程进行控制，因为各浏览器对于 transform 属性的支持情况不一致，所以此处定义时还定义了 transform 属性在不同核心的浏览器中的私有属性写法。

知识点睛: 该实例实现的动感导航菜单的原理是什么?

该实例所制作的动感导航菜单，分别在每个导航菜单项前定义一个不同的背景图像，并且普通状态和 hover 状态的背景图像效果必须是在同一个背景图像中，通过 background-position 属性进行定位，再通过 transition 属性实现动感的过程效果。如果普通状态和 hover 状态的背景图像是分开存储为两个背景图像，则只能实现光标移至导航菜单项上时背景图变换的效果，而看不到背景图像切换的动态过程。

第 8 章 使用 CSS 设置表格样式

表格由行、列和单元格 3 个部分组成，使用表格可以排列页面中的文本、图像及各种对象。表格在 HTML 中主要用于表现表格式数据，而不是用来布局网页。本章通过对网站页面表格的制作，详尽地讲述了使用 CSS 样式设置表格样式的方法，使读者能够快速掌握 Web 标准网站中表格的制作，并能够使用 CSS 样式对表格综合运用。

本章知识点：
- 认识表格标签与结构
- CSS 样式控制表格外观
- CSS 样式设置表格边框
- CSS 样式设置表格背景
- 使用 CSS 样式实现表格特效

8.1 了解表格

表格是网页的重要元素，在 DIV+CSS 布局方式被广泛应用之前，表格布局在很长一段时间中都是最重要的网页布局方式。在使用 DIV+CSS 布局时，也并不是完全不可以使用表格，而是将表格回归它本身的用途，用于在网页中显示表格式数据。

8.1.1 认识表格标签与结构

表格由行、列和单元格 3 个部分组成，一般通过 3 个标签来创建，分别是表格标签 <table>、行标签 <tr> 和单元格标签 <td>。表格的各种属性都要在表格的开始标签 <table> 和表格的结束标签 </table> 之间才有效。表格的基本构成结构语法如下。

```
<table>
<tr>
<td> 单元格中的文字 </td>
</tr>
</table>
```

在语法中，<table> 和 </table> 标签分别表示表格的开始和结束，而 <tr> 和 </tr> 标签则分别表示行的开始和结束，在表格中包含一组 <tr>...</tr> 就表示该表格为一行，<td> 和 </td> 标签表示单元格的开始和结束。

通过使用 <thead>、<tbody> 和 <tfood> 元素，将表格行聚集为组，可以构建更复杂的表格。每个标签定义包含一个或多个表格行，并且将它们标示为一个组的盒子。<thead> 标签用于指定表格标题行，<tfood> 是表格标题行的补充，它是一组作为脚注的行，用 <tbody> 标签标记的表格正文部分，将相关行集合在一起，表格可以有一个或者多个 <tbody> 部分，如表 8-1 所示。

表 8-1 表格标签及说明

表格标签	说明
<table>	定义表格
<caption>	定义表格标题

（续表）

表格标签	说明
<th>	定义表格的表头
<tr>	定义表格的行
<td>	定义表格单元
<thead>	定义表格的页眉
<tbody>	定义表格的主体
<tfoot>	定义表格的页脚
<col>	定义用于表格列的属性
<colgroup>	定义表格列的组

以下是一个包含表格行组的数据表格，代码如下。

```
<table>
<caption> 网页设计学习计划表 </caption>
<thead>
<tr>
<th></th>
<th> 星期一 </th>
<th> 星期二 </th>
<th> 星期三 </th>
<th> 星期四 </th>
<th> 星期五 </th>
</tr>
</thead>
<tbody>
<tr>
<th> 上午 </th>
<td>Photoshop </td>
<td>Flash </td>
<td> Dreamweaver </td>
<td>CSS 样式 </td>
<td> 网站建设理论 </td>
</tr>
<tr>
<th> 下午 </th>
<td> 色彩理论 </td>
<td>Flash 动画制作练习 </td>
<td> 网页制作练习 </td>
<td>div+CSS 布局 </td>
<td> 网页设计上机操作 </td>
</tr>
</tbody>
</table>
```

在浏览器中查看页面，可以看到网页中表格的效果，如图 8-1 所示。

图 8-1

8.1.2　表格标题 <caption> 标签

<caption> 标签是表格标题标签，一般出现在 <table> 标签之间，作为第一个子元素，它通常在表格之前显示。包含 <caption> 标签的显示盒子的宽度和表格本身宽度相同。

标题的位置并不是固定的，可以使用 caption-side 属性将标题放在表格盒子的不同边，只能对 <caption> 标签设置这个属性，默认值是 top。caption-side 属性有 3 个属性值，分别介绍如下。

- **top**：设置 caption-side 属性为 top，则标题出现在表格之前。
- **bottom**：设置 caption-side 属性为 bottom，则标题出现在表格之后。
- **inherit**：设置 caption-side 属性为 inherit，则使用包含盒子设置的 caption-side 值。

在大多数的浏览器中，<caption> 标签的默认样式设计是默认字体，在表格上面居中显示。如果需要将标题从顶端移动到底端，并且对标题设置具体字体和相应的属性，CSS 样式设置如下。

```
table {
table-layout: auto;
width: 90%;
border-collapse: separate;
font-size: 12px;
border: 6px double black;
padding: 1em;
margin-bottom: 0.5em;
}
td,th {
width: 15%;
}
thead th {
border: 0.10em solid black;
}
tbody th {
border: 0.10em solid black;
}
td {
border: 0.10em solid gray;
}
caption {
caption-side: bottom;
font-size: 14px;
font-style: italic;
border: 6px double black;
padding: 0.5em;
font-weight: bold;
}
```

在浏览器中预览页面，可以看到该表格的效果，如图 8-2 所示。

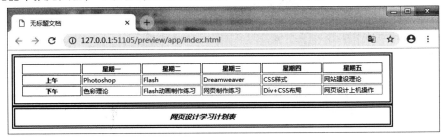

图 8-2

8.1.3　表格列 \<colgroup\> 和 \<col\> 标签

　　表格中的每个单元格除了是行的一部分，还是列的一部分。如果需要对特定列应用一组 CSS 样式有两种方法，一种是对该列中的每个单元格应用相同的类 CSS 样式，第二种方法是编写基于列的选择器。

　　要指定一列或一组列，可以使用 \<col\> 和 \<colgroup\> 标签，紧邻 \<caption\> 标签之后，添加 \<colgroup\> 和 \<col\> 标签，扩展日程表标记，添加的代码如下所示。

```
<colgroup>
<col id="time" />
</colgroup>
<colgroup id="days">
<col id="mon" />
<col id="tue" />
<col id="wed" />
<col id="thu" />
<col id="fri" />
</colgroup>
```

　　可以通过 id 选择器定义列的特别标识符，CSS 样式如下所示。

```
table {
table-layout: auto;
width: 90%;
empty-cells: show;
font-size: 12px;
}
td,th {
width: 15%;
}
thead th {
border-top: 2px solid black;
}
tbody th {
border-top: 2px solid black;
}
caption {
caption-side: top;
font-size: 14px;
font-style: italic;
font-weight: bold;
text-align: right;
}
col#mon {background-color: #FC9;}
col#tue {background-color: #9CF;}
col#wed {background-color: #CF9;}
col#thu {background-color: #C9F;}
col#fri {background-color: #FF9;}
```

　　在浏览器中预览页面，可以看到对表格单元列进行样式设置的效果，如图 8-3 所示。

图 8-3

8.1.4　水平对齐和垂直对齐

表格单元格内部的内联元素的对齐可以通过 text-align 属性设置。使用 text-align 属性可以使单元格中的元素向左、向右或者居中排列，使表格更加容易阅读。根据前面的示例，修改相应的 CSS 样式代码。

```css
caption {
caption-side: top;
font-size: 14px;
font-style: italic;
font-weight: bold;
text-align: left;
}
tbody th { text-align: right; }
tbody td { text-align: center;}
```

在浏览器中预览页面，可以看到所设置的水平对齐效果，如图 8-4 所示。

图 8-4

默认情况下，表格单元格的垂直对齐方式是垂直居中对齐，可以使用 vertical-align 属性改变单元格的垂直对齐方式，vertical-align 属性相当于 HTML 文档中的 valign 属性。修改 CSS 样式，添加如下的样式表代码。

```css
th {
height: 30px;
vertical-align: middle;
}
tbody th {
text-align: right;
height: 30px;
vertical-align: middle;
}
tbody td {
text-align: center;
height: 30px;
vertical-align: bottom;
}
```

在浏览器中预览页面，可以看到所设置的垂直对齐效果，如图 8-5 所示。

图 8-5

8.2　使用 CSS 样式控制表格外观

使用 CSS 样式可以对表格进行控制和美化操作，在上一节中已经介绍了使用 CSS 样式对表格进行控制的方法，本节将向读者介绍如何使用 CSS 样式对表格的外观样式进行设置。

8.2.1　设置表格边框

在显示一个表格数据时，通常都带有表格边框，用来界定不同单元格的数据。如果表格的 border 值大于 0，则显示边框；如果 border 值为 0，则不显示表格边框。边框显示之后，可以使用 CSS 样式中的 border 属性和 border-collapse 属性对表格边框进行修饰。其中 border 属性表示对边框进行样式、颜色和宽度的设置，从而达到美化边框效果的目的。

border-collapse 属性主要用来设置表格的边框是否被合并为一个单一的边框，还是像在标准的 HTML 中那样分开显示。

border-collapse 属性的语法格式如下。

```
border-collapse: separate | collapse;
```

- **separate**：该属性值为默认值，表示边框会被分开，不会忽略 border-spacing 和 empty-cells 属性。
- **collapse**：该属性值表示边框会合并为一个单一的边框，会忽略 border-spacing 和 empty-cells 属性。

8.2.2　设置表格背景颜色

通过 CSS 样式除可以设置表格的边框之外，同样还可以对表格或单元格的背景颜色进行设置，同样使用 CSS 样式中的 background-color 属性进行设置即可。

8.2.3　设置表格背景图像

网页中的表格元素与其他元素一样，使用 CSS 样式同样可以为表格设置相应的背景图像，通过 background-image 属性为表格相关元素设置背景图像，合理地应用背景图像，可以使表格效果更加美观。

实例 36　制作网站新闻栏目

最终文件：最终文件 \ 第 8 章 \8-2-3.html
操作视频：视频 \ 第 8 章 \ 制作网站新闻栏目 .mp4

根据网页的设计需要，有时要为网页中的表格添加边框的效果，而默认的表格效果肯定无法满足网页多样化表现的需求。因此，在网页制作的过程中，还可以根据设计的需要对表格、单元行或单元格的背景颜色进行设置。

使用背景图像对表格进行进一步的装饰和美化，使页面中的内容能够更加丰富多彩，从而增强网页的吸引力。接下来通过实例练习介绍如何制作网站新闻栏目。

01 执行"文件">"打开"命令，打开页面"源文件\第 8 章\8-2-3.html"，可以看到页面效果，如图 8-6 所示。转换到代码视图中，可以看到表格的代码，如图 8-7 所示。

02 在浏览器中预览该页面，可以看到页面中表格的显示效果，如图 8-8 所示。转换到该网页所链接的外部 CSS 样式文件 8-2-3.css 中，可以看到表格相关的 CSS 样式代码，如图 8-9 所示。

图 8-6

```
<body>
<table cellpadding="0" cellspacing="0">
    <caption>
        新闻公告
    </caption>
    <thead>
        <tr>
            <th id="title" scope="col">标题</th>
            <th id="time" scope="col">时间</th>
        </tr>
    </thead>
    <tbody>
        <tr>
            <td>[新闻] 新学期学海新征程 赏金非卖免费放送</td>
            <td>08/25</td>
        </tr>
        <tr>
            <td>[新闻] 中秋赏月盛宴 《Sweetness》奏响序曲</td>
            <td>08/14</td>
        </tr>
        <tr>
            <td>[公告] "寻找庄园萌宠"活动部分页面调整公告</td>
            <td>08/13</td>
        </tr>
        <tr>
            <td>[新闻] 动作进化新纪元《完美大陆》15日不删档测试开始啦，赶快报名吧~~~</td>
            <td>08/10</td>
        </tr>
        <tr>
            <td>[公告] 天使乐园幸运玩家名单公布</td>
            <td>08/08</td>
        </tr>
        <tr>
            <td>[公告] 8月13日西南/华南、华中大区临时维护公告</td>
            <td>08/05</td>
        </tr>
    </tbody>
</table>
</body>
```

图 8-7

03 转换到外部 CSS 样式文件中，在 table 标签的 CSS 样式代码中添加边框的 CSS 样式设置，如图 8-10 所示。返回设计页面中，在实时视图中可以看到为表格添加边框的效果，如图 8-11 所示。

图 8-8

```
table {
    width: 660px;
    margin: 160px auto 0px auto;
}
caption {
    font-size: 14px;
    font-weight: bold;
    text-align: left;
    padding-left: 15px;
    height: 40px;
    line-height: 40px;
}
thead th {
    font-weight: bold;
    color: #F60;
}
#title {
    width: 580px;
    text-align: left;
    padding-left: 15px;
}
#time {
    width: 80px;
}
tbody {
    margin-top: 15px;
}
td {
    padding-left: 20px;
}
```

图 8-9

```
table {
    width: 660px;
    margin: 160px auto 0px auto;
    border: solid 1px #C30;
    border-collapse: collapse;
}
```

图 8-10

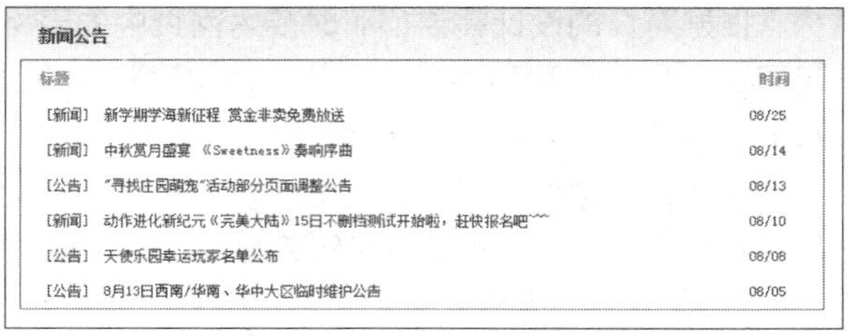

图 8-11

04 转换到外部 CSS 样式文件中，在 caption 标签和 thead th 的 CSS 样式代码中添加边框的 CSS 样式设置，如图 8-12 所示。返回设计页面中，在实时视图中可以看到为表格添加边框的效果，如图 8-13 所示。

```
caption {
    font-size: 14px;
    font-weight: bold;
    text-align: left;
    padding-left: 15px;
    border-top:   solid 1px #C30;
    border-right:   solid 1px #C30;
    border-left:   solid 1px #C30;
    height: 40px;
    line-height: 40px;
}
thead th {
    font-weight: bold;
    color: #F60;
    border: solid 1px #C30;
}
```

图 8-12

图 8-13

05 转换到外部 CSS 样式表文件中，在 td 标签的 CSS 样式代码中添加边框的 CSS 样式设置，如图 8-14 所示。保存页面并保存外部样式表文件，在浏览器中预览页面效果，如图 8-15 所示。

```
td {
    padding-left: 20px;
    border-bottom: solid 1px #CC9966;
}
```

图 8-14

图 8-15

知识点睛：默认情况下，浏览器如何显示表格数据？

Web 浏览器通过基于浏览器对表格标记理解的默认样式设计来显示表格，即单元格之间或表格周围没有边框；表格数据单元格使用普通文本并且左对齐；表格标题单元格居中对齐，并设置为粗体字体；标题在表格中间。

06 转换到该网页所链接的外部 CSS 样式表文件 8-2-3.css 中，在 caption 标签和 thead th 的 CSS 样式代码中添加背景颜色的 CSS 样式设置，如图 8-16 所示。

07 返回设计页面中，在实时视图中可以看到设置背景颜色的效果，如图 8-17 所示。

```
caption {
    font-size: 14px;
    color: #930;
    font-weight: bold;
    text-align: left;
    padding-left: 15px;
    border-top:   solid 1px #C30;
    border-right:   solid 1px #C30;
    border-left:   solid 1px #C30;
    height: 40px;
    line-height: 40px;
}
thead th {
    font-weight: bold;
    color: #F60;
    border: solid 1px #C30;
    background-color: #FC9;
}
```

图 8-16

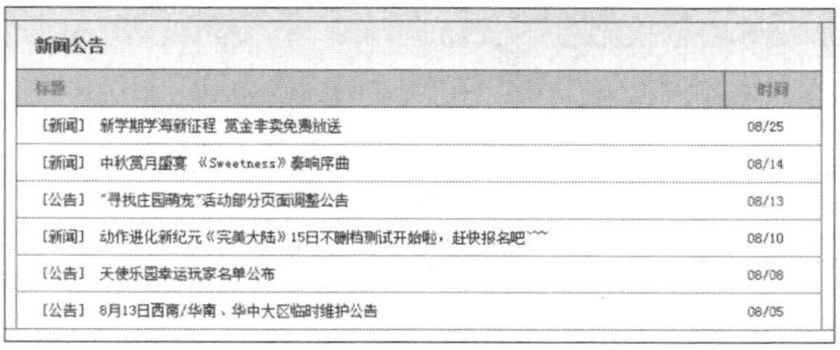

图 8-17

知识点睛：为什么需要使用 CSS 对表格数据进行控制？

表格在网页中主要用于表现表格式数据，Web 标准是为了实现网页内容与表现的分离，这样可以使网页的内容和结构更加整洁，更便于更新和修改。如果直接在表格的相关标签中添加属性设置，会使表格结构复杂，不能实现内容与表现的分离，不符合 Web 标准的要求，所以建议使用 CSS 样式对表格数据进行控制。

08 转换到该网页所链接的外部 CSS 样式表文件 8-2-3.css 中，在 caption 标签的 CSS 样式代码中添加背景图像的 CSS 样式设置，如图 8-18 所示。返回设计页面中，在实时视图中可以看到设置背景图像的效果，如图 8-19 所示。

```
caption {
    font-size: 14px;
    color: #930;
    font-weight: bold;
    text-align: left;
    padding-left: 15px;
    border-top:  solid 1px #C30;
    border-right:  solid 1px #C30;
    border-left:  solid 1px #C30;
    height: 40px;
    line-height: 40px;
    background-image: url(../images/82301.jpg);
    background-repeat: repeat-x;
}
```

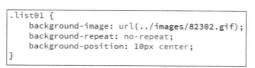

图 8-18

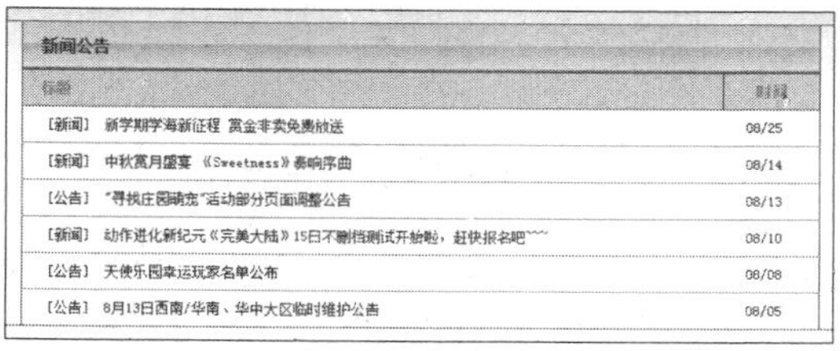

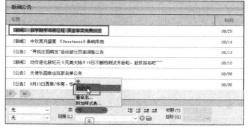

图 8-19

09 转换到外部 CSS 样式文件中，定义名称为 .list01 的类 CSS 样式，如图 8-20 所示。返回设计页面中，选中新闻标题，应用刚定义名为 list01 的 CSS 样式，如图 8-21 所示。

```
.list01 {
    background-image: url(../images/82302.gif);
    background-repeat: no-repeat;
    background-position: 10px center;
}
```

图 8-20

图 8-21

10 使用相同的方法，为其他单元格中的文字应用名为 list01 的类 CSS 样式，如图 8-22 所示。保存页面，并保存外部 CSS 样式文件，在浏览器中预览页面，可以看到表格的效果，如图 8-23 所示。

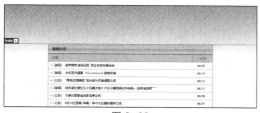

图 8-22

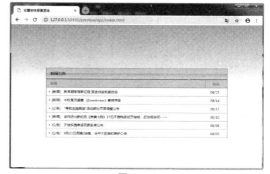

图 8-23

知识点睛：如果分别为表格和单元格设置了背景图像，会如何显示？

如果分别为表格和单元格设置了背景图像，则单元格中的背景图像会覆盖表格中所设置的背景图像进行显示，表格中所设置的属性可以被该表格中的行、列和单元格所设置的属性所覆盖。

8.3 使用 CSS 样式实现表格特效

网页中的表格主要用于显示表格式数据，有时数据量比较大，表格的行和列就比较多。网页中表格的特效也很少见，主要都是为了使表格内容更加易读而添加了一些相应的效果。通过 CSS 样式，可以实现一些表格的特殊效果，从而使数据信息更加有条理，不至于非常凌乱。

8.3.1 设置单元行背景颜色

如果网页中的表格包含有大量的表格式数据，默认情况下，浏览者在查找相应的内容时会比较麻烦，并且容易读错，在网页中常用的处理方法是为每个单元行设置不同的背景颜色，以区分每一条表格式数据。

8.3.2 :hover 伪类在表格中的应用

:hover 伪类不仅可以应用于文本超链接 CSS 样式中，还可以应用在网页的其他元素中，包括表格元素。例如可以使用 :hover 伪类实现表格背景颜色交替的效果等。

实 例 37 使用 CSS 实现表格的交互效果

最终文件：最终文件 \ 第 8 章 \8-3-2.html
操作视频：视频 \ 第 8 章 \ 使用 CSS 实现表格的交互效果 .mp4

如果长时间浏览大量数据表格，即使使用了隔行变色的表格，阅读时间长了仍然会感到疲劳。如果数据行能动态根据鼠标悬浮来改变颜色，就会使页面充满动态效果。接下来通过实例练习介绍如何使用 :hover 伪类实现表格的交互效果。

01 执行 "文件" > "打开" 命令，打开页面 "源文件 \ 第 8 章 \8-3-2.html"，可以看到页面效果，如图 8-24 所示。在浏览器中预览该页面，可以看到网页中表格的效果，如图 8-25 所示。

图 8-24

图 8-25

> **提示**
>
> 变色表格的功能主要是通过 CSS 样式中的 :hover 伪类来实现的，这里定义的 CSS 样式，是定义了 <tbody> 标签中的 <tr> 标签的 hover 伪类，定义了背景颜色和光标指针的形状。

02 转换到该网页所链接的外部 CSS 样式文件 8-3-2.css 中，可以看到应用于表格部分的 CSS 样式，如图 8-26 所示。在外部 CSS 样式文件 8-3-2.css 文件中，创建名为 .bg01 的类 CSS 样式，如图 8-27 所示。

```
table { width: 590px;}
thead {
    height: 25px;
    line-height: 25px;
    background-image: url(../images/83114.gif);
    background-repeat: no-repeat;
}
#title { width: 400px;}
#num { width: 80px;}
#time { width: 110px;}
td { border-bottom: dashed 1px #ccc;}
.list01 {
    background-image: url(../images/83115.gif);
    background-repeat: no-repeat;
    background-position: 5px center;
    padding-left: 20px;
}
.font01 {
    text-align: center;
}
```

图 8-26

```
.bg01{
    background-color:#F4F4F4;
}
```

图 8-27

03 返回 8-3-2.html 页面的代码视图中，在隔行的 <tr> 标签中应用类 CSS 样式 bg01，如图 8-28 所示。保存页面，并保存外部 CSS 样式表文件，在浏览器中预览页面，可以看到隔行变化的表格效果，如图 8-29 所示。

```
<thead>
  <tr>
    <th id="title">标题</th>
    <th id="num">点击</th>
    <th id="time">时间</th>
  </tr>
</thead>
  <tr>
    <td class="list01">[组图] 让人拍案叫绝的"变异" PS高手作品</td>
    <td class="font01">28965</td>
    <td class="font01">2013-9-15</td>
  <tr class="bg01">
    <td class="list01">[组图] 超尴尬的网络版少儿识字卡片</td>
    <td class="font01">28643</td>
    <td class="font01">2013-9-15</td>
  <tr>
    <td class="list01">[组图] 辨别"山寨版"明星脸 擦亮你的慧眼</td>
    <td class="font01">23456</td>
    <td class="font01">2013-9-14</td>
  <tr class="bg01">
    <td class="list01">[组图] 未来世界可怕的生物武器</td>
    <td class="font01">23432</td>
    <td class="font01">2013-9-12</td>
  <tr>
    <td class="list01">[组图] 如果孩子交给爸爸带 请看后果如何</td>
    <td class="font01">23387</td>
    <td class="font01">2013-9-11</td>
  </tr>
```

图 8-28

图 8-29

知识点睛： 为单元行设置相应的属性后，该单元行中的单元格是否会继承相应的属性？

单元格会继承其所在单元行的属性设置，单元行包含单元格，单元格包含表格的数据，通过行的对齐设置，可以控制整行数据在各自单元格内的对齐方式。例如，在本实例中设置了单元行标签 <tr> 的背景颜色，则该单元行中的所有单元格都会继承该属性。

---

04 转换到该网页所链接的外部 CSS 样式文件 8-3-2.css 中，创建名称为 tbody tr:hover 的 CSS 样式，如图 8-30 所示。

05 保存页面，并保存外部 CSS 样式表文件，在浏览器中预览页面中，将光标移至页面中表格的任意一个单元行上，可以看到该单元行变色的效果，如图 8-31 所示。

```
tbody tr:hover {
    background-color: #71B7F8;
    cursor: pointer;
}
```

图 8-30

图 8-31

 提示

　　变色表格的功能主要是通过 CSS 样式中的 :hover 伪类来实现的，这里定义的 CSS 样式，是定义了 <tbody> 标签中的 <tr> 标签的 hover 伪类，定义了背景颜色和光标指针的形状。

知识点睛：表格是否可以嵌套使用？

　　表格由行、列和单元格 3 个部分组成，使用表格可以排列页面中的文本、图像及各种对象。表格的行、列和单元格都可以复制、粘贴，并且在表格中还可以插入表格，一层层的表格嵌套使设计更加灵活。

第 9 章 使用 CSS 设置表单元素样式 🔍

网页中的表单能够提供交互功能，可以让浏览者输入信息，弥补了网页只能传播信息的不足。随着网站页面对交互性的要求越来越高，表单成为 Web 应用程序中越来越重要的部分。本章主要介绍如何使用 CSS 样式对表单及表单元素进行样式设置，讲解应用 CSS 样式设置表单的方法和技巧。

- 🔽 了解表单元素和标签
- 🔽 CSS 样式设置表单边框和背景
- 🔽 CSS 样式实现圆角文本字段
- 🔽 CSS 样式设置下拉列表
- 🔽 实现网页中表单的特殊效果

9.1 关于表单 🔍

表单要想实现交互功能，必须通过表单元素让浏览者输入需要处理或提交的数据，这些表单元素包括文本框、复选框、单选按钮、下拉菜单和按钮等。表单在网页中的作用是不可小视的，它是网站交互中最重要的元素，主要负责数据采集的功能。例如，通过表单采集访问者的名字、E-mail 地址、调整表和留言板等，都需要使用到表单及表单元素。

9.1.1 表单标签 <form> ›

表单是网页上的一个特定区域。这个区域是由一对 <form> 标签定义的。它有如下两方面的作用。

1. 控制表单范围

通过 <form> 与 </form> 标签控制表单的范围，其他的表单对象都要插入表单之中。单击提交按钮时，提交的也是表单范围之内的内容。

2. 携带表单相关信息

表单的 <form> 标签还可以设置相应的表单信息，例如处理表单的脚本程序的位置和提交表单的方法等。这些信息对于浏览者是不可见的，但对于处理表单却有着决定性的作用。

表单 <form> 标签的应用代码如下。

```
<form name="form_name" method="method" action="URL"
enctype="value" target="target_win">
......
</form>
```

- 🔽 **name**：该属性用于设置表单的名称，默认插入网页中的表单会以 form1、form2...formx 的顺序进行命名。
- 🔽 **method**：该属性用于设置表单结果从浏览器传送到服务器的方法，一般有 GET 和 POST 两种方法。
- 🔽 **action**：该属性用于设置表单处理程序（一个 ASP、CGI 等程序）的位置，该处理程序的位置可以是相对地址，也可以是绝对地址。

🔹 enctype：该属性用于设置表单资料的编码方式。

🔹 target：该属性用于设置返回信息的显示方式。

9.1.2　输入标签 <input>

输入标签 <input> 是网页中最常用的表单元素之一，其主要用于采集浏览者的相关信息，输入标签的语法如下所示。

```
<form id="form1" name="form1" method="post" action="">
<input type="text" name="name" id="name" />
</form>
```

在上述语法结构中，type 属性用于设置输入标签的类型，而 name 属性则指的是输入域的名称，由于 type 属性值有很多种，因此输入字段也具有多种形式，其中包括文本字段、单选按钮和复选框等。

type 属性的相关属性值介绍如下。

🔹 text：单行文本域，是一种让浏览者自己输入内容的表单对象，通常用来填写单个字或者简短的回答，例如姓名和年龄等。

🔹 password：密码域，是一种特殊文本框，主要用来输入密码，当浏览者输入文本时，文本会被隐藏，并且自动转换成用星号或者其他符号来代替。

🔹 hidden：隐藏域，是用来收集或者发送信息的不可见元素。

🔹 radio：单选按钮，是一种在一组选项中只能选择一种答案的表单对象。

🔹 checkbox：复选框，是一种能够在待选项中选择一种以上的选项。

🔹 file：文件域，用于上传文件。

🔹 images：图像域，图片提交按钮。

🔹 submit：提交按钮，用来将输入好的数据信息提交到服务器。

🔹 reset：复位按钮，用来重置表单的内容。

🔹 button：一般按钮，用来控制其他定义了处理脚本的处理工作。

9.1.3　文本域标签 <textarea>

通常情况下，文本域用在填写论坛的内容或者个人信息时需要输入大量的文本内容到网页中，文本域标签 <textarea> 在网页中就是用来生成多行文本域，从而使浏览者能够在文本域输入多行文本内容，其语法格式如下。

```
<form id="form1" name="form1" method="post" action="">
<textarea name="name" id="name" cols="value" rows="value" value="value" warp="value">
……文本内容
</textarea>
</form>
```

文本域标签 <textarea> 的相关属性说明如下。

🔹 name：用于设置该文本域的名称。

🔹 cols：用于设置该文本域的列数，列数决定了该文本域一行能够容纳几个文本。

🔹 rows：用于设置该多行文本域的行数，行数决定该文本域容纳内容的多少，如果超出行数，则不予以显示。

🔹 value：该属性指的是在没有编辑时，文本域内所显示的内容。

⬇ warp：用于设置显示和输出时的换行方式。当值为 off 时不自动换行；当值为 hard 时按 Enter 键自动换行，并且换行标记会一同被发送到服务器。输出时也会换行，当值为 soft 时按 Enter 键自动换行，换行标记不会被发送到服务器，输出时仍然是一列。

9.1.4　选择域标签 \<select\> 和 \<option\>

通过选择域标签 \<select\> 和 \<option\> 可以在网页中建立一个列表或者菜单。在网页中，菜单可以节省页面的空间，正常状态下只能看到一个选项，单击下拉按钮打开菜单后，才可以看到全部的选项；列表可以显示一定数量的选项，如果超出这个数值，则会出现滚动条，浏览者便可以通过拖动滚动条来查看各个选项。

选择域标签 \<select\> 和 \<option\> 语法格式如下所示。

```
<form id="form1" name="form1" method="post" action="">
<select name="name" id="name">
<option>选项一</option>
<option>选项二</option>
<option>选项三</option>
</select>
</form>
```

⬇ name：用于设置选择域的名称。
⬇ size：用于设置列表的行数。
⬇ value：用于设置菜单的选项值。
⬇ multiple：表示以菜单的方式显示信息，省略则以列表的方式显示信息。

9.1.5　其他表单元素

前面已经介绍了在 \<input\> 标签中设置 type 属性为不同的属性值，可以在网页中表现出多种表单元素，包括隐藏域、单选按钮、复选框、文件域、图像域和按钮等，接下来对这些表单元素进行简单介绍。

1. 隐藏域

隐藏域在页面中对于用户是看不见的，在表单中插入隐藏域的目的在于收集或发送信息，以利于被处理表单的程序所使用。浏览者单击发送按钮发送表单的时候，隐藏域的信息也被一起发送到服务器。隐藏域的代码如下所示，代码效果如图 9-1 所示。

```
<form id="form1" name="form1"
method="post" action="">
<input type="Hidden" name="Form_name"
value="Invest">
</form>
```

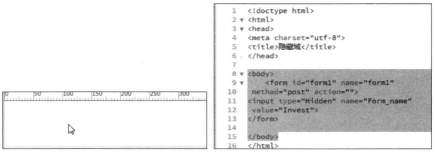

图 9-1

159

2. 单选按钮

单选按钮元素能够进行项目的单项选择，以一个圆框表示。单选按钮的代码如下所示，代码效果如图 9-2 所示。

```
<form id="form1" name="form1"
method="post" action="">
请选择你居住的城市：
<input type="Radio" name="city"
value="beijing" checked>北京
<input type="Radio" name="city"
value="shanghai">上海
<input type="Radio" name="city"
value="nanjing">南京
</form>
```

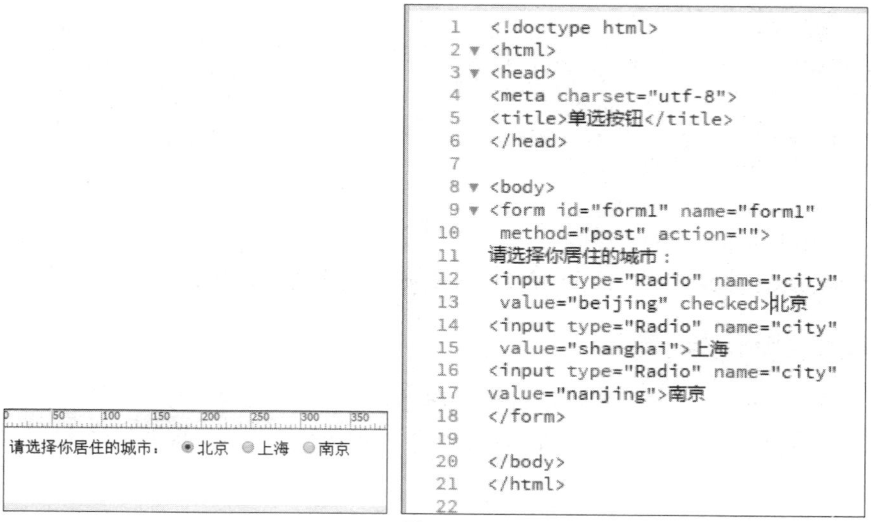

```
1   <!doctype html>
2 ▼ <html>
3 ▼ <head>
4   <meta charset="utf-8">
5   <title>单选按钮</title>
6   </head>
7
8 ▼ <body>
9 ▼ <form id="form1" name="form1"
10    method="post" action="">
11   请选择你居住的城市：
12   <input type="Radio" name="city"
13    value="beijing" checked>北京
14   <input type="Radio" name="city"
15    value="shanghai">上海
16   <input type="Radio" name="city"
17   value="nanjing">南京
18   </form>
19
20   </body>
21   </html>
22
```

请选择你居住的城市： ◉北京 ○上海 ○南京

图 9-2

其中，每一个单选按钮的名称是相同的，但都有其独立的值。checked 表示此项被默认选中。value 表示选中项目后传送到服务器端的值。

3. 复选框

复选框能够进行项目的多项选择，以一个方框标示。复选框的代码如下所示，代码效果如图 9-3 所示。

```
<form id="form1" name="form1"
method="post" action="">
请选择你喜欢的音乐：
<input type="Checkbox" name="m1"
value="rock" Checked>摇滚乐
<input type="Checkbox" name="m2"
value="jazz">爵士乐
<input type="Checkbox" name="m3"
value="pop">流行乐
</form>
```

其中，checked 表示此项被默认选中。value 表示选中项目后传送到服务器端的值。每一个复选框都有其独立的名称和值。

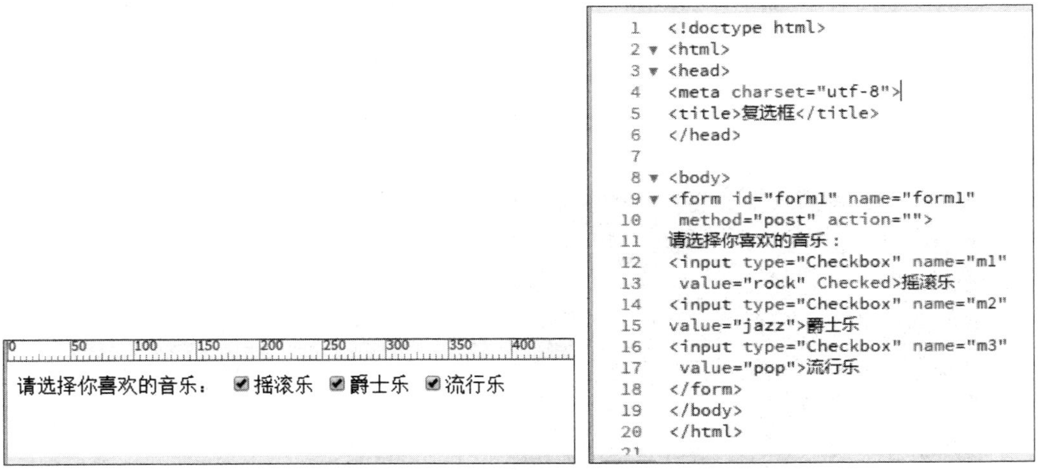

```
 1    <!doctype html>
 2 ▼  <html>
 3 ▼  <head>
 4    <meta charset="utf-8">
 5    <title>复选框</title>
 6    </head>
 7
 8 ▼  <body>
 9 ▼  <form id="form1" name="form1"
10      method="post" action="">
11      请选择你喜欢的音乐：
12    <input type="Checkbox" name="m1"
13     value="rock" Checked>摇滚乐
14    <input type="Checkbox" name="m2"
15     value="jazz">爵士乐
16    <input type="Checkbox" name="m3"
17     value="pop">流行乐
18    </form>
19    </body>
20    </html>
21
```

```
0    50    100    150    200    250    300    350    400
请选择你喜欢的音乐：  ☑摇滚乐  ☑爵士乐  ☑流行乐
```

图 9-3

4. 文件域

文件域可以让用户在域的内部填写文件路径，然后通过表单上传，这是文件域的基本功能。如在线发送 E-mail 时常见的附件功能。有的时候要求用户将文件提交给网站，例如 Office 文档、浏览者的个人照片或者其他类型的文件，这时候就要用到文件域。文件域的代码如下所示，代码效果如图 9-4 所示。

```
<form id="form1" name="form1"
method="post" action="">
请上传附件：<input type="file" name="File">
</form>
```

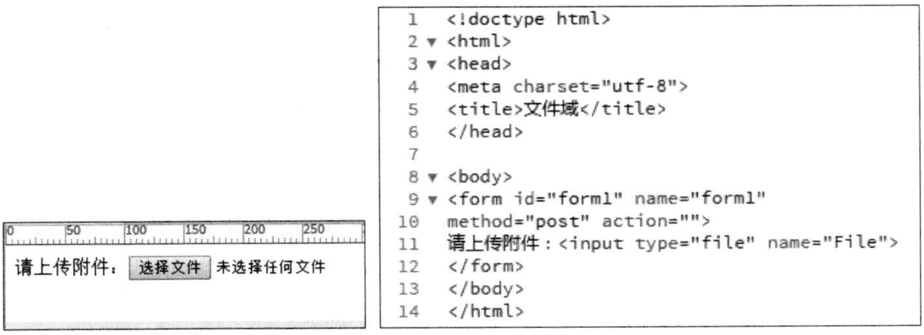

```
 1    <!doctype html>
 2 ▼  <html>
 3 ▼  <head>
 4    <meta charset="utf-8">
 5    <title>文件域</title>
 6    </head>
 7
 8 ▼  <body>
 9 ▼  <form id="form1" name="form1"
10      method="post" action="">
11      请上传附件：<input type="file" name="File">
12    </form>
13    </body>
14    </html>
```

```
0    50    100    150    200    250
请上传附件：  选择文件  未选择任何文件
```

图 9-4

5. 图像域

图像域是指可以用在提交按钮位置上的图片，这幅图片具有按钮的功能。使用默认的按钮形式往往会让人觉得单调，如果网页使用了较为丰富的色彩或稍微复杂的设计，再使用表单默认的按钮形式甚至会破坏整体的美感。这时可以使用图像域创建和网页整体效果相统一的图像提交按钮。图像域的代码如下所示，代码效果如图 9-5 所示。

```
<form id="form1" name="form1"
method="post" action="">
<input type="image" name="image"
src="images/pic.gif">
</form>
```

```
1    <!doctype html>
2 ▼  <html>
3 ▼  <head>
4    <meta charset="utf-8">
5    <title>图像域</title>
6 ▼    <style>
7 ▼        input{
8              width:100%;
9              height: 100%;
10         }
11     </style>
12   </head>
13
14 ▼ <body>
15 ▼ <form id="form1" name="form1"
16   method="post" action="">
17   <input type="image" name="image"
18    src="images/pic.gif">
19   </form>
20   </body>
21   </html>
```

图 9-5

6. 按钮

单击提交按钮后，可以实现表单内容的提交。单击重置按钮后，可以清除表单的内容，恢复成默认的表单内容设定。按钮的代码如下所示，代码效果如图 9-6 所示。

```
<form id="form1" name="form1"
method="post" action="">
<input type="Submit" name="Submit"
value=" 提交表单 ">
<input type="Reset" name="Reset" value="
重置表单 ">
</form>
```

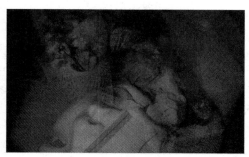

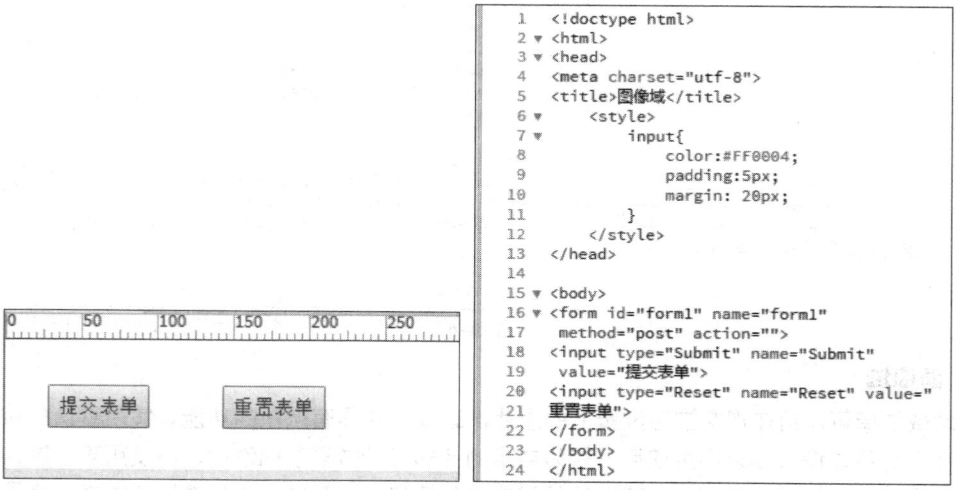

```
1    <!doctype html>
2 ▼  <html>
3 ▼  <head>
4    <meta charset="utf-8">
5    <title>图像域</title>
6 ▼    <style>
7 ▼        input{
8              color:#FF0004;
9              padding:5px;
10             margin: 20px;
11         }
12     </style>
13   </head>
14
15 ▼ <body>
16 ▼ <form id="form1" name="form1"
17   method="post" action="">
18   <input type="Submit" name="Submit"
19    value="提交表单"
20   <input type="Reset" name="Reset" value="
21   重置表单">
22   </form>
23   </body>
24   </html>
```

图 9-6

9.1.6 关于 \<label\>、\<legend\> 和 \<fieldset\> 标签

标记单个表单控件的 \<label\> 标签是内联元素，它可以和任何其他内联元素一样设计 CSS 样式。\<fieldset\> 标签是块元素，用来将相关元素（例如一组选项按钮）组合在一起，\<legend\> 标签用于 \<fieldset\> 标签内部。\<fieldset\> 标签创建围绕其包装的表单元素的边框，\<legend\> 标签设置介绍性标题。

实例 38 创建简单的网页表单

最终文件：最终文件\第9章\9-1-6.html
操作视频：视频\第9章\创建简单的网页表单.mp4

通过CSS样式对 <label>、<fieldset> 和 <legend> 标签进行设置，可以控制其显示的外观效果，接下来通过实例练习介绍 <label>、<fieldset> 和 <legend> 标签在表单中的使用方法，以及如何使用CSS样式对这些标签样式进行控制。

01 新建HTML页面，将页面保存为"源文件\第9章\9-1-6.html"。新建外部CSS样式文件，将其保存为"源文件\第9章\style\9-1-6.css"，返回9-1-6.html页面中，链接外部CSS样式文件，如图9-7所示。

02 转换到9-1-6.css文件中，创建名为 body 的标签CSS样式，如图9-8所示。

图 9-7

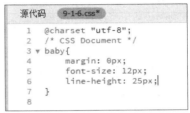

图 9-8

03 返回设计视图页面，执行"插入">"表单">"表单"命令，如图9-9所示。删除多余文字，打开"插入"面板，单击"段落"选项，如图9-10所示。在弹出的选项中选择"嵌套"选项，如图9-11所示。在设计视图中插入 <p> 标签，如图9-12所示。

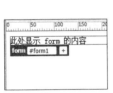

图 9-9

图 9-10

图 9-11

图 9-12

04 删除段落标签内的多余文字内容，在打开的"插入"面板中，单击"表单"选项卡中的"文本"按钮，在弹出的对话框中进行设置，如图9-13所示。回到代码页面中，选择相应的标签将光标移入，在属性面板中设置各个参数，如图9-14所示。

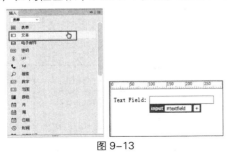

图 9-13

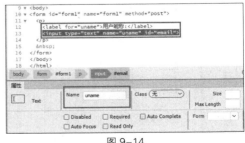

图 9-14

05 将光标移至刚插入的文本字段之后，按 Enter 键插入段落，使用相同的方法，插入其他的表单元素，如图9-15所示。转换到代码视图中，可以看到该部分表单的 HTML 代码，如图9-16所示。

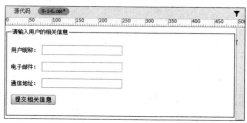

图 9-15

```
<body>
<form id="form1" name="form1" method="post" action="">
  <p>
    <label for="uname">用户昵称：</label>
    <input type="text" name="uname" id="uname" />
  </p>
  <p>
    <label for="email">电子邮件：</label>
    <input type="text" name="email" id="email" />
  </p>
  <p>
    <label for="adress">通信地址：</label>
    <input type="text" name="adress" id="adress" />
  </p>
  <p>
    <input type="submit" name="button1" id="button1" value="提交相关信息" />
  </p>
</form>
```

图 9-16

06 在表单的 `<form>` 与 `</form>` 标签之间添加 `<fieldset>` 与 `</fieldset>` 标签，包含表单域中的所有表单元素，如图 9-17 所示。在所有表单元素之前添加 `<legend>` 标签，并输入相应的文字，如图 9-18 所示。

```
10 ▼ <form id="form1" name="form1" method="post" action="">
11 ▼   <fieldset>
12 ▼     <p>
13         <label for="uname">用户昵称：</label>
14         <input type="text" name="uname" id="uname" />
15       </p>
16 ▼     <p>
17         <label for="email">电子邮件：</label>
18         <input type="text" name="email" id="email" />
19       </p>
20 ▼     <p>
21         <label for="adress">通信地址：</label>
22         <input type="text" name="adress" id="adress" />
23       </p>
24 ▼     <p>
25         <input type="submit" name="button1" id="button1" value="提交相关信息" />
26       </p>
27     </fieldset>
28   </form>
29 </body>
```

图 9-17

```
 9 ▼ <body>
10 ▼   <form id="form1" name="form1" method="post" action="">
11 ▼     <fieldset>
12         <legend>请输入用户的相关信息</legend>
13 ▼       <p>
14           <label for="uname">用户昵称：</label>
15           <input type="text" name="uname" id="uname" />
16         </p>
17 ▼       <p>
18           <label for="email">电子邮件：</label>
19           <input type="text" name="email" id="email" />
20         </p>
21 ▼       <p>
22           <label for="adress">通信地址：</label>
23           <input type="text" name="adress" id="adress" />
24         </p>
25 ▼       <p>
26           <input type="submit" name="button1" id="button1" value="提交相关信息" />
27         </p>
28       </fieldset>
29     </form>
30   </body>
```

图 9-18

07 返回网页设计视图中，可以看到页面中表单的效果，如图 9-19 所示。转换到 9-1-6.css 文件中，创建名为 form 和 fieldset 的标签 CSS 样式，如图 9-20 所示。

图 9-19

```
 8 ▼ form {
 9       width: 280px;
10   }
11 ▼ fieldset {
12       margin: 10px;
13       padding: 20px;
14       border: 1px solid #CCC;
15   }
```

图 9-20

08 返回网页设计视图中，可以看到页面中表单的效果，如图 9-21 所示。转换到 9-1-6.css 文件中，创建名为 legend 和 label 的标签 CSS 样式，如图 9-22 所示。

图 9-21

```
16 ▼ legend {
17       font-size: 14px;
18       font-weight: bold;
19       color: #036;
20   }
21 ▼ label {
22       display: block;
23       color: #036;
24   }
```

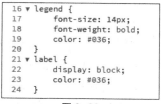

图 9-22

09 返回网页设计视图中，可以看到页面中表单的效果，如图 9-23 所示。保存页面和外部 CSS 样式文件，在浏览器中预览页面，可以看到表单的效果，如图 9-24 所示。

图 9-23

图 9-24

> 知识点睛：<label>、<fieldset> 和 <legend> 标签可以同时使用 CSS 样式进行设置吗？
>
> 　　<label>、<fieldset> 和 <legend> 标签可以一起使用任何 CSS 样式设置，它们可以与 HTML 中的任何元素一起使用，而且 Web 浏览器对此也有很好的支持。

9.2　使用 CSS 样式控制表单元素

如果对插入网页中的表单元素不加任何的修饰，默认的表单元素外观比较简陋，并且很难符合页面整体设计风格的需要，通过 CSS 样式可以对网页中的表单元素外观进行设置，使其更加美观和大方，更能够符合网页整体风格。

9.2.1　使用 CSS 样式设置表单元素的背景色和边框

在网页中默认的表单元素背景颜色为白色，边框为蓝色，由于色调单一，不能满足网页设计者的设计需求和浏览者的视觉感受，因此可以通过 CSS 样式对表单元素的背景颜色和边框进行设置，从而表现出不一样的表单元素。

实例 39　制作网站登录页面

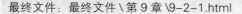

最终文件：最终文件 \ 第 9 章 \9-2-1.html
操作视频：视频 \ 第 9 章 \ 制作网站登录页面 .mp4

登录页面是常见的表单运用效果，在登录页面中通常包括文本字段、复选框、图像域或按钮等表单元素。本实例制作一个网站登录页面，通过该实例的制作，希望读者掌握登录页面的制作方法，并掌握使用 CSS 样式对表单的背景颜色和边框进行设置的方法。

01 执行"文件" > "新建"命令，弹出"新建文档"对话框，新建一个 HTML 页面，将该页面保存为"源文件 \ 第 9 章 \9-2-1.html"，如图 9-25 所示。

02 新建一个外部 CSS 样式文件，将其保存为"源文件 \ 第 9 章 \style\9-2-1.css"，返回 9-1-6.html 页面中，链接外部 CSS 样式文件，如图 9-26 所示。

```
1    <!doctype html>
2 ▼  <html>
3 ▼  <head>
4    <meta charset="utf-8">
5    <title>制作网站登录页面</title>
6    </head>
7
8 ▼  <body>
9
10   </body>
11   </html>
12
```

图 9-25

图 9-26

 03 转换到 9-2-1.css 文件中，创建通配符 * 和 body 标签的 CSS 样式，如图 9-27 所示。返回页面设计视图，可以看到页面的背景效果，如图 9-28 所示。

```
3 ▼  * {
4        margin: 0px;
5        padding: 0px;
6        border: 0px;
7    }
8 ▼  body {
9        font-size: 12px;
10       line-height: 25px;
11       color: #555555;
12       background-color: #ECF3F9;
13       background-image: url(../images/92101.jpg);
14       background-repeat: repeat-x;
15   }
```

图 9-27

图 9-28

04 在页面中插入名为 box 的 DIV，转换到 9-2-1.css 文件中，创建名为 #box 的 CSS 样式，如图 9-29 所示。返回页面设计视图，可以看到页面的效果，如图 9-30 所示。

```
16 ▼ #box {
17       width: 588px;
18       height: 165px;
19       background-image: url(../images/92102.jpg);
20       background-repeat: no-repeat;
21       margin: 0px auto;
22       padding-top: 285px;
23       padding-left: 415px;
24       color: #FFF;
25   }
```

图 9-29

图 9-30

05 将光标移至名为 box 的 DIV 中，并将多余文字删除，单击 "插入" 面板上 "表单" 选项卡中的 "表单" 按钮，插入表单域，如图 9-31 所示。

06 将光标移至刚插入的表单域中，单击 "插入" 面板上 "表单" 选项卡中的 "文本" 按钮，如图 9-32 所示。

图 9-31

图 9-32

提示

插入的红色虚线表单区域就是 <form> 与 </form> 标签，所有表单元素都应该在该红色虚线的表单域内，否则表单实现不了提交的功能。红色虚线只是 Dreamweaver 为了便于制作在设计视图中提供的表单域显示方式，在浏览器中预览页面时，该红色虚线不会显示。

07 删除多余的文字，更改文本框的 ID 为 uname，如图 9–33 所示。继续单击“插入”面板上“表单”选项卡中的“密码”按钮，如图 9–34 所示。

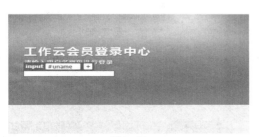

图 9–33

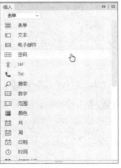

图 9–34

08 在弹出的选项中选择“之后”选项，如图 9–35 所示。选中刚插入的第 2 个密码文本框，修改文本框的 ID 为 upass，如图 9–36 所示。

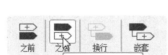

图 9–35

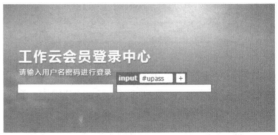

图 9–36

09 转换到 9-2-1.css 文件中，创建名为 #uname,#upass 的 CSS 样式，如图 9–37 所示。返回页面设计视图，可以看到页面中两个文本字段的效果，如图 9–38 所示。

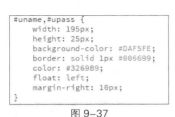

```
#uname,#upass {
    width: 195px;
    height: 25px;
    background-color: #DAF5FE;
    border: solid 1px #006699;
    color: #3269B9;
    float: left;
    margin-right: 10px;
}
```

图 9–37

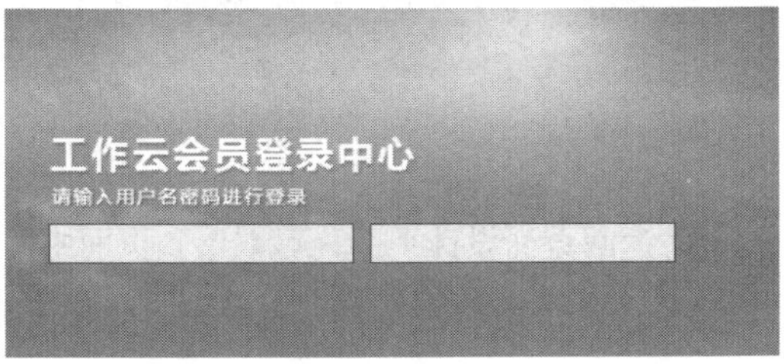

图 9–38

提示

对于网页中不同的几个元素采用相同的 CSS 样式设置，可以采用复合选择符的方式，通过集中列出选择符，并用逗号将它们隔开，可以联合 CSS 样式设置。使用这种方法可以联合所有种类的选择符。

10 将光标移至第 2 个文本字段之后，单击“插入”面板上“表单”选项卡中的“图像按钮”按钮，如图 9–39 所示。在弹出的选项中“之后”选项，如图 9–40 所示。

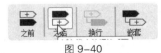

图 9-39　　　　　　　　　　　　　　　　图 9-40

11 继续在弹出的图像域中选择自己需要的图片，单击"确定"按钮，如图 9-41 所示。即可在光标所在位置插入图像按钮，如图 9-42 所示。

图 9-41　　　　　　　　　　　　　　　　图 9-42

12 按快捷键 Shift+Enter，插入换行符，单击"插入"面板上"表单"选项卡中的"复选框"按钮，如图 9-43 所示。转换到 9-2-1.css 文件中，创建名为 #checkbox 的 CSS 样式，如图 9-44 所示。

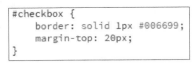

图 9-43　　　　　　　　　　　　　　　　图 9-44

13 返回页面设计视图，可以看到页面中两个文本字段的效果，如图 9-45 所示。保存页面和外部 CSS 样式文件，在浏览器中预览页面，如图 9-46 所示。

图 9-45　　　　　　　　　　　　　　　　图 9-46

知识点睛：在表单域中插入的图像域作用是什么？

　　使用"图像域"按钮在网页中插入图像域，插入的图像按钮与"提交表单"按钮的效果是一样的，同样具有提交表单的功能。但是如果需要插入一个"重设表单"按钮，就不可以使用"图像域"按钮插入图像按钮来完成。

9.2.2　使用 CSS 样式实现圆角文本字段

　　网页中的文本字段默认都是矩形的，前面已经介绍了如何使用 CSS 样式对文本字段的背景颜色和边框进行设置，通过 CSS 样式还可以实现圆角的文本字段效果，从而给浏览者带来不一样的视觉效果。

实例 40　制作圆角登录框

最终文件：最终文件 \ 第 9 章 \9-2-2.html
操作视频：视频 \ 第 9 章 \ 制作圆角登录框 .mp4

　　使用 CSS 样式实现圆角的文本字段主要是通过 CSS 样式中的 border 属性和 background-image 属性来实现的，通过 border 属性可以将文本字段的边框设置为无，通过 background-image 属性为文本字段设置一个圆角的背景图像，即可实现圆角登录框的效果。

01 执行"文件" > "打开"命令，打开页面"源文件 \ 第 9 章 \9-2-2.html"，可以看到页面效果，如图 9-47 所示。在浏览器中预览页面，可以看到网页中的表单效果，如图 9-48 所示。

图 9-47

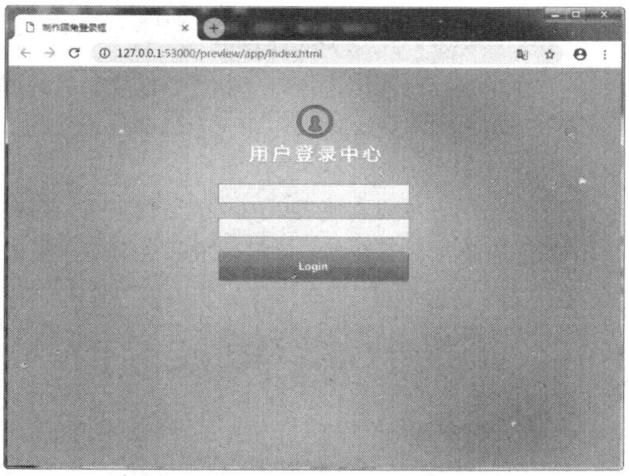

图 9-48

02 转换到链接的外部 CSS 样式文件 9-2-2.css 中，找到名为 #uname 的 CSS 样式，如图 9-49 所示。对该 CSS 样式设置进行修改，如图 9-50 所示。

```
27 ▼ #uname {
28       width: 250px;
29       height: 25px;
30       background-color: #F4F4F4;
31       border:1px solid #999;
32       margin-top: 10px;
33       margin-bottom: 10px;
34  }
```

图 9-49

```
27 ▼ #uname {
28       width: 215px;
29       height: 41px;
30       border: none;
31       background-image: url(../images/92203.png);
32       padding-left: 35px;
33       line-height: 41px;
34       margin-top: 10px;
35       margin-bottom: 10px;
36  }
```

图 9-50

03 在外部 CSS 样式文件 9-2-2.css 中，找到名为 #upass 的 CSS 样式，如图 9-51 所示。对该 CSS 样式设置进行修改，如图 9-52 所示。

```
37 ▼ #upass {
38      width: 250px;
39      height: 25px;
40      background-color: #F4F4F4;
41      border:1px solid #999;
42      margin-top: 10px;
43      margin-bottom: 10px;
44  }
```

图 9-51

```
37 ▼ #upass {
38      width: 215px;
39      height: 41px;
40      border: none;
41      background-image: url(../images/92204.png);
42      padding-left: 35px;
43      line-height: 41px;
44      margin-top: 10px;
45      margin-bottom: 10px;
46  }
```

图 9-52

04 返回网页设计视图，可以看到网页中表单的效果，如图 9-53 所示。保存页面和外部 CSS 样式文件，在浏览器中预览页面，可以看到圆角文本字段的效果，如图 9-54 所示。

图 9-53

图 9-54

知识点睛：什么是表单？网页中的表单起到什么作用？

表单是互联网用户与服务器进行信息交流的重要工具。通常一个表单中会包含多个对象，有时它们也被称为控件，如用于输入文本的文本域、用于发送命令的按钮、用于选择项目的单选按钮和复选框，以及用于显示选项列表的列表框等。

大量的表单元素使表单的功能更加强大，在网页界面中起到的作用也不容忽视，主要是用来实现用户数据的采集，例如采集浏览者的姓名、邮箱地址和身份信息等数据。

9.2.3　使用 CSS 样式设置下拉列表效果

在 Dreamweaver 中，通过使用 <select> 标签包含一个或者多个 <option> 标签可以构造选择列表，如果没有给出 size 属性值，则选择列表是下拉列表框的样式；如果给出了 size 值，则选择列表将会是可滚动列表，并且通过 size 属性值的设置能够使列表以多行的形式显示。

实例 41　制作网站搜索栏

最终文件：最终文件 \ 第 9 章 \9-2-3.html
操作视频：视频 \ 第 9 章 \ 制作网站搜索栏 .mp4

搜索栏也是网页中非常常见和重要的表单应用方式，在搜索栏中主要包括列表菜单、文本字段等表单元素，前面已经介绍了使用 CSS 样式对文本字段的美化方法，本实例将介绍如何通过 CSS 样式对下拉列表进行美化，使下拉列表的效果更加美观。

01 执行"文件" > "打开"命令，打开页面"源文件 \ 第 9 章 \9-2-3.html"，可以看到页面效果，如图 9-55 所示。将光标移至"内容搜索："文字之后，单击"插入"面板上的"选择"选项，如图 9-56 所示。

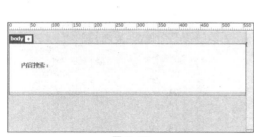

图 9-55　　　　　　　　　　　　　　　　　　　　图 9-56

02 添加完成后，视图页面效果如图 9-57 所示。在"属性面板"中，单击"列表值"按钮，在弹出的对话框中添加相应的列表值，如图 9-58 所示。

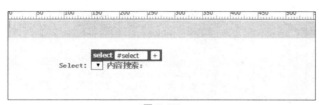
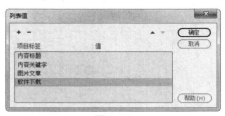

图 9-57　　　　　　　　　　　　　　　　　　　图 9-58

03 转换到链接的外部 CSS 样式文件 9-2-3.css 中，创建名为 #list 的 CSS 样式，如图 9-59 所示。返回网页设计视图中，可以看到下拉列表的效果，如图 9-60 所示。

```
28 ▼ #list {
29        width: 120px;
30        height: 30px;
31        background-color: #EEEEEE;
32        border: solid 1px #CCCCCC;
33        margin-left: 10px;
34    }
```

图 9-59　　　　　　　　　　　　　　　　　　　图 9-60

04 转换到代码视图中，调整相关 HTML 代码，如图 9-61 所示。在列表选项的 <option> 标签中添加 ID 属性设置，如图 9-62 所示。

```
 9 ▼ <body>
10 ▼ <div id="top">
11 ▼    <div id="search">
12 ▼        <form id="form1" name="form1" method="post" action="">
13            内容搜索：
14 ▼            <select name="list" id="list">
15                <option>内容标题</option>
16                <option>内容关键字</option>
17                <option>图片文章</option>
18                <option>软件下载</option>
19            </select>
20        </form>
21    </div>
22 </div>
23 </body>
```

图 9-61　　　　　　　　　　　　　　　　　　　图 9-62

05 转换到 9-2-3.css 文件中，分别创建名为 #color1、#color2、#color3 和 #color4 的 CSS 样式，如图 9-63 所示。

06 返回设计视图，将光标移至下拉列表之后，单击"插入"面板上"表单"选项卡中的"文本"按钮，在弹出的对话框中进行设置，如图 9-64 所示。

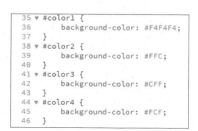

图 9-63

图 9-64

07 单击"确定"按钮，在页面中插入文本框，如图 9-65 所示。转换到 9-2-3.css 文件中，创建名为 #text 的 CSS 样式，如图 9-66 所示。

图 9-65

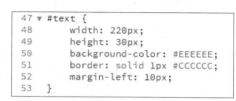

图 9-66

08 返回网页设计视图中，可以看到页面中文本字段的效果，将光标移至文本字段之后，如图 9-67 所示。单击"插入"面板上"表单"选项卡中的"图像按钮"按钮，如图 9-68 所示。

图 9-67

图 9-68

09 单击"确定"按钮，插入图像按钮，转换到 9-2-3.css 文件中，创建名为 #btn 的 CSS 样式，如图 9-69 所示。返回网页设计视图中，可以看到网页中图像按钮的效果，如图 9-70 所示。

```
54 ▼ #btn {
55      margin-left: 10px;
56      vertical-align: middle;
57 }
```

图 9-69

图 9-70

10 完成搜索栏的制作，保存页面，并保存外部 CSS 样式文件，在浏览器中预览页面，如图 9-71 所示。打开下拉列表，可以看到使用 CSS 样式对下拉列表进行设置的效果，如图 9-72 所示。

图 9-71　　　　　　　　　　　　　　　　　　　　　　图 9-72

知识点睛：在网页中是不是可以在任意位置插入任何的表单元素？

　　表单域是表单中必不可少的元素之一，所有的表单元素只有在表单域中才会生效，因此，制作表单页面的第 1 步就是插入表单域。如果插入表单域后，在 Dreamweaver 设计视图中并没有显示红色的虚线框，执行"查看" > "可视化助理" > "不可见元素"命令，即可在设计视图中看到红色虚线的表单域。红色虚线的表单域在浏览器中浏览时是看不到的。

9.3　表单在网页中的特殊应用

　　表单是网页中非常重要的网页元素，在大多数的网页中都会有表单元素的应用，应用最多的表单元素包括文本字段、复选框、单选按钮和按钮等。使用 JavaScript 和 CSS 样式相结合，在网页中还可以实现许多表单的特殊效果，通过为表单应用相应的特殊效果，可以使表单具有更好的交互性，也使网页操作便利性更强。

9.3.1　聚焦型提示语消失

　　在网页中，常常可以看到文本字段中有颜色较浅的提示文字，当光标在该文本字段中单击时，文本字段中的提示文字就会消失，这就称为聚焦型提示语消失。在网页中如果需要实现这样的效果，就需要使用 CSS 样式与 JavaScript 脚本相结合。

实例 42　文本字段提示语效果 1

最终文件：最终文件\第 9 章\9-3-1.html
操作视频：视频\第 9 章\文本字段提示语效果 1.mp4

　　本实例制作的是聚焦型提示语消失效果，也就是当光标在文本字段中单击时，该文本字段中的提示文字隐藏，这是在网页中非常常见的效果，接下来通过实例练习介绍如何在网页中实现聚焦性提示语消失效果。

01 执行"文件" > "打开"命令，打开页面"源文件\第 9 章\9-3-1.html"，可以看到页面效果，如图 9-73 所示。在浏览器中预览该页面，可以看到页面中表单的效果，如图 9-74 所示。

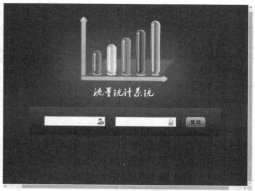

图 9-73

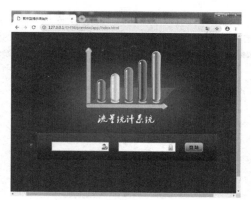

图 9-74

02 转换到代码视图中，可以看到表单部分的 HTML 代码，如图 9-75 所示。在表单代码中分别添加 <label> 标签，包含 <input> 标签，如图 9-76 所示。

```
<body>
<div id="box">
  <div id="login">
    <form id="form1" name="form1" method="post" action="">
      <input type="text" name="uname" id="uname" />
      <input type="password" name="upass" id="upass" />
      <input type="image" name="btn" id="btn" src="images/93105.jpg" />
    </form>
  </div>
</div>
</body>
</html>
```

图 9-75

```
<div id="box">
  <div id="login">
    <form id="form1" name="form1" method="post" action="">
      <label>
      <input type="text" name="uname" id="uname" />
      </label>
      <label>
      <input type="password" name="upass" id="upass" />
      </label>
      <input type="image" name="btn" id="btn" src="images/93105.jpg" />
    </form>
  </div>
</div>
```

图 9-76

03 转换到链接的外部 CSS 样式 9-3-1.css 文件中，创建名为 label 的 CSS 样式，如图 9-77 所示。转换到网页代码视图中，在 <label> 标签中添加 <span> 标签并输入相应文字，如图 9-78 所示。

```
label{
    display: block;
    height: 37px;
    position: relative;
    float: left;
}
```

图 9-77

```
<div id="box">
  <div id="login">
    <form id="form1" name="form1" method="post" action="">
      <label><span>请输入用户名</span>
      <input type="text" name="uname" id="uname" />
      </label>
      <label><span>请输入密码</span>
      <input type="password" name="upass" id="upass" />
      </label>
      <input type="image" name="btn" id="btn" src="images/93105.jpg" />
    </form>
  </div>
</div>
```

图 9-78

04 转换到 9-3-1.css 文件中，创建名为 label span 的 CSS 样式，如图 9-79 所示。返回网页设计视图中，可以看到页面中表单元素的效果，如图 9-80 所示。

```
label span{
    position:absolute;
    float:left;
    line-height:37px;
    left:10px;
    color:#BCBCBC;
    cursor:text;
}
```

图 9-79

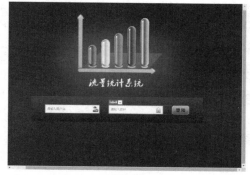

图 9-80

05 转换到 9-3-1.css 文件中，创建名为 #uname:focus 和名为 #upass:focus 的 CSS 样式，如图 9-81 所示。

06 保存页面，并保存外部 CSS 样式文件，在浏览器中预览页面，可以看到当光标在文本框中单击时，文本框的边框背景颜色和边框颜色会发生变化，如图 9-82 所示。

```
#uname:focus {
    background-color: #CFF4F8;
    border-color: #F30;
}
#upass:focus {
    background-color: #CFF4F8;
    border-color: #F30;
}
```

图 9-81

图 9-82

07 返回网页代码视图中，在 <head> 与 </head> 标签之间添加链接外部 JS 脚本文件代码，如图 9-83 所示。在 <head> 与 </head> 标签之间编写相应的 JavaScript 脚本代码，如图 9-84 所示。

```
<!doctype html>
<html>
<head>
<meta charset="utf-8">
<title>聚焦型提示语消失</title>
<link href="style/9-3-1.css" rel="stylesheet" type="text/css" />
<script type="text/javascript" src="js/jquery.js"></script>
</head>
```

图 9-83

```
<script type="text/javascript" src="js/jquery.js"></script>
<script type="text/javascript">
$(document).ready(function(){
    $("#uname").each(function(){
    var thisVal=$(this).val();//判断文本框的值是否为空，有值的情况就隐藏提示语，没有值就显示
    if(thisVal!=""){
        $(this).siblings("span").hide();
    }else{
        $(this).siblings("span").show();
    }
    $(this).focus(function(){ //聚焦型输入框验证
        $(this).siblings("span").hide();
    }).blur(function(){
        var val=$(this).val();
        if(val!=""){
        $(this).siblings("span").hide();
        }else{
        $(this).siblings("span").show();
        }
    });
    })
    $("#upass").each(function(){
    var thisVal=$(this).val();//判断文本框的值是否为空，有值的情况就隐藏提示语，没有值就显示
    if(thisVal!=""){
        $(this).siblings("span").hide();
    }else{
        $(this).siblings("span").show();
    }
    $(this).focus(function(){ //聚焦型输入框验证
        $(this).siblings("span").hide();
    }).blur(function(){
        var val=$(this).val();
        if(val!=""){
        $(this).siblings("span").hide();
        }else{
        $(this).siblings("span").show();
        }
    });
    })
})
```

图 9-84

08 保存页面，在浏览器中预览页面，可以看到页面的效果，如图 9-85 所示。将光标在某个文本框中单击，则该文本框的背景颜色和边框颜色发生变化，并且提示文字消失，如图 9-86 所示。

知识点睛：可以在表单域以外插入表单元素吗？

　　不可以，如果在表单区域外插入文本域，Dreamweaver 会弹出一个提示框，提示用户插入表单域，单击"是"按钮，Dreamweaver 会在插入文本域的同时，在它周围创建一个表单域。这种情况不仅针对文本域会出现，其他的表单元素也同样会出现。

图 9-85

图 9-86

9.3.2 输入型提示语消失

输入型提示语消失与聚焦型提示语消失非常相似，唯一不同的是，输入型提示语消失是当在文本字段中开始输入内容之后，文本字段中的提示语才会消失，而不是当光标在文本字段中单击时。

实 例 43 文本字段提示语效果 2

最终文件：最终文件 \ 第 9 章 \9-3-2.html
操作视频：视频 \ 第 9 章 \ 文本字段提示语效果 2.mp4

了解输入型提示语消失的效果后，接下来通过实例练习介绍如何通过 CSS 样式与 JavaScript 实现网页中输入型提示语消失的效果。该效果的实现与上一节介绍的聚焦型提示语消失非常相似，不同的主要是 JavaScript 脚本代码。

01 执行"文件" > "打开"命令，打开页面"源文件 \ 第 9 章 \9-3-2.html"，可以看到页面效果，如图 9-87 所示。转换到代码视图中，根据上一个实例中相同的方法，为表单元素添加 <label> 和 <span> 标签，如图 9-88 所示。

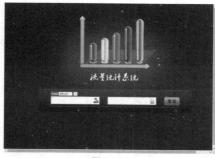

图 9-87

图 9-88

02 转换到该网页所链接的外部 CSS 样式文件 9-3-2.css 中，分别创建名为 label 和 label span 的 CSS 样式，如图 9-89 所示。返回网页设计视图中，可以看到页面中表单元素的效果，如图 9-90 所示。

03 转换到 9-3-2.css 文件中，创建名为 #uname:focus 和名为 #upass:focus 的 CSS 样式，如图 9-91 所示。

04 返回网页代码视图中，在 <head> 与 </head> 标签之间添加链接外部 JS 文件代码并添加 JavaScript 脚本代码，如图 9-92 所示。

```
55 ▼ label{
56        display: block;
57        height: 37px;
58        position: relative;
59        float: left;
60    }
61 ▼ label span{
62        position:absolute;
63        float:left;
64        line-height:37px;
65        left:10px;
66        color:#BCBCBC;
67        cursor:text;
68    }
```
图 9-89

图 9-90

```
69 ▼ #uname:focus {
70        background-color: #CFF4F8;
71        border-color: #F30;
72    }
73 ▼ #upass:focus {
74        background-color: #CFF4F8;
75        border-color: #F30;
76    }
```
图 9-91

```
 7    <script type="text/javascript" src="js/jquery.js"></script>
 8 ▼  <script type="text/javascript">
 9 ▼   $(document).ready(function(){
10 ▼     $("#uname").each(function(){
11          var thisVal=$(this).val();
12          //判断文本框的值是否为空，有值的情况就隐藏提示语，没有值就显示
13 ▼        if(thisVal!=""){
14            $(this).siblings("span").hide();
15 ▼        }else{
16            $(this).siblings("span").show();
17          }
18 ▼        $(this).keyup(function(){
19          var val=$(this).val();
20          $(this).siblings("span").hide();
21 ▼        }).blur(function(){
22          var val=$(this).val();
23 ▼        if(val!=""){
24            $(this).siblings("span").hide();
25 ▼        }else{
26            $(this).siblings("span").show();
27          }
28          })
29        })
30 ▼     $("#upass").each(function(){
31          var thisVal=$(this).val();
32          //判断文本框的值是否为空，有值的情况就隐藏提示语，没有值就显示
33 ▼        if(thisVal!=""){
34            $(this).siblings("span").hide();
35 ▼        }else{
36            $(this).siblings("span").show();
37          }
38 ▼        $(this).keyup(function(){
39          var val=$(this).val();
40          $(this).siblings("span").hide();
41 ▼        }).blur(function(){
42          var val=$(this).val();
43 ▼        if(val!=""){
44            $(this).siblings("span").hide();
45 ▼        }else{
46            $(this).siblings("span").show();
47          }
48          })
49        })
50    })
51    </script>
```
图 9-92

提示

　　此处所链接的外部 jqrery.js 文件与上一小节中所链接的外部 JS 文件是相同的。所编写的 JavaScript 脚本代码同样是针对 ID 名为 uname 和 upass 两个表单元素编写了两段脚本代码。由于篇幅问题，截图只截取了部分，读者可以打开源文件进行查看。

05 保存页面，在浏览器中预览页面，当光标在文本字段中单击时，文本字段中的提示文字并不会消失，如图 9-93 所示。

06 只有当在文本字段中输入内容时，该文本字段中的提示文字才会消失，如图 9-94 所示。

图 9-93

图 9-94

知识点睛：如何在网页中插入密码域？

　　其实密码域就是普通的文本字段，当在网页中插入文本字段时，在文本字段的"属性"面板的"类型"选项中选择"密码"单选按钮后，即可将文本域转换为密码域。

第10章 使用 CSS 设置动画效果

在网页中适当地使用动画效果，可以使页面更加具有趣味性。CSS3 为编程人员带来了革命性的改变，因为它不但可以实现网页元素的变形，还能够表现出网页元素的变形过渡效果，并且还可以创建网页元素的关键帧动画。在本章将带领读者详细学习 CSS3 中的 2D 和 3D 变形属性，从而掌握通过 CSS 样式实现动画的方法。

本章知识点：

- 了解 CSS3 变形属性与函数
- 掌握各种 2D 变形效果的实现方法
- 掌握各种 3D 变形效果的实现方法
- 理解 CSS3 过渡属性
- 掌握 CSS3 过渡属性的使用方法
- 理解并掌握使用 @keyframes 声明关键帧动画
- 理解并掌握使用 animation 调用关键帧动画

10.1 CSS3 变形属性简介

2012 年 9 月，W3C 组织发布了 CSS3 变形工作草案，允许 CSS 把网页元素转变为 2D 或 3D 空间，这个草案包括 CSS3 2D 变形和 CSS3 3D 变形。

CSS3 变形是一些效果的集合，例如平移、旋转、缩放和倾斜效果，每个效果都可以称为变形函数 (Transform Function)，它们控制元素发生平移、旋转、缩放等变化。在 CSS3 之前，这些效果都需要依赖图片或者 JavaScript 才能完成，而使用纯 CSS 样式来完成这些变形，无须加载额外的文件，再一次提升了开发效率，提高了页面的执行效率。

CSS3 新增的 transform 属性可以在网页中实现元素的旋转、缩放、移动、倾斜等变形效果。transform 属性的语法格式如下。

```
transform: none | <transform-function>;
```

transform 属性的属性值说明如表 10-1 所示。

表 10-1 transform 属性的属性值说明

属性值	说明
none	默认值，表示不为网页元素设置变形效果
<transform-function>	设置一个或多个变形函数，如果设置多个变形函数时，使用空格进行分隔

transform 属性中的变形函数说明如表 10-2 所示。

表 10-2 变形函数说明

属性值	说明
2D 变形函数	移动 translate( )、缩放 scale( )、旋转 rotate( ) 和倾斜 skew( )。translate( ) 函数接受 CSS 的标准度量单位；scale( ) 函数接受一个 0~1 之间的十进值；rotate( ) 和 skew( ) 两个函数都接受一个径向的度量单位值 deg。除了 rotate( ) 函数之外，每个函数都接受 x 轴和 y 轴参数。2D 变形中还有一个矩阵变形 matrix( ) 函数，该函数包含 6 个参数

（续表）

属性值	说明
3D 变形函数	rotateX( )、rotateY( )、rotate3d( )、translateZ( )、translate3d( )、scaleZ( ) 和 scale3d( )。3D 变形中也包括一个矩阵变形 matrix3d( ) 函数，该函数包含 16 个参数

提示

元素在变形过程中，仅元素的显示效果发生变形，实际尺寸并不会因为变形而改变。所以元素变形后，可能会超出原有的限定边界，但不会影响自身尺寸及其他元素的布局。

10.2 实现网页元素 2D 变形效果

在上一节中已经介绍了 CSS3 新增的变形属性的语法及相关函数，在本节将向读者详细介绍如何使用各种变形函数来实现网页元素的不同变形效果。

10.2.1 旋转变形

设置 transform 属性值为 rotate( ) 函数，即可实现网页元素的旋转变形。rotate( ) 函数用于定义网页元素在二维空间中的旋转变形效果，该函数可以接受一个角度值，用来指定元素旋转的幅度。

rotate( ) 函数的语法如下。

```
transform: rotate(<angle>);
```

<angle> 参数表示元素旋转角度，为带有角度单位标识符的数值，角度单位是 deg。该值为正数时，表示顺时针旋转；该值为负数时，表示逆时针旋转。

实例 44 实现网页元素的旋转效果

最终文件：最终文件 \ 第 10 章 \10-2-1.html
操作视频：视频 \ 第 10 章 \ 实现网页元素的旋转效果 .mp4

通过 CSS 样式对 transform 属性值为 rotate( ) 函数进行设置，可以控制其显示的元素的旋转变形效果，接下来通过实例练习介绍 rotate( ) 函数在网页中的用法。

01 执行"文件">"打开"命令，打开页面"源文件 \ 第 10 章 \10-2-1.html"，可以看到页面的 HTML 代码，如图 10-1 所示。在 IE 11 浏览器中预览该页面，可以看到页面中间 Logo 图像的效果，如图 10-2 所示。

```
<!doctype html>
<html>
<head>
<meta charset="utf-8">
<title>实现元素的旋转效果</title>
<link href="style/10-2-1.css" rel="stylesheet" type=
"text/css">
</head>

<body>
<div id="logo"><img src="images/102102.png" width="368"
height="368" alt=""/></div>
</body>
</html>
```

图 10-1   图 10-2

02 转换到该网页所链接的外部 CSS 样式表文件中，可以看到所设置的 CSS 样式代码，如图 10-3 所示。创建名称为 #logo:hover 的 CSS 样式，在该 CSS 样式中为 transform 属性设置 rotate( ) 函数，如图 10-4 所示。

```
* {
    margin: 0px;
    padding: 0px;
}
body,html {
    height: 100%;
}
body {
    background-image: url(../images/102101.jpg);
    background-repeat: no-repeat;
    background-position: center center;
    -moz-background-size: cover;      /*Gecko核心浏览器私有属性写法*/
    -webkit-background-size: cover;   /*Webkit核心浏览器私有属性写法*/
    -o-background-size: cover;        /*Presto核心浏览器私有属性写法*/
    background-size: cover;           /*W3C标准语法*/
}
#logo {
    position: absolute;
    width: 368px;
    height: 368px;
    left: 50%;
    margin-left: -184px;
    top: 50%;
    margin-top: -184px;
```

图 10-3

```
#logo:hover {
    transform: rotate(90deg);
    cursor: pointer;
}
```

图 10-4

03 保存外部 CSS 样式表文件，在 IE 11 浏览器中预览页面，效果如图 10-5 所示。当光标移至设置在页面中间的 Logo 图像上方时，可以看到该图像产生了旋转，如图 10-6 所示。

图 10-5

图 10-6

提示

在 ID 名称为 logo 的元素的鼠标经过状态中，设置 transform 属性值为旋转变形函数 rotate( )，旋转角度为 90deg，实现当鼠标经过该元素上方时，元素顺时针旋转 90°。如果旋转角度值为负值，则实现的是逆时针旋转效果。

04 目前主流的浏览器都能够支持 CSS3 的 2D 变形效果，但是较低版本的浏览器则需要使用私有属性的方法，转换到外部 CSS 样式表文件中，为 transform 属性添加不同浏览器私有属性写法，如图 10-7 所示。

05 保存外部 CSS 样式表文件，在 Chrome 浏览器中预览页面，同样可以看到元素旋转变形的效果，如图 10-8 所示。

```
#logo:hover {
    -moz-transform: rotate(90deg);     /*Gecko核心浏览器私有属性写法*/
    -webkit-transform: rotate(90deg);  /*Webkit核心浏览器私有属性写法*/
    -o-transform: rotate(90deg);       /*Presto核心浏览器私有属性写法*/
    -ms-transform: rotate(90deg);      /*Trident核心浏览器私有属性写法*/
    transform: rotate(90deg);          /*W3C标准语法*/
    cursor: pointer;
}
```

图 10-7

图 10-8

在 IE 浏览器中，IE 9 及其以上版本的 IE 浏览器都能够支持 CSS3 新增的 2D 变形效果，但是在 IE 9 以下版本的 IE 浏览器中并不支持，并且也没有什么好的替代方法。

如果一定要在 IE 9 以下版本的 IE 浏览器中实现元素 2D 变形效果，则只能通过 JavaScript 脚本代码来实现。

10.2.2　缩放和翻转变形

设置 transform 属性值为 scale( ) 函数，即可实现网页元素的缩放和翻转效果。scale( ) 函数用于定义网页元素在二维空间的缩放和翻转效果，默认值为 1，因此该函数取值为 0.01 ～ 0.99 之间的任意值都可以使元素缩小；取值为任何大于或等于 1.01 的值，都可以使元素变大。

scale( ) 函数的语法格式如下。

```
transform: scale(<x>,<y>);
```

scale( ) 函数的参数说明如表 10-3 所示。

表 10-3　scale( ) 函数的参数说明

参数	说明
<x>	表示元素在水平方向上的缩放倍数
<y>	表示元素在垂直方向上的缩放倍数

<x> 和 <y> 参数的值可以为整数、负数和小数。当取值的绝对值大于 1 时，表示放大；绝对值小于 1 时，表示缩小。当取值为负数时，元素会被翻转。如果 <y> 参数值省略，则说明垂直方向上的缩放倍数与水平方向上的缩放倍数相同。

实 例 45　实现网页元素的缩放效果

最终文件：最终文件 \ 第 10 章 \10-2-2.html
操作视频：视频 \ 第 10 章 \ 实现网页元素的缩放效果 .mp4

通过 CSS 样式对 transform 属性值为 scale( ) 函数进行设置，可以控制其显示元素的缩放和翻转变形效果，接下来通过实例为用户介绍 scale( ) 函数在网页中的用法。

01 执行 "文件" > "打开" 命令，打开页面 "源文件 \ 第 10 章 \10-2-2.html"，可以看到页面的 HTML 代码，如图 10-9 所示。

02 在 IE 11 浏览器中预览该页面，可以看到页面的效果，如图 10-10 所示。

图 10-9　　　　　　　　　　　　　　　　　　　图 10-10

03 转换到该网页所链接的外部 CSS 样式表文件中，创建名称为 #btn:hover 的 CSS 样式，在该 CSS 样式中为 transform 属性设置 scale( ) 函数，如图 10-11 所示。

04 保存外部 CSS 样式表文件，在 IE 11 浏览器中预览该页面，当鼠标移至页面中的按钮上方时，可以看到该按钮缩小了一些，并且按钮在水平方向进行了翻转显示，如图 10-12 所示。

```
#btn:hover {
    -moz-transform: scale(-0.9,0.9);      /*Gecko核心浏览器私有属性写法*/
    -webkit-transform: scale(-0.9,0.9);   /*Webkit核心浏览器私有属性写法*/
    -o-transform: scale(-0.9,0.9);        /*Presto核心浏览器私有属性写法*/
    -ms-transform: scale(-0.9,0.9);       /*Trident核心浏览器私有属性写法*/
    transform: scale(-0.9,0.9);           /*W3C标准语法*/
    cursor: pointer;
}
```

图 10-11

图 10-12

提示

在 scale( ) 函数中可以设置两个参数，分别表示元素在水平和垂直方向上的缩放倍数，如果两个数值相同，则表示元素等比例进行缩放。如果参数取负值，表示元素在该方向进行翻转，例如此处为水平方向参数取负值，所以元素会在水平方向上进行翻转。

05 转换到外部 CSS 样式表文件中，在名为 #btn:hover 的 CSS 样式中，修改 scale( ) 函数的设置，如图 10-13 所示。

06 保存外部 CSS 样式表文件，在 Google Chrome 浏览器中预览该页面，当鼠标移至页面中的按钮上方时，可以看到该按钮放大显示的效果，如图 10-14 所示。

```
#btn:hover {
    -moz-transform: scale(2); /*Webkit核心浏览器私有属性写法*/
    -o-transform: scale(2);        /*Presto核心浏览器私有属性写法*/
    -ms-transform: scale(2);       /*Trident核心浏览器私有属性写法*/
    transform: scale(2);           /*W3C标准语法*/
    cursor: pointer;
}
```

图 10-13

图 10-14

提示

在 ID 名为 btn 的元素的鼠标经过状态中，设置 transform 属性值为缩放变形函数 scale( )，缩放值为 1.5，此处只设置一个参数值，说明水平和垂直方向上的缩放比例相同，当鼠标经过该元素时，元素在水平和垂直方向均放大至 1.5 倍。

10.2.3 移动变形 >

设置 transform 属性值为 translate( ) 函数，即可实现网页元素的移动。translate( ) 函数用于定义网页元素在二维空间的偏移效果。

translate( ) 函数的语法格式如下。

```
transform: translate(<x>,<y>);
```

translate( ) 函数的参数说明如表 10-4 所示。

表 10-4　translate( ) 函数的参数说明

参数	说明
<x>	表示网页元素在水平方向上的偏移距离
<y>	表示网页元素在垂直方向上的偏移距离

<x> 和 <y> 参数的值是带有长度单位标识符的数值，可以为负数和带有小数的值。如果取值大于 0，表示元素向右或向下偏移；如果取值小于 0，则表示元素向左或向上偏移。如果 <y> 值省略，则说明垂直方向上偏移距离默认为 0。

实例 46　实现网页元素位置的移动

最终文件：最终文件 \ 第 10 章 \10-2-3.html
操作视频：视频 \ 第 10 章 \ 实现网页元素位置的移动 .mp4

通过 CSS 样式对 transform 属性值为 translate( ) 函数进行设置，可以控制其显示元素的移动变形效果，接下来通过实例为用户介绍 translate( ) 函数在网页中的用法。

01 执行"文件">"打开"命令，打开页面"源文件 \ 第 10 章 \10-2-3.html"，可以看到页面的 HTML 代码，如图 10-15 所示。在 IE 11 浏览器中预览该页面，可以看到页面的效果，如图 10-16 所示。

```
<!doctype html>
<html>
<head>
<meta charset="utf-8">
<title>实现网页元素位置的移动</title>
<link href="style/10-2-3.css" rel="stylesheet"
type="text/css">
</head>

<body>
<div id="text"><img src="images/102302.png" width="500"
height="500"  alt=""/></div>
</body>
</html>
```

图 10-15

图 10-16

02 转换到该网页所链接的外部 CSS 样式表文件，可以看到所设置的 CSS 样式代码，如图 10-17 所示。创建名称为 #text:hover 的 CSS 样式，在该 CSS 样式中为 transform 属性设置 translate( ) 函数，如图 10-18 所示。

```
* {
    margin: 0px;
    padding: 0px;
}
body,html {
    height: 100%;
}
body {
    background-color: #000;
    background-image: url(../images/102301.jpg);
    background-repeat: no-repeat;
    background-position: center bottom;
    overflow: hidden;
}
#text {
    position: absolute;
    width: 500px;
    height: 500px;
    left: 50%;
    margin-left: -500px;
    top: -300px;
}
```

图 10-17

```
#text:hover {
    -moz-transform: translate(240px,360px);      /*Gecko核心浏览器私有属性写法*/
    -webkit-transform: translate(240px,360px);   /*Webkit核心浏览器私有属性写法*/
    -o-transform: translate(240px,360px);        /*Presto核心浏览器私有属性写法*/
    -ms-transform: translate(240px,240px);       /*Trident核心浏览器私有属性写法*/
    transform: translate(240px,360px);           /*W3C标准语法*/
    cursor: pointer;
}
```

图 10-18

> **提示**
>
> 在 ID 名为 text 的元素的鼠标经过状态中，设置 transform 属性值为移动变形函数 translate( )，设置水平方向为 0，表示在水平方向不发现位移变化，垂直方向为正数值，表示在垂直方向发生向下的位移变化。

03 保存外部 CSS 样式表文件，在 Google Chrome 浏览器中预览页面，效果如图 10-19 所示。当光标移至页面上方的文字上时，可以看到该文字向下移动了相应的位置，如图 10-20 所示。

图 10-19

图 10-20

10.2.4　倾斜变形

设置 transform 属性值为 skew( ) 函数，即可实现网页元素的倾斜效果。skew( ) 函数能够让元素倾斜显示，可以将一个对象以其中心位置围绕着 x 轴和 y 轴按照一定的角度倾斜。与 rotate( ) 函数的旋转不同，rotate( ) 函数只是旋转元素，而不会改变元素的形状，而 skew( ) 函数不会对元素进行旋转，而只会改变元素的形状。

skew( ) 函数的语法格式如下。

```
transform: skew(<angleX>,<angleY>);
```

skew( ) 函数的参数说明如表 10-5 所示。

表 10-5　skew( ) 函数的参数说明

参数	说明
<angleX>	表示网页元素在空间 x 轴上的倾斜角度
<angleY>	表示网页元素在空间 y 轴上的倾斜角度

<angleX> 和 <angleY> 参数的值是带有角度单位标识符的数值，角度单位是 deg。如果 <angleY> 参数值省略，则说明垂直方向上的倾斜角度默认为 0deg。

实 例 47　实现网页元素的倾斜效果

最终文件：最终文件 \ 第 10 章 \10-2-4.html
操作视频：视频 \ 第 10 章 \ 实现网页元素的倾斜效果 .mp4

通过 CSS 样式对 transform 属性值为 skew( ) 函数进行设置，可以控制其显示元素的倾斜变形效果，接下来通过实例为用户介绍 skew( ) 函数在网页中的用法。

01 执行"文件" > "打开"命令，打开页面"源文件 \ 第 10 章 \10-2-4.html"，可以看到页面的 HTML 代码，如图 10-21 所示。

02 在 IE 11 浏览器中预览该页面，可以看到页面的效果，如图 10-22 所示。

```
<!doctype html>
<html>
<head>
<meta charset="utf-8">
<title>实现网页元素的倾斜效果</title>
<link href="style/10-2-4.css" rel="stylesheet"
type="text/css">
</head>

<body>
<div id="btn">点击查看更多精彩图片 &gt;&gt;</div>
</body>
</html>
```

图 10-21

图 10-22

03 转换到该网页所链接的外部 CSS 样式表文件中，创建名称为 #btn:hover 的 CSS 样式，在该 CSS 样式中为 transform 属性设置 skew() 函数，如图 10-23 所示。

04 保存外部 CSS 样式表文件，在 IE 11 浏览器中预览页面，当光标移至按钮上方时，可以看到按钮倾斜变形的效果，如图 10-24 所示。

```
#btn:hover {
   -moz-transform: skew(-30deg);    /*Gecko核心浏览器私有属性写法*/
   -webkit-transform: skew(-30deg); /*Webkit核心浏览器私有属性写法*/
   -o-transform: skew(-30deg);      /*Presto核心浏览器私有属性写法*/
   -ms-transform: skew(-30deg);     /*Trident核心浏览器私有属性写法*/
   transform: skew(-30deg);         /*W3C标准语法*/
   cursor: pointer;
}
```

图 10-23

图 10-24

提示

在 ID 名为 btn 的元素的鼠标经过状态中，设置 transform 属性值为倾斜变形函数 skew()，仅设置了水平方向的倾斜角度为 -30°，没有设置垂直方向的倾斜角度，则默认垂直方向上的倾斜角度为 0deg。

05 转换到外部 CSS 样式表文件中，在名称为 #btn:hover 的 CSS 样式中修改 skew() 函数的参数值设置，如图 10-25 所示。

06 保存外部 CSS 样式表文件，在 IE 11 浏览器中预览页面，当光标移至按钮上方时，可以看到按钮倾斜变形的效果，如图 10-26 所示。

```
#btn:hover {
   -moz-transform: skew(-30deg,20deg);    /*Gecko核心浏览器私有属性写法*/
   -webkit-transform: skew(-30deg,20deg); /*Webkit核心浏览器私有属性写法*/
   -o-transform: skew(-30deg,20deg);      /*Presto核心浏览器私有属性写法*/
   -ms-transform: skew(-30deg,20deg);     /*Trident核心浏览器私有属性写法*/
   transform: skew(-30deg,20deg);         /*W3C标准语法*/
   cursor: pointer;
}
```

图 10-25

图 10-26

10.2.5 矩阵变形

通过 CSS3 中的 Transform 属性能够使元素的变形操作变得非常简单，例如位移函数 translate( )、缩放函数 scale( )、旋转函数 rotate( ) 和倾斜函数 skew( )。这几个函数的使用非常简单、方便，但是变形中的矩阵函数 matrix( ) 并不常用。

matrix( ) 函数的语法格式如下。

```
transform: matrix(<m11>,<m12>,<m21>,<m22>,<x>,<y>);
```

matrix( ) 函数中的 6 个参数均为可计算的数值，组成一个变形矩阵，与当前网页元素旧的参数组成的矩阵进行乘法运算，形成新的矩阵，元素的参数被改变。该变形矩阵的形式如下。

```
| m11          m21x |
| m12          m22y |
| 0      0       1 |
```

关于详细的矩阵变形原理，需要掌握矩阵的相关知识，具体可以参考数学及图形学相关的资料，这里不做过多的说明。不过这里可以先通过几个特例了解其大概的使用方法。前面已经讲解了移动、缩放和旋转这些变换操作，其实都可以看作矩阵变形的特例。

旋转 rotate(A)，相当于矩阵变形 matrix(cosA,sinA,−sinA,cosA,0,0)。

缩放 scale(sx,sy)，相当于矩阵变形 matrix(sx,0,0,sy,0,0)。

移动 translate(dx,dy)，相当于矩阵变形 translate(1,0,0,1,dx,dy)。

可见，通过矩形变形可以使网页元素的变形更加灵活。

10.3 实现元素 3D 变形效果

通过使用 3D 变形，可以改变元素在 z 轴上的位置。3D 变形使用基于 2D 变形的相同属性，如果熟悉 2D 变形会发现，3D 变形的功能和 2D 变形的功能类似。

10.3.1 3D 位移

CSS3 中的 3D 位移主要包括两个函数，分别是 translateZ( ) 和 translate3d( )，下面分别介绍这两个函数。

1. translateZ( ) 函数

tranllateZ( ) 函数的功能是让元素在 3D 空间沿 z 轴进行位置，其基本使用语法格式如下。

```
transform: translateZ(<z>);
```

参数 <z> 指的是元素在 z 轴的位移值。使用 translateZ( ) 函数可以使元素在 z 轴进行位移，当其值为负值时，元素在 z 轴越移越远，导航元素变得较小。反之，当其值为正值时，元素在 z 轴越移越近，导致元素变得较大。

2. translate3d( ) 函数

translate3d( ) 函数使一个元素在三维空间中移动，这种变形的特点是，使用三维向量的坐标定义元素在每个方向移动多少。其基本使用语法格式如下。

```
transform: translate3d(<x>,<y>,<z>);
```

<x> 表示 x 轴方向的位置值；<y> 表示 y 轴方向的位移值；<z> 表示 z 轴方向的位移值，该值不能是一个百分比值，如果取百分比值，将会认为无效值。

实 例 48 实现网页元素的 3D 位移效果

最终文件：最终文件 \ 第 10 章 \10-3-1.html
操作视频：视频 \ 第 10 章 \ 实现网页元素的 3D 位移效果 .mp4

通过 CSS 样式对 translateZ( ) 和 translate3d( ) 函数进行设置，可以控制其显示元素的 3D 位移效果，接下来通过实例练习为用户介绍 3D 位移函数在网页中的用法。

01 执行 "文件" > "打开" 命令，打开页面 "源文件 \ 第 10 章 \10-3-1.html"，可以看到页面的 HTML 代码，如图 10-27 所示。

02 在 IE 11 浏览器中预览该页面，可以看到页面的效果，如图 10-28 所示。

```
<!doctype html>
<html>
<head>
<meta charset="utf-8">
<title>实现网页元素的3D位移效果</title>
<link href="style/10-3-1.css" rel="stylesheet"
type="text/css">
</head>

<body>
<div id="box">
  <div id="text">
    <img src="images/102302.png" width="500" height="500"
    alt=""/>
  </div>
</div>
</body>
</html>
```

图 10-27

图 10-28

03 转换到该网页所链接的外部 CSS 样式表文件中，找到名为 #box 的 CSS 样式，如图 10-29 所示。在该 CSS 样式代码中添加 perspective 属性设置代码，如图 10-30 所示。

```
#box {
    position: absolute;
    width: 500px;
    height: 500px;
    left: 50%;
    margin-left: -240px;
    top: 50%;
    margin-top: -240px;
}
```

图 10-29

```
#box {
    position: absolute;
    width: 500px;
    height: 500px;
    left: 50%;
    margin-left: -240px;
    top: 50%;
    margin-top: -240px;
    -moz-perspective: 800px;
    -webkit-perspective: 800px;
    -o-perspective: 800px;
    perspective: 800px;
}
```

图 10-30

提示

如果需要为某个元素应用 3D 变形效果，则必须首先为该元素的父元素设置 perspective 属性，否则无法看到所设置的 3D 变形效果。

perspective 属性只对 3D 变形元素起作用，perspective 属性用于设置 3D 元素距离视图的距离，以像素为单位，该属性允许用户改变 3D 元素查看 3D 元素的视图。当为元素设置 perspective 属性时，该元素的子元素会获得透视效果，而不是元素本身。

04 在外部 CSS 样式表文件中创建名为 #text:hover 的 CSS 样式，设置 transform 属性为 translate3d( ) 函数，实现元素在 3D 空间的位移效果，如图 10-31 所示。

05 保存外部 CSS 样式表文件，在 IE 11 浏览器中预览该页面，当鼠标移至页面中的文字上方时，可以看到文字沿 x 轴、y 轴和 z 轴 3 个方向进行位置的效果，10-32 所示。

```
#text:hover {
    -moz-transform: translate3d(30px,30px,200px);    /*Gecko核心浏览器私有属性写法*/
    -webkit-transform: translate3d(30px,30px,200px); /*Webkit核心浏览器私有属性写法*/
    -o-transform: translate3d(30px,30px,200px);      /*Presto核心浏览器私有属性写法*/
    -ms-transform: translate3d(30px,30px,200px);     /*Trident核心浏览器私有属性写法*/
    transform: translate3d(30px,30px,200px);         /*W3C标准语法*/
    cursor: pointer;
}
```

图 10-31

图 10-32

> **提示**
>
> 　　此处通过 translate3d( ) 函数设置元素在三维空间中的位移值，y 轴方向为 30 像素，元素将水平向右移动 30 像素，y 轴方向为 30 像素，元素将垂直向下移动 30 像素，z 轴方向为 200 像素，元素将向垂直于屏幕的方向移动 200 像素，表现出的视觉效果类似放大。如果 z 轴值为负值，则元素向垂直于屏幕的反方向进行移动，表现出的视觉效果类似缩小。

　　06 转换到外部 CSS 样式表语言文件中，在名为 #text:hover 的 CSS 样式中修改 transform 属性值为 translateZ( ) 函数，实现元素在 z 轴的位移效果，如图 10-33 所示。

　　07 保存外部 CSS 样式表文件，在 IE 11 浏览器中预览该页面，当鼠标移至页面中的文字上方时，可以看到文字沿 z 轴进行位移的效果，10-34 所示。

```
#text:hover {
    -moz-transform: translateZ(200px);    /*Gecko核心浏览器私有属性写法*/
    -webkit-transform: translateZ(200px); /*Webkit核心浏览器私有属性写法*/
    -o-transform: translateZ(200px);      /*Presto核心浏览器私有属性写法*/
    -ms-transform: translateZ(200px);     /*Trident核心浏览器私有属性写法*/
    transform: translateZ(200px);         /*W3C标准语法*/
    cursor: pointer;
}
```

图 10-33

图 10-34

> **提示**
>
> 　　如果使用 translateZ( ) 函数，则表示元素只在 z 轴方向进行位移，而 x 轴和 y 轴方向不动。此处的 translateZ(200px) 相当于 translate3d(0,0,200px)。

10.3.2　3D 旋转

　　在前面介绍的 2D 旋转中已经实现了元素在平面上进行顺时针或逆时针旋转，在 3D 变形时，可以让元素在任何轴旋转。为此，CSS3 新增了 3 个旋转函数 rotateX( )、rotateY( ) 和 rotateZ( )。

　　在三维空间中，使用 rotateX( )、rotateY( ) 和 rotateZ( ) 函数让一个元素围绕 x、y、z 轴旋转，其基本语法格式如下。

```
transform: rotateX(<angle>);
transform: rotateY(<angle>);
transform: rotateZ(<angle>);
```

　　<angle> 参数指的是一个旋转角度值，其值可以是正值也可以是负值。如果为正值，元素顺时针旋转；反之，如果为负值，元素逆时针旋转。

> **提示**
>
> 　　rotateZ( ) 函数指定元素围绕 z 轴旋转，如果仅从视觉角度上来看，rotateZ( ) 函数让元素顺时针或逆时针旋转，并且效果和 rotate( ) 效果等同，但不是在 2D 平面旋转。

在三维空间中，除了 rotateX( )、rotateY( ) 和 rotateZ( ) 函数可以让一个元素在三维空间中旋转之外，还有一个函数 rotate3d( )，其基本的使用语法格式如下。

```
transform: rotate3d(<x>,<y>,<z>,<angle>);
```

rotate3d( ) 函数的参数说明如表 10-6 所示。

表 10-6　rotate3d( ) 函数的参数说明

参数	说明
<x>	0~1 的数值，用来描述元素围绕 x 轴旋转的矢量值
<y>	0~1 的数值，用来描述元素围绕 y 轴旋转的矢量值
<z>	0~1 的数值，用来描述元素围绕 z 轴旋转的矢量值
<angle>	角度值，用来指定元素在 3D 空间旋转的角度，如果其值为正值，元素顺时针旋转，反之元素逆时针旋转

当 <x>、<y>、<z> 三个值同时为 0 时，元素在 3D 空间不做任何旋转。当 <x>、<y>、<z> 取不同的值时，和前面介绍的 3 个旋转函数功能等同。rotateX(<angle>) 函数功能等同于 rotate3d(1,0,0,<angle>)；rotateY(<angle>) 函数功能等同于 rotate3d(0,1,0,<angle>)；rotateZ(<angle>) 函数功能等同于 rotate3d(0,0,1,<angle>)

实例 49　实现网页元素的 3D 旋转效果

最终文件：最终文件 \ 第 10 章 \10-3-2.html
操作视频：视频 \ 第 10 章 \ 实现网页元素的 3D 旋转效果 .mp4

通过 CSS 样式对 rotateX( )、rotateY( ) 和 rotateZ( ) 函数进行设置，可以控制其显示元素的 3D 旋转效果，接下来通过实例练习为用户介绍 3D 旋转函数在网页中的用法。

01 执行"文件">"打开"命令，打开页面"源文件 \ 第 10 章 \10-3-2.html"，可以看到页面的 HTML 代码，如图 10-35 所示。

02 在 IE 11 浏览器中预览该页面，可以看到页面的效果，如图 10-36 所示。

图 10-35

图 10-36

03 转换到该网页所链接的外部 CSS 样式表文件中，在名称为 #box 的 CSS 样式中添加 perspective 属性设置代码，如图 10-37 所示。

04 在名为 #logo 的 CSS 样式中 transition 属性设置代码，如图 10-38 所示。

```
#box {
    position: absolute;
    width: 368px;
    height: 368px;
    left: 50%;
    margin-left: -184px;
    top: 50%;
    margin-top: -184px;
    -moz-perspective: 1000px;
    -webkit-perspective: 1000px;
    -o-perspective: 1000px;
    perspective: 1000px;
}
```

图 10-37

```
#logo {
    width: 100%;
    height: 100%;
    -moz-transition: all 5s;
    -webkit-transition: all 5s;
    -o-transition: all 5s;
    -ms-transition: all 5s;
    transition: all 5s;
}
```

图 10-38

> **提示**
>
> transition 属性用于设置元素变形的过渡效果，此处在该属性中设置了两个属性值，all 表示所有属性都产生过渡效果，5S 是指元素属性过渡所持续的时间长度。关于 transition 属性将在第 10.4 节中进行详细介绍。

05 在外部 CSS 样式表文件中创建名为 #logo:hover 的 CSS 样式，设置 transform 属性为 rotateX( ) 函数，实现元素在 3D 空间中围绕 x 轴旋转，如图 10-39 所示。

06 保存外部 CSS 样式表文件，在 IE 11 浏览器中预览该页面，当鼠标移至页面中的 Logo 图像上方时，可以看到该图像围绕 x 轴旋转的效果，如图 10-40 所示。

```
#logo:hover {
    -moz-transform: rotateX(360deg);
    -webkit-transform: rotateX(360deg);
    -o-transform: rotateX(360deg);
    -ms-transform: rotateX(360deg);
    transform: rotateX(360deg);
    cursor: pointer;
}
```

图 10-39

图 10-40

07 转换到外部 CSS 样式表文件中，在名为 #logo:hover 的 CSS 样式中修改 transform 属性为 rotateY( ) 函数，实现元素在 3D 空间中围绕 y 轴旋转，如图 10-41 所示。

08 保存外部 CSS 样式表文件，在 IE 11 浏览器中预览该页面，当鼠标移至页面中的 Logo 图像上方时，可以看到该图像围绕 y 轴旋转的效果，如图 10-42 所示。

```
#logo:hover {
    -moz-transform: rotateY(360deg);
    -webkit-transform: rotateY(360deg);
    -o-transform: rotateY(360deg);
    -ms-transform: rotateY(360deg);
    transform: rotateY(360deg);
    cursor: pointer;
}
```

图 10-41

图 10-42

09 转换到外部 CSS 样式表文件中，在名为 #logo:hover 的 CSS 样式中修改 transform 属性为 rotateZ( ) 函数，实现元素在 3D 空间中围绕 z 轴旋转，如图 10-43 所示。

10 保存外部 CSS 样式表文件，在 IE 11 浏览器中预览该页面，当鼠标移至页面中的 Logo 图像上方时，可以看到该图像围绕 z 轴旋转的效果，如图 10-44 所示。

```
#logo:hover {
    -moz-transform: rotateZ(360deg);
    -webkit-transform: rotateZ(360deg);
    -o-transform: rotateZ(360deg);
    -ms-transform: rotateZ(360deg);
    transform: rotateZ(360deg);
    cursor: pointer;
}
```

图 10-43   图 10-44

提示

因为 z 轴是垂直于屏幕的，所以使用 rotateZ( ) 函数实现元素围绕 z 轴进行旋转的效果与 2D 变形中 rotate( ) 函数所表现出的效果在视觉上是完全相同的。

10.3.3 3D 缩放

CSS3 的 3D 变形中的缩放主要有 scaleZ( ) 和 scale3d( ) 两个函数，当 scale3d( ) 函数中 x 轴和 y 轴同时为 1 时，即 scale3d(1,1,<z>)，其效果等同于 scaleZ(<z>)。

通过使用 3D 缩放函数，可以让元素在 Z 轴上按比例缩放，默认值为 1，当值大于 1 时，元素放大，小于 1 大于 0.01 时，元素缩小。scale3d( ) 函数的使用语法格式如下。

```
transform:scale3d(<x>,<y>,<z>);
```

<x> 表示 x 轴方向的缩放比例；<y> 表示 y 轴方向的缩放比例；<z> 表示 z 轴方向的缩放比例。scaleZ( ) 函数的使用语法格式如下。

```
transform:scaleZ(<z>);
```

参数 <z> 指定元素每个点在 z 轴的比例，scaleZ(-1) 表示一个原点在 z 轴的对称点。

提示

scaleZ( ) 函数和 scale3d( ) 函数单独使用时没有任何效果，需要配合其他的变形函数一起使用才会有效果。

实例 50 实现网页元素的 3D 缩放效果

最终文件：最终文件 \ 第 10 章 \10-3-3.html
操作视频：视频 \ 第 10 章 \ 实现网页元素的 3D 缩放效果 .mp4

通过 CSS 样式对 scaleZ( ) 和 scale3d( ) 函数进行设置，可以控制其显示元素的 3D 缩放效果，接下来通过实例练习为用户介绍 3D 缩放函数在网页中的用法。

01 执行"文件" > "打开"命令，打开页面"源文件 \ 第 10 章 \10-3-3.html"，可以看到页面的 HTML 代码，如图 10-45 所示。在 IE 11 浏览器中预览该页面，可以看到页面的效果，如图 10-46 所示。

02 转换到该网页所链接的外部 CSS 样式表文件中，在名称为 #box 的 CSS 样式中添加 perspective 属性设置代码，如图 10-47 所示。

```
<!doctype html>
<html>
<head>
<meta charset="utf-8">
<title>实现网页元素的3D缩放效果</title>
<link href="style/10-3-3.css" rel="stylesheet" type=
"text/css">
</head>

<body>
<div id="box">
  <div id="logo">
    <img src="images/103202.png" width="368" height=
"368"  alt=""/>
  </div>
</div>
</body>
</html>
```

图 10-45

图 10-46

03 创建名为 #logo:hover 的 CSS 样式，设置 transform 属性为 scaleZ( ) 和 rotateX( ) 函数，如图 10-48 所示。

```
#box {
    position: absolute;
    width: 408px;
    height: 408px;
    left: 50%;
    margin-left: -204px;
    top: 50%;
    margin-top: -204px;
    -moz-perspective: 1000px;
    -webkit-perspective: 1000px;
    -o-perspective: 1000px;
    perspective: 1000px;
}
```

图 10-47

```
#logo:hover {
    -moz-transform: scaleZ(3) rotateX(45deg);
    -webkit-transform: scaleZ(3) rotateX(45deg);
    -o-transform: scaleZ(3) rotateX(45deg);
    -ms-transform: scaleZ(3) rotateX(45deg);
    transform: scaleZ(3) rotateX(45deg);
    cursor: pointer;
}
```

图 10-48

> **提示**
>
> 在 transform 属性中同时应用了 scaleZ( ) 函数和 rotateX( ) 函数，两个函数之间使用空格进行分隔，实现元素在 3D 空间中的 z 轴进行缩放并围绕 x 轴旋转。

04 保存外部 CSS 样式表文件，在 IE 11 浏览器中预览该页面，效果如图 10-49 所示。当鼠标移至页面中的 Logo 图像上时，可以看到该元素在 z 轴进行缩放和围绕 x 轴旋转 45° 的效果，如图 10-50 所示。

图 10-49

图 10-50

10.3.4 3D 矩阵

CSS3 中的 3D 矩阵比 2D 矩阵复杂，从二维到三维，是从 4 到 9；而在矩形里是 3×3 变成 4×4，即 9 ~ 16。对于 3D 矩阵而言，本质上很多东西与 2D 一致，只是复杂程度不一样而已。

3D 矩阵即为透视投影，推算方式与 2D 矩阵类似。

```
|x        0       0       0 |
|0        y       0       0 |
|0        0       z       0 |
|0        0       0       1 |
```

代码表示如下。

```
matrix3d(x, 0, 0, 0, 0, y, 0, 0, 0, 0, z, 0, 0, 0, 0, 1)
```

提示

　　倾斜变形是二维变形效果，不能在三维空间中进行倾斜变形。元素可能会在 x 轴和 y 轴倾斜，然后转换为三维，但它们不能在 z 轴倾斜。

10.4　CSS3 过渡简介

　　W3C 标准中对于 transition 属性的功能描述很简单：CSS3 中新增的 transition 属性允许 CSS 的属性值在一定的时间区间内平滑地过渡。这种效果可以在鼠标单击、获得焦点、被点击或对元素任何改变中触发，并平滑地以动画效果改变 CSS 的属性值。

10.4.1　CSS3 过渡属性

　　CSS3 新增了 transition 属性，通过该属性可以实现网页元素变换过程中的过渡效果，即在网页中实现了基本的动画效果。与实现元素变换的 transform 属性一起使用，可以展现出网页元素的变形过程，丰富动画的效果。

　　transition 属性的语法格式如下。

　　transition: transition-property || transition-duration || transition-timing-function || transition-delay;

　　transition 属性是一个复合属性，可以同时定义过渡效果所需要的参数信息。其中包含 4 个方面的信息，就是 4 个子属性：transition–property、transition–duration、transition–timing–function 和 transition–delay。

　　transition 属性所包含的子属性说明如表 10–7 所示。

表 10-7　transition 属性的子属性说明

子属性	说明
transition–property	该属性用于设置过渡效果
transition–duration	该属性用于设置过渡所需的时间长度
transition–timing–function	该属性用于设置过渡的方式
transition–delay	该属性用于设置开始过渡的延迟时间长度

提示

　　如果单独声明 transition 属性会变得非常密集，特别是在添加各个浏览器的私有属性前缀的时候。值得庆幸的是，transition 属性可以像 border、margin、padding 和 font 这样的属性一样，将上面介绍的 transition 属性的 4 个子属性（transition-property、transition-duration、transition-timing-function 和 transition-delay）简写在一起，各属性值之间使用空格进行分隔。

10.4.2　如何创建过渡动画

　　以往 Web 中的动画都是依赖于 JavaScript 和 Flash 来实现的，但是通过 CSS3 新增的变形与过渡属性就能够实现许多简单的交互动画效果，这些原生的 CSS 过渡效果在客户端中运行需要的资源非常少，从而能够表现得更加平滑。

CSS3 过渡与元素的常规样式一起进行设置。只要目标属性更改，浏览器就会使用过渡。除了使用 JavaScript 触发动作外，在 CSS 中也可以通过一些伪类来触发动作，如 :hover、:focus、:active、:target 和 :checked 等。

通过 CSS3 中的过渡，无须在 JavaScript 中编写动画，只需要更改一个属性值并依赖浏览器来执行所有重要的工作。

以下是使用 CSS 创建简单过渡的步骤。

(1) 在默认样式中声明元素的初始状态样式。

(2) 声明过渡元素最终状态样式，例如悬浮状态。

(3) 在默认样式中通过添加过渡函数，添加一些不同的样式。

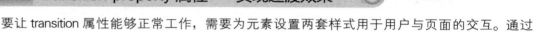

10.5 CSS3 实现元素过渡效果

前面所介绍的 transform 属性所实现的是网页元素的变形效果，仅仅呈现的是元素变形的结果。在 CSS3 中还新增了 transition 属性，通过该属性可以设置元素的变形过渡效果，可以让元素的变形过程看起来更加平滑。

10.5.1 transition-property 属性——实现过渡效果

要让 transition 属性能够正常工作，需要为元素设置两套样式用于用户与页面的交互。通过 transition-property 属性来指定产生过渡的 CSS 属性名称。

transition-property 属性的语法格式如下。

```
transition-property: none | all | <property>;
```

transition-property 属性的属性值说明如表 10-8 所示。

表 10-8　transition-property 属性的属性值说明

属性值	说明
none	表示没有任何 CSS 属性有过渡效果
all	该属性值为默认值，表示所有的 CSS 属性都有过渡效果
<property>	指定一个或多个使用逗号分隔的属性，针对指定的这些属性有过渡效果

需要注意的是，使用 transition-property 属性来指定过渡属性并不是所有属性都可以过渡，具体什么 CSS 属性可以实现过渡，在 W3C 官网中列出了可以实现过渡的 CSS 属性值以及值的类型，如表 10-9 所示。

表 10-9　支持过渡效果的 CSS 属性表

background-color	background-position	border-bottom-color	border-bottom-width
border-left-color	border-left-width	border-right-color	border-right-width
border-spacing	border-top-color	border-top-width	bottom
clip	color	font-size	font-weight
height	left	letter-spacing	line-height
margin-bottom	margin-left	margin-right	margin-top
max-height	max-width	min-height	min-width
opacity	outline-color	outline-width	padding-bottom
padding-left	padding-right	padding-top	right
text-indent	text-shadow	vertical-align	visibility
width	word-spacing	z-index	

> **提示**
>
> 　在使用 transition-property 属性指定过渡 CSS 属性时，不仅可以指定一个 CSS 属性，还可以同时指定多个过渡 CSS 属性，只是在 CSS 属性名称之间使用逗号隔开。

10.5.2　transition-duration 属性——过渡时间

　　transition-duration 属性用来设置一个属性过渡到另一个属性所需要的时间，即从旧属性过渡到新属性持续的时间。

　　transition-duration 属性的语法格式如下。

```
transition-duration: <time>;
```

　　<time> 参数用于指定一个用逗号分隔的多个时间值，时间的单位可以是 s(秒) 或 ms(毫秒)。默认情况下为 0，即看不到过渡效果，看到的直接是变换后的结果。

实　例　51　　实现网页元素的变形过渡效果

最终文件：最终文件 \ 第 10 章 \10-5-2.html
操作视频：视频 \ 第 10 章 \ 实现网页元素的变形过渡效果 .mp4

　　通过 CSS 样式对 transition-duration 属性进行设置，可以控制其两个属性的过渡时间，接下来通过实例练习为用户介绍属性过渡时间在网页中的用法。

　　01 执行"文件">"打开"命令，打开页面"源文件 \ 第 10 章 \10-5-2.html"，可以看到页面的 HTML 代码，如图 10-51 所示。在 IE 11 浏览器中预览该页面，可以看到页面的效果，如图 10-52 所示。

```
<body>
<div id="top">
  <div id="menu">
    <ul>
      <li>网站首页</li>
      <li>关于我们</li>
      <li>经典川菜</li>
      <li>特色川菜</li>
      <li>在线预订</li>
      <li>联系我们</li>
    </ul>
  </div>
</div>
<div id="logo"><img src="images/105102.png" width="313"
height="313" alt=""/></div>
<div id="box">
  <div id="text">川渝境内最出名的特色连锁店<br>
    致力于&ldquo;让顾客餐前充满期待，餐后流连忘返&rdquo;的经营理念
  </div>
  <div id="btn"><img src="images/105103.png" width="36"
height="51" alt=""/></div>
</div>
</body>
```

图 10-51　　　　　　　　　　　　　　　　　　　　图 10-52

　　02 转换到该网页所链接的外部 CSS 样式表文件中，找到名为 #logo 的 CSS 样式，如图 10-53 所示。在该 CSS 样式代码中添加 transition-property 属性 transition-duration 属性设置，设置元素过渡效果和过渡时间，如图 10-54 所示。

　　03 在外部 CSS 样式表文件中创建名为 #logo:hover 的 CSS 样式，在该 CSS 样式中设置元素在鼠标经过状态下的变形效果，如图 10-55 所示。

　　04 保存外部 CSS 样式表文件，在 IE 11 浏览器中预览该页面，当鼠标移至页面中的 Logo 图像上方时，可以看到该元素背景颜色逐渐过渡变化的动画效果，如图 10-56 所示。

```
#logo {
    position: absolute;
    width: 313px;
    height: 313px;
    left: 50%;
    margin-left: -178px;
    top: 45%;
    margin-top: -178px;
    background-color: rgba(255,255,255,0.2);
    border: solid 1px #CCC;
    padding: 20px;
}
```

图 10-53

```
#logo {
    position: absolute;
    width: 313px;
    height: 313px;
    left: 50%;
    margin-left: -178px;
    top: 45%;
    margin-top: -178px;
    background-color: rgba(255,255,255,0.2);
    border: solid 1px #CCC;
    padding: 20px;
    transition-property: transform,background-color;/*设置过渡效果*/
    transition-duration: 4s;/*设置过渡持续时间*/
}
```

图 10-54

```
#logo:hover {
    background-color: rgba(8,123,0,0.7);
    border: solid 10px #FFF;
    transform: rotate(360deg); /*设置元素旋转变形*/
    cursor: pointer;
}
```

图 10-55

图 10-56

> **提示**
>
> 　　因为在名为 #logo 的 CSS 样式中通过 transition-property 属性指定了两个过渡属性，分别是 transform 和 background-color 这两个属性，两个属性之间使用逗号分隔，所以在预览页面中当鼠标移至元素上方时，只能够看到元素的变形和背景颜色变化的过渡动画效果，而看不到边框过渡的动画效果。

　　05 返回 CSS 样式表文件中，在名为 #logo 的 CSS 样式中，修改 transition-property 属性值为 all，如图 10-57 所示。

　　06 保存外部 CSS 样式表文件，在 IE 11 浏览器中预览该页面，当鼠标移至页面中的 Logo 图像上方时，可以看到该元素所有属性过渡变化的动画效果，如图 10-58 所示。

```
#logo {
    position: absolute;
    width: 313px;
    height: 313px;
    left: 50%;
    margin-left: -178px;
    top: 45%;
    margin-top: -178px;
    background-color: rgba(255,255,255,0.2);
    border: solid 1px #CCC;
    padding: 20px;
    transition-property: all;/*设置过渡效果*/
    transition-duration: 4s;/*设置过渡持续时间*/
}
```

图 10-57

图 10-58

　　07 目前主流的现代浏览器都能够支持 CSS3 的变形和过渡效果，但是较低版本的浏览器则需要使用私有属性的方法，转换到外部 CSS 样式表文件中，为 transform 和 transition 属性添加不同浏览器私有属性写法，如图 10-59 所示。

　　08 保存外部 CSS 样式表文件，在 Chrome 浏览器中预览页面，同样可以看到元素变形过渡的效果，如图 10-60 所示。在 IE 10 浏览器中预览页面，同样可以看到元素变形过渡的效果，如图 10-61 所示。

```
#logo {
    position: absolute;
    width: 313px;
    height: 313px;
    left: 50%;
    margin-left: -178px;
    top: 45%;
    margin-top: -178px;
    background-color: rgba(255,255,255,0.2);
    border: solid 1px #CCC;
    padding: 20px;

    -moz-transition-property: all;
    -webkit-transition-property: all;
    -o-transition-property: all;
    -ms-transition-property: all;
    transition-property: all;/*设置过渡效果*/

    -moz-transition-duration: 4s;
    -webkit-transition-duration: 4s;
    -o-transition-duration: 4s;
    -ms-transition-duration: 4s;
    transition-duration: 4s;/*设置过渡持续时间*/
}
```

```
#logo:hover {
    background-color: rgba(233,34,105,0.7);
    border: solid 10px #FFF;
    -moz-transform: rotate(360deg);
    -webkit-transform: rotate(360deg);
    -o-transform: rotate(360deg);
    -ms-transform: rotate(360deg);
    transform: rotate(360deg); /*设置元素旋转变形*/
    cursor: pointer;
}
```

图 10-59

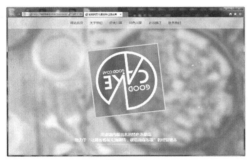

图 10-60

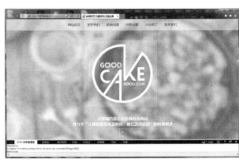

图 10-61

09 通过观察我们可以发现，页面中多处使用了 RGBA 颜色方式来实现半透明背景颜色的效果，这里我们也可以根据之前介绍的方法，通过使用 Gradient 滤镜实现半透明的背景颜色，从而适配低版本的 IE 浏览器，如图 10-62 所示。

```
#top {
    width: 100%;
    height: 60px;
    /*IE 5至IE7*/
    filter:
progid:DXImageTransform.Microsoft.gradient(enabled='true'
,startColorstr='#7FFFFFFF',endColorstr='#7FFFFFFF');
    /*IE 8*/
    -ms-filter:
"progid:DXImageTransform.Microsoft.gradient(enabled='true',
startColorstr='#7FFFFFFF',endColorstr='#7FFFFFFF')";
    background-color: rgba(255,255,255,0.5);
}
```

```
#logo {
    position: absolute;
    width: 313px;
    height: 313px;
    left: 50%;
    margin-left: -178px;
    top: 45%;
    margin-top: -178px;
        /*IE 5至IE7*/
    filter:
progid:DXImageTransform.Microsoft.gradient(enabled='true'
,startColorstr='#33FFFFFF',endColorstr='#33FFFFFF');
    /*IE 8*/
    -ms-filter:
"progid:DXImageTransform.Microsoft.gradient(enabled='true',
startColorstr='#33FFFFFF',endColorstr='#33FFFFFF')";
    background-color: rgba(255,255,255,0.2);
    border: solid 1px #CCC;
    padding: 20px;

    -moz-transition-property: all;
    -webkit-transition-property: all;
    -o-transition-property: all;
    -ms-transition-property: all;
    transition-property: all;/*设置过渡效果*/

    -moz-transition-duration: 4s;
    -webkit-transition-duration: 4s;
    -o-transition-duration: 4s;
    -ms-transition-duration: 4s;
    transition-duration: 4s;/*设置过渡持续时间*/
```

```
#logo:hover {
    /*IE 5至IE7*/
    filter:
progid:DXImageTransform.Microsoft.gradient(enabled='true'
,startColorstr='#B2E92269',endColorstr='#B2E92269');
    /*IE 8*/
    -ms-filter:
"progid:DXImageTransform.Microsoft.gradient(enabled='true',
startColorstr='#B2E92269',endColorstr='#B2E92269')";
    background-color: rgba(233,34,105,0.7);
    border: solid 10px #FFF;
    -moz-transform: rotate(360deg);
    -webkit-transform: rotate(360deg);
    -o-transform: rotate(360deg);
    -ms-transform: rotate(368deg);
    transform: rotate(360deg); /*设置元素旋转变形*/
    cursor: pointer;
}
```

图 10-62

但是在 IE 9 及其以下版本的 IE 浏览器中并不支持 CSS3 新增的过渡属性，并且也没有什么好的替代方法。

10.5.3 transition-delay 属性——过渡延迟时间

transition-delay 属性用于设置 CSS 属性过渡的延迟时间。

transition-delay 属性的语法格式如下。

```
transition-delay: <time>;
```

<time> 参数用于指定一个用逗号分隔的多个时间值，时间的单位可以是 s(秒) 或 ms(毫秒)。默认情况下为 0，即没有时间延迟，立即开始过渡效果。

<time> 参数的取值可以为负值，但过渡的效果会从该时间点开始，之前的过渡效果将会被截断。

 提示

> transition-duration 属性和 transition-delay 属性在 transition 属性中都是指的时间，其使用方法也基本相似，不同的是 transition-duration 属性设置的是过渡动画完成所需要的时间（也就是完成过流动画总共用了多少时间）；而 transition-delay 属性设置的是动画在多长时间之后触发（也就是多长时间之后触发过渡动画）。

10.5.4 transition-timing-function 属性——过渡方式

transition-timing-function 属性用于设置 CSS 属性过渡的速度曲线，即过渡方式。

transition-timing-function 属性的语法格式如下。

```
transition-timing-function: linear | ease | ease-in | ease-out | ease-in-out | cubic-bezier(n,n,n,n);
```

transition-timing-function 属性的属性值说明如表 10-10 所示。

表 10-10　transition-timing-function 属性的属性值说明

属性值	说明
linear	表示过渡动画一直保持同一速度，相当于 cubic-bezier(0,0,1,1)
ease	该属性值为 transition-timing-function 属性的默认值，表示过渡的速度先慢、再快，最后非常慢，相当于 cubic-bezier(0.25,0.1,0.25,1)
ease-in	表示过渡的速度先慢，后来越来越快，直到动画过渡结束，相当于 cubic-bezier(0.42,0,1,1)
ease-out	表示过渡的速度先快，后来越来越慢，直到动画过渡结束，相当于 cubic-bezier(0,0,0.58,1)
ease-in-out	表示过渡的速度在开始和结束的时候都比较慢，相当于 cubic-bezier(0.42,0,0.58,1)
cubic-bezier(n,n,n,n)	自定义贝赛尔曲线效果，其中的 4 个参数为从 0 到 1 的数字

10.6　CSS3 关键帧动画简介

在前面的小节中我们已经学习了如何使用 CSS3 新增的 transition 属性实现元素属性过渡的动画效果，但是这种元素属性过渡动画效果的功能比较单一。因此，在 CSS3 中新增了一个专门用于制作动画的 animation 属性，与 transition 过渡属性不同的是，CSS3 新增的 animation 属性可以像 Flash 制作动画一样，通过关键帧控制动画的每一步，从而在网页中实现更为复杂的动画效果。

10.6.1 CSS3 新增的 animation 属性

CSS3 中通过 animation 属性实现动画效果和 transition 属性实现动画效果非常类似，都是通过改变元素的属性值来实现动画效果的，它的区别主要在于：使用 transition 属性只能通过指定属性的初始状态和结束状态，然后在两个状态之间进行平滑过渡的方式来实现动画。而 animation 属性实现动画效果主要由两个部分组成。

(1) 通过 @keyframes 规则来声明一个动画。

(2) 在 animation 属性中调用关键帧声明的动画，从而实现一个更为复杂的动画效果。

CSS3 动画属性 animation 和 CSS3 的 transition 属性一样都是一个复合属性，它包含多个子属性，如 animation-name、animation-duration、animation-timing-function、animation-delay、animation-iteration-count、animation-direction、animation-play-state 和 animation-fill-mode。

animation 属性的语法格式如下。

```
animation: [ <animation-name> || <animation-duration> || <animation-timing-function>
|| <animation-delay> || <animation-iteration-count> || <animation-direction> ||
<animation-play-state> || <animation-fill-mode> ] *
```

从语法中可以看出，animation 属性包含 8 个子属性，而每一个子属性都有其具体的含义和功能作用，各子属性说明如表 10-11 所示。

表 10-11　animation 属性的子属性说明

子属性	说明
animation-name	该子属性用来指定一个关键帧动画的名称，这个动画名称必须对应一个 @keyframes 规则。CSS 加载时会应用 animation-name 属性指定的动画，从而执行动画
animation-duration	该子属性用来设置动画播放所需要的时间，一般以秒为单位
animation-timing-function	该子属性用来设置动画的播放方式，与 transition-timing-function 类似
animation-delay	该子属性用来设置动画开始时间，一般以秒为单位
animation-iteration-count	该子属性用来设置动画播放的循环次数
animation-direction	该子属性用来设置动画的播放方向
animation-play-state	该子属性用来设置动画的播放状态
animation-fill-mode	该子属性用来设置动画的时间外属性

animation 属性的 8 个子属性，可以分开分别单独进行设置，也可以同时将 8 个子属性的值定义在 animation 属性中，每个子属性值使用空格分隔即可，写为如下的形式。

```
animation: <animation-name> <animation-duration> <animation-timing-function>
<animation-delay> <animation-iteration-count> <animation-direction> <animation-play-
state> <animation-fill-mode>;
```

提示

在 animation 属性的设置中，除了可以将动画子属性简写在一起之外，还可以将多个动画应用在一个元素上。同时将多个动画属性应用到一个元素之上时，可以包括每个动画名称的分组，每个简写的分组以逗号分隔开。

10.6.2　@keyframes 的语法

前面介绍过 CSS3 的 animation 属性制作动画效果主要包括两个部分，首先是使用关键帧声明一个动画，其次是在 animation 中调用关键帧声明的动画。在 CSS3 中，把 @keyframes 称为关键帧。

@keyframes 具有其自己的语法规则则，命名是由 @keyframes 开头，后面紧跟"动画的名称"加上一对大括号"{……}"，括号中就是不同时间段样式规则，有点像 CSS 的样式写法。一个 @keyframes 中的样式规则是由多个百分比构成的，如 0%~100%，可以在这个规则中创建更多个百分比，分别给每个百分比中需要有动画效果的元素加上不同的属性，从而让元素达到一种不断变化的效果，例如说移动，或改变元素颜色、位置、大小和形状等。不过有一点需要注意，可以使用 from to 代表一个动画从哪开始，到哪结束，也就是说 from 就相当于 0%，而 to 相当于 100%。

提示

需要注意的是，0% 不能像别的属性取值一样把百分比符号省略，在这里必须加上百分比符号（%），如果没有加上，这个 @keyframes 是无效的，不起任何作用。因为 @keyframes 的单位只接受百分比值。

@keyframes 可以指定任何顺序排列来决定 animation 动画变化的关键位置，具体语法格式如下。

```
keyframes-rule: '@keyframes' IDENT '{' keyframes-blocks '}';
keyframes-blocks: [keyframe-selectors block] *;
keyframe-selectors: ['from' | 'to' PERCENTAGE] [',' ['from' | 'to" | PERCENTAGE]] *;
```

把上面的语法综合起来理解，可以写为如下的形式。

```
@keyframes IDENT {
    from{ /* 这里是 CSS 样式设置代码 */ }
    percentage{ /* 这里是 CSS 样式设置代码 */ }
    to{ /* 这里是 CSS 样式设置代码 */ }
}
```

也可以将语法中的关键词 from 和 to 替换成百分比，代码如下。

```
@keyframes IDENT {
    0% { /* 这里是 CSS 样式设置代码 */ }
    percentage{ /* 这里是 CSS 样式设置代码 */ }
    100% { /* 这里是 CSS 样式设置代码 */ }
}
```

其中，IDENT 是自定义的动画名称，percentage 是一个百分比值，用来定义某个时间段的动画效果。

10.7 为网页元素应用关键帧动画

要在 CSS 样式中为元素应用动画，首先需要创建一个自定义名称的动画，然后将它附加到该元素属性声明块中的一个元素上。动画本身并不执行任何操作，为了向元素应用动画，需要将动画与元素关联起来。这个要创建的动画，必须使用 @keyframes 来声明，后跟所选择的名称，该名称主要用于对动画的声明作用，然后指定关键帧。

10.7.1 使用 @keyframes 声明动画

一起来看一个 W3C 官网的实例。

```
@keyframes wobble {
    0% {
    margin-left: 100px;
    background-color: green;
    }
    40% {
    margin-left: 150px;
    background-color: orange;
    }
    60% {
    margin-left: 75px;
    background-color: blue;
    }
    100% {
    margin-left: 100px;
    background-color: red;
    }
}
```

> **提示**
>
> 此处使用了 @keyframes 的 W3C 标准语法，如果需要让所有支持 @keyframes 的浏览器都有效果，需要添加不同的浏览器私有属性前缀，但添加前缀和以往 CSS3 属性添加前缀略有不同，浏览器私有属性前缀应该添加在 keyframes 关键词前面，而不是 @keyframes 前面，例如 @-moz-keyframes。

在这个简单的示例中，通过 @keyframes 声明了一个名称为 wobble 的动画，在该动画中一共定义了 4 个关键帧。

(1)　0% 为第 1 个关键帧，元素左边距为 100 像素，背景颜色为绿色。

(2)　40% 为第 2 个关键帧，元素左边距为 150 像素，背景颜色为橙色。

(3)　60% 为第 3 个关键帧，元素左边距为 75 像素，背景颜色为蓝色。

(4)　100% 为第 4 个关键帧，元素左边距为 100 像素，背景颜色为红色。

使用 @keyframes 声明一个动画名称，而其中声明动画的每个关键帧看起来就像它自己嵌套的 CSS 声明块。在每个关键帧内，包含目标属性和值。在每个关键帧之间，浏览器的动画引擎将平滑地插入值。

> **提示**
>
> 　在 @keyframes 中的关键帧并不是一定要按照顺序来指定，其实可以任何顺序来指定关键帧，因为动画中的关键帧顺序由百分比值确定而不是声明的顺序。

这里使用 @keyframes 声明了关键帧动画，但是它们并没有附加到任何元素上，所以不会有任何的效果。通过 @keyframes 定义关键帧动画后，还需要通过 CSS 属性来调用 @keyframes 声明的动画。

10.7.2　调用 @keyframes 声明的动画

@keyframes 只是用来声明一个动画，如果不通过别的 CSS 属性调用这个动画，是没有任何动画效果的。那么，在 CSS 中如何调用 @keyframes 声明的动画呢？

CSS3 的 animation 类似于 transition 属性，它们都是随着时间改变元素的属性值。它们主要区别是 transition 属性需要触发一个事件 (hover 事件或 click 事件等) 才会随时间改变其 CSS 属性；而 animation 属性在不需要触发任何事件的情况下也可以随着时间变化来改变元素 CSS 的属性值，从而达到一种动画效果。这样一来就可以直接在一个元素中调用 animation 的动画属性。换句话说，就是通过 animation 属性来调用 @keyframes 声明的动画。

下面通过一个简单的实例，来演示 animation 属性调用 @keyframes 声明的动画。

```
.demo {
    margin-left: 100px;
    background-color: blue;
    animation: wobble 2s ease-in; /*调用自定义关键帧动画，并设置动画持续时间和方式 */
}
```

CSS3 的 animation 属性调用 wobble 动画之后，会影响与元素相对应的 CSS 属性值，在整个动画过程中，元素的变化属性值完全是由 animation 属性来控制，动画后面的属性值会覆盖前面的属性值。

10.8　CSS3 动画子属性详解

animation 属性包含 8 个子属性，其中每个子属性所起的作用都不一样，只有了解并掌握了每个子属性的功能以及其使用方法，才能够更好地运用 animation 属性实现完美的动画效果。

10.8.1　animation-name 属性——调用动画

animation–name 属性主要用来调用动画，其调用的动画是通过 @keyframes 声明的动画。animation–name 属性的语法格式如下。

```
animation-name: none | IDENT[,none | IDENT] *;
```

animation-name 属性的属性值说明如表 10-12 所示。

表 10-12　animation-name 属性的属性值说明

属性值	说明
none	为默认值，当值为 none 时，将没有任何动画效果，其可以用于覆盖任何动画
IDENT	是由 @keyframes 声明的自定义动画名称，换句话说，此处的 IDENT 需要和 @keyframes 中的 IDENT 一致，如果不一致将无法正常调用自定义的关键帧动画

10.8.2　animation-duration 属性——动画播放时间

animation-duration 属性用来设置所调用的关键帧动画的播放时间。animation-duration 属性的语法格式如下。

```
animation-duration: <time>[,<time>] *;
```

animation-duration 属性与 transition-duration 属性的使用方法类似，是用来指定元素播放动画所持续的时间，也就是完成从 0%~100% 一次动画所需的时间。<time> 取值为数值，单位为秒，其默认值为 0，意味着动画周期为 0，也就是没有动画效果。如果取值为负值则会被视为 0。

10.8.3　animation-timing-function 属性——动画播放方式

animation-timing-function 属性用来设置所调用的关键帧动画的播放方式。animation-timing-function 属性的语法格式如下。

```
animation-timing-function: ease | linear | ease-in | ease-out | ease-in-out | cubic-
bezier(<number>,<number>,<number>,<number>) [,ease | linear | ease-in | ease-out | ease-
in-out | cubic-bezier(<number>,<number>,<number>,<number>)] *;
```

animation-timing-function 属性是指元素根据时间的推进来改变属性值的变换速率，说得简单点就是动画的播放方式。该属性与 transition-timing-function 属性一样，它们的动画播放方式也完全相同，各属性值的意义可以参考 10.5.4 节中的介绍。

10.8.4　animation-delay 属性——动画开始播放时间

animation-delay 属性用来设置所调用的关键帧动画开始播放的时间，是延迟还是提前等。animation-delay 属性的语法格式如下。

```
animation-delay: <time> [,<time>] *;
```

animation-delay 属性与 transition-delay 属性的使用方法以及所起到的作用是相同的，具体可以参考 10.5.3 节。

10.8.5　animation-iteration-count 属性——动画播放次数

animation-iteration-count 属性用来设置所调用的关键帧动画的播放次数。animation-iteration-count 属性的语法格式如下。

```
animation-iteration-count: infinite | <number> [,infinite | <number>]*;
```

该属性主要用于设置动画的播放次数，其属性值通常为整数，但也可以使用带有小数的数值。该属性的属性值默认为 1，这也意味着动画只播放一次。如果取值为 infinite，动画将会无限循环播放。

10.8.6　animation-direction 属性——动画播放方向

animation-direction 属性主要用于设置所调用的关键帧动画的播放方向。animation-direction 属性的语法格式如下。

```
animation-direction: normal | alternate [,normal | alternate]*;
```

animation-direction 属性主要有两个属性值,默认值为 normal,表示动画的每次循环播放都是向前播放；如果设置该属性值为 alternate,则动画播放为偶数次则向前播放,奇数次则向反方向播放。

10.8.7　animation-play-state 属性——动画播放状态

animation-play-state 属性主要用来设置所调用关键帧动画的播放状态。animation-play-state 属性的语法格式如下。

```
animation-play-state: running | paused [,running | paused] *;
```

animation-play-state 属性有两个属性值,其中 running 为默认值,作用类似于音乐播放器,可以通过 paused 将正在播放的动画停下来,也可以通过 running 将暂停的动画重新播放,这里的重新播放不一定是从动画的开始播放,也可能是从暂停的位置开始播放。另外如果暂停了动画的播放,元素的样式将回到最原始设置状态。

10.8.8　animation-fill-mode 属性——动画时间外属性

animation-fill-mode 属性用于设置在动画开始之前和结束之后所发生的操作。animation-fill-mode 属性的语法格式如下。

```
animation-fill-mode: none | forwards | backwards | both ;
```

animation-fill-mode 属性主要有 4 个属性值：none、forwards、backwards 和 both。其默认值为 none,表示动画将按预期进行和结束,在动画完成其最后一帧时,动画会恢复到初始帧处。当属性值设置为 forwards 时,动画在结束后继续应用最后关键帧的位置。当属性值为 backwards 时,会在向元素应用动画样式时迅速应用动画的初始帧。当属性值为 both 时,元素动画同时具有 forwards 和 backwards 效果。

> **提示**
>
> 在默认情况下,动画不会影响它的关键帧之外的属性,但是使用 animation-fill-mode 属性可以修改动画的默认行为。简单的理解就是告诉动画在第一个关键帧上等待动画开始,或者在动画结束时停在最后一个关键帧上而不返回动画第一帧,或者同时具有这两个效果。

实例 52　制作关键帧动画效果

最终文件：最终文件 \ 第 10 章 \10-8-8.html
操作视频：视频 \ 第 10 章 \ 制作关键帧动画效果 .mp4

通过 CSS 样式对 animation 属性进行设置,可以将显示元素调整为帧动画的播放模式,接下来通过实例练习为用户介绍 animation 属性在网页中的用法。

01 执行"文件">"打开"命令,打开页面"源文件 \ 第 10 章 \10-8-8.html",可以看到页面的 HTML 代码,如图 10-63 所示。在 IE 11 浏览器中预览该页面,可以看到页面的效果,如图 10-64 所示。

```
<!doctype html>
<html>
<head>
<meta charset="utf-8">
<title>制作简单的关键帧动画</title>
<link href="style/10-7-2.css" rel="stylesheet" type=
"text/css">
</head>

<body>
<div id="logo"><img src="images/107202.png" width=
"460" height="98" alt=""/></div>
</body>
</html>
```

图 10-63

图 10-64

提示

默认情况下，页面中的 Logo 图像位于页面的左侧中间位置，接下来我们首先需要通过 @keyframes 定义一个动画，并且在该动画中创建关键帧，在每个关键帧设置 Logo 图像的相关属性。然后在 Logo 元素的 CSS 样式中通过 animation 属性来调用 @keyframes 所创建的关键帧动画。

02 转换到该网页所链接的外部 CSS 样式表文件中，使用 @keyframes 创建名称为 mymove 的关键帧动画，如图 10-65 所示。在名为 #logo 的 CSS 样式中添加 animation 属性设置代码，调用刚定义的名为 mymove 的关键帧动画，如图 10-66 所示。

```
@keyframes mymove {
    0% {left: -25%; opacity: 0;}
    50% {left: 50%; opacity: 1;}
    100% {left: 100%; opacity: 0;}
}
```

图 10-65

```
#logo {
    position: absolute;
    width: 460px;
    height: 98px;
    text-align: center;
    top: 50%;
    margin-top: -49px;
    margin-left: -230px;
    animation: mymove 15s infinite;
}
```

图 10-66

提示

通过 @keyframes 创建了名称为 mymove 的关键帧动画，在该动画中定义了 3 个关键帧，分别在 0%、50% 和 100% 位置，在这 3 个关键帧中分别设置了元素距离容器左侧的距离以及元素的不透明度。通过此处 3 个关键帧代码的设置，我们就可以知道，这里制作的是元素从左向右移动的动画效果，并且元素的不透明度也是从完全透明到完全不透明再到完全透明。

提示

此处 animation 属性设置了 3 个属性值，3 个属性值使用空格分隔。第 1 个属性值 mymove 是调用所创建的关键帧动画，第 2 个属性值 15s 表示整个关键帧动画的持续时间为 15 秒，第 3 个属性值 infinite 表示该关键帧动画为无限循环播放。如果希望动画只播放一次，可以删除第 3 个属性值。

03 保存外部 CSS 样式表文件，在 IE 11 浏览器中预览该页面，可以看到 Logo 图像从左至右逐渐显示到逐渐消失的动画效果，如图 10-67 所示。

04 转换到外部 CSS 样式表文件中，使用 @keyframes 创建名称为 myscale 的关键帧动画，如图 10-68 所示。在名为 #logo 的 CSS 样式中修改 animation 属性设置代码，同时调用刚定义的两个关键帧动画，如图 10-69 所示。

图 10-67

```
@keyframes myscale {
    0% {transform:rotate(-720deg) scale(0.1,0.1);}
    50% {transform:rotate(0deg) scale(1,1);}
    100% {transform:rotate(720deg) scale(0.1,0.1);}
}
```

图 10-68

```
#logo {
    position: absolute;
    width: 460px;
    height: 98px;
    text-align: center;
    top: 50%;
    margin-top: -49px;
    margin-left: -230px;
    animation: mymove 15s infinite, myscale 15s infinite;
}
```

图 10-69

> **提示**
>
> 在 animation 属性中同时调用两个关键帧动画时，需要将不同名称的关键帧动画的相关设置进行分组，分组之间使用逗号进行分隔。注意，不能写为 animation:mymove,myscale 15s infinite; 这种形式，这种形式会导航动画表现效果出错。

05 保存外部 CSS 样式表文件，在 IE 11 浏览器中预览该页面，可以看到 Logo 图像旋转放大、逐渐显示到旋转缩小、逐渐消失的动画效果，如图 10-70 所示。

图 10-70

> **提示**
>
> 在 animation 属性中同时调用两个关键帧动画，并且为两个关键帧动画设置了相同的动画播放周期，在浏览器中预览时，页面元素会同时执行所调用的两个关键帧动画效果。

06 如果希望获得大多数浏览器的支持，在使用时需要添加各浏览器私有属性的写法。转换到外部 CSS 样式表文件中，为 @keyframes 添加各浏览器私有属性写法，如图 10-71 所示。

```
@-moz-keyframes mymove {/*Gecko核心浏览器私有属性写法*/
    0% {left: -25%; opacity: 0;}
    50% {left: 50%; opacity: 1;}
    100% {left: 100%; opacity: 0;}
}
@-webkit-keyframes mymove {/*Webkit核心浏览器私有属性写法*/
    0% {left: -25%; opacity: 0;}
    50% {left: 50%; opacity: 1;}
    100% {left: 100%; opacity: 0;}
}
@-o-keyframes mymove {/*Presto核心浏览器私有属性写法*/
    0% {left: -25%; opacity: 0;}
    50% {left: 50%; opacity: 1;}
    100% {left: 100%; opacity: 0;}
}
@keyframes mymove {/*W3C标准属性写法*/
    0% {left: -25%; opacity: 0;}
    50% {left: 50%; opacity: 1;}
    100% {left: 100%; opacity: 0;}
}
```

```
@-moz-keyframes myscale {/*Gecko核心浏览器私有属性写法*/
    0% {transform:rotate(-720deg) scale(0.1,0.1);}
    50% {transform:rotate(0deg) scale(1,1);}
    100% {transform:rotate(720deg) scale(0.1,0.1);}
}
@-webkit-keyframes myscale {/*Webkit核心浏览器私有属性写法*/
    0% {transform:rotate(-720deg) scale(0.1,0.1);}
    50% {transform:rotate(0deg) scale(1,1);}
    100% {transform:rotate(720deg) scale(0.1,0.1);}
}
@-o-keyframes myscale {/*Presto核心浏览器私有属性写法*/
    0% {transform:rotate(-720deg) scale(0.1,0.1);}
    50% {transform:rotate(0deg) scale(1,1);}
    100% {transform:rotate(720deg) scale(0.1,0.1);}
}
@keyframes myscale {/*W3C标准属性写法*/
    0% {transform:rotate(-720deg) scale(0.1,0.1);}
    50% {transform:rotate(0deg) scale(1,1);}
    100% {transform:rotate(720deg) scale(0.1,0.1);}
}
```

图 10-71

07 为 animation 属性添加各浏览器私有属性写法，如图 10-72 所示。保存外部 CSS 样式表文件，在 Firefox 浏览器中预览页面，同样可以看到所制作的关键帧动画效果，如图 10-73 所示。

```
#logo {
    position: absolute;
    width: 460px;
    height: 98px;
    text-align: center;
    top: 50%;
    margin-top: -49px;
    margin-left: -230px;
    -moz-animation: mymove 15s infinite, myscale 15s infinite;
    -webkit-animation: mymove 15s infinite, myscale 15s infinite;
    -o-animation: mymove 15s infinite, myscale 15s infinite;
    animation: mymove 15s infinite, myscale 15s infinite;
}
```

图 10-72

图 10-73

但是在 IE 9 及其以下版本的 IE 浏览器中并不支持 CSS3 新增的过渡属性，并且也没有什么好的替代方法。

第 ⑪ 章　CSS 样式的浏览器兼容性

前面的章节重点讲解了各种 CSS 样式的使用方法和属性说明，但是由于众多浏览器的开发环境和设计人员的理念不同，不同的浏览器在显示 CSS 样式时也会有所不同。本章将向用户详细讲解部分 CSS 样式的浏览器兼容性。

本章知识点：
- CSS 选择器的浏览器兼容性
- 文字属性的浏览器兼容性
- 背景和图片的浏览器兼容性
- 边框属性的浏览器兼容性
- 盒模型的浏览器兼容性
- CSS 动画的浏览器兼容性

11.1　CSS 选择器的浏览器兼容性

在前面的章节中已知选择器是 CSS 知识中的重要部分之一，也是 CSS 样式的基础。在本节中将向用户详细介绍 CSS 样式中的各种选择器的浏览器兼容性。

11.1.1　基础选择器的浏览器兼容性

基础选择器的浏览器兼容性如表 11-1 所示。

表 11-1　基础选择器的浏览器兼容性

选择器	Chrome	Firefox	Opera	Safari	IE
*	√	√	√	√	√
E	√	√	√	√	√
#id	√	√	√	√	√
.class	√	√	√	√	√
selector1,selectorN	√	√	√	√	√

┃浏览器适配说明

在这 5 个基础选择器中，标签选择器、类选择器、ID 选择器和群组选择器都是从 CSS1 开始就已经加入 CSS 规范中，而通配选择器 (*) 则是在 CSS2 中加入 CSS 规范，这 5 种基础选择器已经历经了多年的发展，并得到了所有主流浏览器的广泛支持，不存在浏览器兼容性的问题，所以在制作 HTML 页面时可以放心使用这 5 种基础选择器。

11.1.2　层次选择器的浏览器兼容性

层次选择器的浏览器兼容性如表 11-2 所示。

表 11-2　层次选择器的浏览器兼容性

选择器	Chrome	Firefox	Opera	Safari	IE
X Y	√	√	√	√	√
X > Y	√	√	√	√	IE 7+ √
X + Y	√	√	√	√	IE 7+ √
X ~ Y	√	√	√	√	IE 7+ √

▌浏览器适配说明

　　从表 11-2 中可以看出，子选择、相邻兄弟选择器和通用兄弟选择器需要在 IE 7 及以上版本才支持，也就是说 IE 6 及以下版本的浏览器并不支持这几种选择器，但目前使用 IE 6 浏览器的用户已经越来越少，所以层次选择器在网页制作过程中还是可以放心使用的。

　　如果一定要满足 IE 6 及以下版本 IE 浏览器用户，则在制作网站页面的过程中需要注意子选择、相邻兄弟选择器和通用兄弟选择器的使用，或者可以通过 IE 条件注释语法来判断浏览器版本，为 IE 6 及以下版本的浏览器重新编写一套 CSS 样式代码应用于页面中相应的元素。

```
<!--[if lte IE 6]>
<link href="style/IE 6down.css" rel="stylesheet" type="text/css">
<![endif]-->
```

11.1.3　伪类选择器的浏览器兼容性

　　CSS3 的伪类选择器可以分为 6 种：动态伪类选择器、目标伪类选择器、语言伪类选择器、UI 元素状态伪类选择器、结构伪类选择器和否定伪类选择器。

1. 动态伪类选择器的浏览器兼容性

　　动态伪类选择器的浏览器兼容性如表 11-3 所示。

表 11-3　动态伪类选择器的浏览器兼容性

选择器	Chrome	Firefox	Opera	Safari	IE
E:link	√	√	√	√	√
E:visited	√	√	√	√	√
E:active	√	√	√	√	IE 8+ √
E:hover	√	√	√	√	√
E:focus	√	√	√	√	IE 8+ √

▌浏览器适配说明

　　从表 11-3 中可以看出，大多数的主流浏览器都能够全面支持各种动态伪类选择器，需要注意的是，E:active 和 E:focus 这两种动态伪类选择器只有在 IE 8 及以上版本的 IE 浏览器中才支持，而 E:hover 选择器在 IE 6 及以下版本的浏览器中仅支持超链接元素的 hover 伪类，而不支持其他元素的 hover 伪类。

　　E:active 和 E:focus 这两种动态伪类选择器本身使用并不是很多，并且目前使用 IE 9 以下版本 IE 浏览器的用户也越来越少，所以基本上可以忽略这里的 IE 浏览器兼容性问题。

实 例 53　美化超链接按钮样式

最终文件：最终文件 \ 第 11 章 \11-1-3.html
操作视频：视频 \ 第 11 章 \ 美化超链接按钮样式 .mp4

前面讲解了 CSS 选择器的浏览器兼容性，接下来通过实例练习为用户介绍 CSS 选择器浏览器兼容性在网页中的用法。

01 执行"文件" > "打开"命令，打开页面"源文件 \ 第 11 章 \11-1-3.html"，可以看到页面的 HTML 代码，如图 11-1 所示。在 IE 浏览器中预览该页面，可以看到页面底部的超链接文字显示为默认的蓝色带下画线的效果，如图 11-2 所示。

```
<body>
<div id="logo"><img src="images/23402.png"
width="47" height="60"  alt=""/></div>
<div id="btn"><a href="#">进入网站,了解更多</a>
</div>
</body>
```

图 11-1

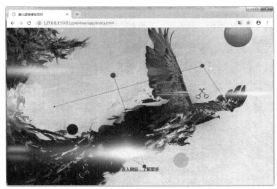

图 11-2

02 转换到外部 CSS 样式表文件中，创建名称为 #btn > a:link 的动态伪类选择器 CSS 样式，定义了该超链接在默认状态下的效果，如图 11-3 所示。保存外部 CSS 样式表文件，在 IE 浏览器中预览页面，可以看到页面中 ID 名称为 btn 的子元素 a 默认状态下的效果，如图 11-4 所示。

```
#btn > a:link {
    display: block;
    width: 220px;
    height: 50px;
    background-color: #F30;
    color: #FFF;
    line-height: 50px;
    text-decoration: none;
    border-radius: 10px;
}
```

图 11-3

图 11-4

03 转换到外部 CSS 样式表文件中，创建名称为 #btn > a:hover 的动态伪类选择器 CSS 样式，定义了该超链接在鼠标经过状态下的效果，如图 11-5 所示。保存外部 CSS 样式表文件，在 IE 浏览器中预览页面，当鼠标经过超链接上方时，可以看到所定义的鼠标经过状态的效果，如图 11-6 所示。

> **提示**
> 此处在 :hover 状态中只定义了 background-color、color 和 text-decoration 这 3 个属性，则该状态中所定义的这 3 个属性会覆盖在 :link 状态中所定义的相同属性，而其他未定义的属性则会沿用 :link 状态中的属性设置。

```
#btn > a:hover {
    background-color: #FC0;
    color: #F30;
    text-decoration: underline;
}
```

图 11-5

图 11-6

04 转换到外部 CSS 样式表文件中，创建名称为 #btn > a:active 的动态伪类选择器 CSS 样式，定义了该超链接在鼠标单击状态时的效果，如图 11-7 所示。保存外部 CSS 样式表文件，在 IE 浏览器中预览页面，当单击超链接文字并释放鼠标之前，可以看到所定义的鼠标单击状态的效果，如图 11-8 所示。

```
#btn > a:active {
    background-color: #9C0;
    color: #F00;
    text-decoration: underline;
}
```

图 11-7

图 11-8

05 转换到外部 CSS 样式表文件中，创建名称为 #btn > a:visited 的动态伪类选择器 CSS 样式，定义了该超链接在被访问过后状态的效果，如图 11-9 所示。保存外部 CSS 样式表文件，在 IE 浏览器中预览页面，当单击超链接文字并释放鼠标之后，可以看到所定义的被访问过后状态的效果，如图 11-10 所示。

```
#btn > a:visited {
    background-color: #CCCCCC;
    color: #333;
    text-decoration: none;
}
```

图 11-9

图 11-10

2. UI 元素状态伪类选择器的浏览器兼容性

UI 元素状态伪类选择器的浏览器兼容性如表 11-4 所示。从该表中可以看出，除 IE 浏览器以外，其他各种主流浏览器对 UI 元素状态选择器的支持都非常好，但从 IE 9 开始 IE 浏览器也能够全面支持 UI 元素状态伪类选择器。

表 11-4　UI 元素状态伪类选择器的浏览器兼容性

选择器	Chrome	Firefox	Opera	Safari	IE
E:checked	√	√	√	√	IE 9+ √
E:enabled	√	√	√	√	IE 9+ √
E:disabled	√	√	√	√	IE 9+ √

浏览器适配说明

考虑到国内还有很多用户使用 IE 9 以下版本的 IE 浏览器，使用 UI 元素状态伪类选择器时想要获得更好的浏览器兼容性可以通过以下两种方法来处理。

第一种方法是使用 JavaScript 库，选用内置已兼容了 UI 元素状态伪类选择器的 JavaScript 库或框架，然后在代码中引入它们并完成想要的效果。

第二种方法，在不支持 UI 元素状态伪类选择器的 IE 浏览器下使用添加类 CSS 样式的方法来处理。例如禁用的按钮效果，可以先在表单元素的标签中添加一个类 CSS 样式（例如类 CSS 样式名称为 .disabled），然后为定义该类 CSS 样式，例如下面的 CSS 样式设置代码。

```
.btn.disabled, /* 等效于 .btn:disabled，用于兼容低版本 IE 浏览器 */
.btn:disabled {
    /*CSS 样式规则代码 */
}
```

3. 结构伪类选择器的浏览器兼容性

结构伪类选择器的浏览器兼容性如表 11-5 所示。

表 11-5　结构伪类选择器的浏览器兼容性

选择器	Chrome	Firefox	Opera	Safari	IE
E:first-child	√	√	√	√	IE 9+ √
E:last-child	√	√	√	√	IE 9+ √
E:root	√	√	√	√	IE 9+ √
E F:nth-child(n)	√	√	√	√	IE 9+ √
E F:nth-last-child(n)	√	√	√	√	IE 9+ √
E:nth-of-type(n)	√	√	√	√	IE 9+ √
E:nth-last-of-type(n)	√	√	√	√	IE 9+ √
E:first-of-type	√	√	√	√	IE 9+ √
E:last-of-type	√	√	√	√	IE 9+ √
E:only-child	√	√	√	√	IE 9+ √
E:only-of-type	√	√	√	√	IE 9+ √
E:empty	√	√	√	√	IE 9+ √

浏览器适配说明

从表 11-5 中可以看出，除 IE 浏览器以外，其他各种主流浏览器对结构伪类选择器的支持都非常好，但从 IE 9 开始 IE 浏览器也能够全面支持结构伪类选择器。

如果一定要使 IE 9 以下版本的 IE 浏览器表现出相同的效果，通常有两种方法。

第一种是引用 JavaScript 脚本文件，从而使 IE 9 以下版本的 IE 浏览器同样能够支持结构伪类选择器。这种方案的不足之处是，如果浏览器禁用脚本，则整个功能都将失去。

第二种方法就是使用通用的 IE 条件注释语法来判断 IE 浏览器的版本，由 IE 8 及以下版本的 IE 浏览器中引用另外一套 CSS 样式，在这套 CSS 样式中使用传统的选择器来达到相同的效果，而不使用结构伪类选择器。

11.1.4　属性选择器的浏览器兼容性

属性选择器的浏览器兼容性如表 11-6 所示。从表中可以看出，属性选择器的浏览器兼容性表现还是不错的，仅仅在 IE 6 及以下版本的 IE 浏览器中不支持。

表 11-6　属性选择器的浏览器兼容性

选择器	Chrome	Firefox	Opera	Safari	IE
E[attr]	√	√	√	√	IE 7+ √
E[attr=val]	√	√	√	√	IE 7+ √
E[attr|=val]	√	√	√	√	IE 7+ √
E[attr~=val]	√	√	√	√	IE 7+ √
E[attr*=val]	√	√	√	√	IE 7+ √
E[attrˆ=val]	√	√	√	√	IE 7+ √
E[attr$=val]	√	√	√	√	IE 7+ √

11.2　文本属性的浏览器兼容性

对网页中文本样式的设置是 CSS 样式的基本要求，所以在本节中将详细向用户介绍各种用于设置网页文本效果的 CSS 属性的浏览器兼容性。

11.2.1　文字和段落样式的浏览器兼容性

文字是撑起一个网页的基本元素，每个网页都会有文字内容的出现，所以用户需要熟练掌握文字和段落样式的浏览器兼容性。

文字基础 CSS 属性的浏览器兼容性如表 11-7 所示。

表 11-7　文字基础 CSS 属性的浏览器兼容性

属性	Chrome	Firefox	Opera	Safari	IE
font-family	√	√	√	√	√
font-size	√	√	√	√	√
color	√	√	√	√	√
font-weight	√	√	√	√	√
font-style	√	√	√	√	√
text-transform	√	√	√	√	√
text-decoration	√	√	√	√	√
letter-spacing	√	√	√	√	√

┃浏览器适配说明

这里所介绍的 8 个文字基础 CSS 属性都是从 CSS1 开始就已经写入 CSS 规范中，也是网页设计中最基础的样式应用，所以获得了所有浏览器的广泛支持，在不同浏览器的表现效果也是完全一致的，在网页制作过程中可以放心大胆地使用这些文字基础 CSS 属性设置网页中文字的效果。

文字段落基础 CSS 属性的浏览器兼容性如表 11-8 所示。

表 11-8　文字段落基础 CSS 属性的浏览器兼容性

属性	Chrome	Firefox	Opera	Safari	IE
line-height	√	√	√	√	√
text-indent	√	√	√	√	√
text-align	√	√	√	√	√
vertical-align	√	√	√	√	√

浏览器适配说明

与文字基础的 CSS 属性相同，这里所介绍的 4 个文字段落 CSS 属性都是从 CSS1 开始就已经写入 CSS 规范中，经过多年的发展，已经获得了所有浏览器的广泛支持，在不同浏览器的表现效果也是完全一致的，在网页制作过程中可以放心大胆地使用。

列表基础 CSS 属性的浏览器兼容性如表 11-9 所示。

表 11-9　列表基础 CSS 属性的浏览器兼容性

属性	Chrome	Firefox	Opera	Safari	IE
list-style-type	√	√	√	√	√
list-style-position	√	√	√	√	√
list-style-image	√	√	√	√	√

浏览器适配说明

用于设置列表效果的 list-style-type 属性、list-style-position 属性和 list-style-image 属性都是从 CSS1 开始就已经写入 CSS 规范中，经过多年的发展，已经获得了所有浏览器的广泛支持。但是需要注意的是 list-style-type 属性在 IE 浏览器中有部分属性值并不被支持，不被 IE 浏览器支持的属性值包括 decimal-leading-zero(0 开头的数字标记)、lower-greek(小写希腊字母)、lower-latin(小写拉丁字母)、upper-latin(大写拉丁字母)、armenian(传统亚美尼亚编号方式)、georgian(传统乔治亚编号方式)、inherit (继承)。

11.2.2　text-overflow 属性的浏览器兼容性

text-overflow 属性的浏览器有点特殊，取的属性值不同时，浏览器的支持情况也不同，text-overflow 属性的浏览器兼容性如表 11-10 所示。

表 11-10　text-overflow 属性的浏览器兼容性

属性	Chrome	Firefox	Opera	Safari	IE
text-overflow:clip	1.0+ √	2.0+ √	9.63+ √	3.1+ √	6+ √
text-overflow:ellipsis	1.0+ √	6.0+ √	10.5+ √	3.1+ √	6+ √

浏览器适配说明

text-overflow 属性在 IE 浏览器中的兼容性表现比较好，从 IE 6 开始就全面支持该属性。而

Firefox 浏览器直到 Firefox 6 版本开始才支持 text-overflow 属性的 ellipsis 属性值。需要注意的是，Opera 浏览器还需要加上其私有属性前缀 –o– 才能够识别。

11.2.3　text-shadow 属性的浏览器兼容性

text-shadow 属性在 CSS2 中就出现过，但各大浏览器碍于其需要耗费大量的资源，迟迟没有支持，因此在 CSS2.1 中被抛弃，如今在 CSS3 中得到了各大主流浏览器的支持。text-shadow 属性的浏览器兼容性如表 11-11 所示。

表 11-11　text-shadow 属性的浏览器兼容性

属性	Chrome	Firefox	Opera	Safari	IE
text-shadow	2.0+ √	3.5+ √	9.6+ √	4.0+ √	10+ √

浏览器适配说明

text-shadow 属性和众多 CSS3 属性一样，难逃 IE 浏览器的兼容性问题，为了解决这一问题，只好使用 CSS2 中的 shadow 滤镜或 glow 滤镜来处理。shadow 滤镜作用与 dropshadow 类似，也能够使对象产生阴影效果，不同的是 dropshadow 可以产生渐进的阴影效果，使阴影表现得更平滑细腻。

shadow 滤镜的语法格式如下。

```
filter:shadow(Color= 颜色值 ,Direction= 数值 ,Strength= 数值 );
```

　Color：参数值为阴影的颜色值。

　Direction：参数值为阴影的方向。取值为 0 度时，阴影在元素的上方；取值为 45 度时，阴影在元素的右上角；取值为 90 度时，阴影在元素的右侧；取值为 135 度时，阴影在元素的右下角；取值为 180 度时，阴影在元素的下方；取值为 225 度时，阴影在元素的左下方；取值为 270 度时，阴影在元素的左侧；取值为 315 度时，阴影在元素的左上方。

　Strength：设置阴影强度，类似于 text-shadow 属性的模糊半径。该参数取值在 0~100 之间，该值为 100 时强度最大。

shadow 滤镜能够表现出向某一个方向进行扩展的阴影效果，如果阴影是向四周进行扩散的这种情况，则可以选择使用 glow 滤镜来模拟其阴影效果。

glow 滤镜在 CSS2 中是用于产生外发光效果的滤镜，其语法格式如下。

```
filter:glow(Color= 颜色值 ,Strength= 数值 );
```

　Color：参数值为发光的颜色值。

　Strength：该参数用于设置发光的强度。

虽然使用 shadow 滤镜和 glow 滤镜能够解决低版本 IE 浏览器下的文本阴影兼容问题，但实现的文本阴影效果与使用 text-shadow 属性所实现的文本阴影效果有一定的差距。

> **提示**
>
> 　除了可以使用 filter:shadow 滤镜之外，还可以使用 Modernizr 或 IE 条件注释检测浏览器，并相应进行不同的处理，例如使用图片来代替阴影文本。但是这样的解决方案并不是很理想，受限极大，给设计师带来很大的劳动强度。

11.2.4　@font-face 规则的浏览器兼容性

@font-face 规则的浏览器兼容性如表 11-12 所示。

表 11-12　@font-face 规则的浏览器兼容性

属性	Chrome	Firefox	Opera	Safari	IE
@font-face	4.0+ √	3.5+ √	10.0+ √	3.2+ √	5.5+ √

浏览器适配说明

其实在 CSS2 中就出现过 @font-face 规则，但是在 CSS2.1 中又被移出，幸好在 CSS3 中，@font-face 规则又被重新加入进来。从表 11-12 中可以看出，@font-face 规则在各主流浏览器中都能够获得完美的支持，包括低版本的 IE 浏览器。另外，@font-face 规则无须添加任何浏览器的私有属性前缀。

虽然各主流浏览器都能够对 @font-face 规则提供良好的支持，但是各浏览器对不同的字体格式却有着不同的要求。

- **TureType(.ttf) 格式字体**：该格式字体是 Windows 和 iOS 系统最常见的字体，支持此字体的浏览器有 IE 9+、Firefox 3.5+、Chrome 4.0+、Safari 3.1+、Opera 10.0+、iOS Mobile Safari 4.2+ 等。
- **OpenType(.otf) 格式字体**：该格式字体被认为是一种原始的字体格式，其内置在 TureType 的基础上，所以也提供更多的功能，支持这种字体的浏览器有 Firefox 3.5+、Chrome 4.0+、Safari 3.1+、Opera 10.0+、iOS Mobile Safari 4.2+ 等。
- **Web Open Font Format(.woff) 格式字体**：该格式字体是 Web 字体中的最佳格式，它是一个开放的 TrueType/OpenType 的压缩版本，同时也支持元数据包的分离，支持这种字体的浏览器有 IE 9+、Firefox 3.5+、Chrome 6+、Safari 3.6+、Opera 11.1+ 等。
- **Embedded Open Type(.eot) 格式**：该格式字体是 IE 浏览器专用字体，可以从 TrueType 中创建此格式字体，支持这种字体的浏览器有 IE 4+。
- **SVG(.svg) 格式**：该格式字体是基于 SVG 字体渲染的一种格式，支持这种字体的浏览器有 Chrome 4.0+、Safari 3.1+、Opera 10.0+、iOS Mobile Safari 3.2+ 等。

这就意味着在 @font-face 规则中至少需要 .woff 和 .eot 两种格式字体，甚至还需要 .svg 等格式字体，从而得到多种浏览器版本的支持。例如下面的写法。

```
@font-face {
    font-family: "YourWebFontName";
    src:url("WebFontName.eot") format("eot");          /*IE*/
    src: url("WebFontName.woff") format("woff"),
        url("WebFontName.ttf") format("truetype");     /*not-IE*/
}
```

添加这些额外的字体格式可以确保支持每种浏览器。但是，在 IE 9 之前版本的浏览器存在一个问题，IE 9 以下版本的浏览器将第一个 URL 和最后一个之间的所有内容视为一个 URL，以至于无法加载字体。为了解决这个问题，可以在 .eot 字体后添加查询字符串，这样浏览器认为 src 属性的剩余部分是查询字符串的延续，因此可以让浏览器找到正确的 URL，并加载字体。

```
@font-face {
    font-family: "YourWebFontName";
    src:url("WebFontName.eot?#iefix") format("eot");   /*IE*/
    src: url("WebFontName.woff") format("woff"),
        url("WebFontName.ttf") format("truetype");     /*not-IE*/
}
```

这虽然使 IE 9 以下版本浏览器能够正常加载所需的字体，但在 IE 9 浏览器的兼容模式这下不会正常加载 EOT 格式的字体。也就是说，在 IE 9 浏览器的兼容模式下加载 EOT 格式字体会出错。要解决此问题，需要在 IE 9 浏览器的兼容模式下添加一个 src 值。

```
@font-face {
    font-family: "YourWebFontName";
    src:url("WebFontName.eot");                              /*IE 9 兼容模式 */
    src:url("WebFontName.eot?#iefix") format("eot");         /*IE*/
    src: url("WebFontName.woff") format("woff"),
         url("WebFontName.ttf") format("truetype");          /*not-IE*/
}
```

除此之外，为了能够使更多的浏览器支持，特别是让移动设备的浏览器能够兼容，可以在 @font-face 规则中加载更多格式的字体。

```
@font-face {
    font-family: "YourWebFontName";
    src:url("WebFontName.eot");       /*IE 9 兼容模式 */
    src:url("WebFontName.eot?#iefix") format("embedded-opentype");  /*IE*/
    src: url("WebFontName.woff") format("woff"),                   /* 现代浏览器 */
         url("WebFontName.ttf") format("truetype");                /*not-IE*/
    src: url("WebFontName.svg# YourWebFontName ") format("svg"); /*iOS*/
}
```

需要注意的是，通过 @font-face 规则使用服务器字体，不建议应用于中文网站。因为中文的字体文件都是几 MB 到十几 MB，字体文件的容量较大，会严重影响页面的加载速度。如果是少量的特殊字体，还是建议使用图片来代替。而英文的字体文件只有几十 KB，非常适合使用 @font-face 规则。

11.3 背景和图片的浏览器兼容性

使用 CSS 样式来设置页面元素的背景颜色或背景图像是网页制作过程中很常用的技术。在本节中将向用户详细介绍 CSS3 中关于背景和图片属性的浏览器兼容性。

背景基础 CSS 属性的浏览器兼容性如表 11-13 所示。

表 11-13　背景基础 CSS 属性的浏览器兼容性

属性	Chrome	Firefox	Opera	Safari	IE
background-color	√	√	√	√	√
background-image	√	√	√	√	√
background-repeat	√	√	√	√	√
background-position	√	√	√	√	√
background-attachment	√	√	√	√	√

▊ 浏览器适配说明

这 5 个基础的背景 CSS 属性从 CSS1 开始就已经写入 CSS 规范中，所以获得了所有主流浏览器的广泛支持，在网页制作过程中可以放心大胆的使用这些属性来设置页面的背景效果。

11.3.1　background-clip 属性的浏览器兼容性

background-clip 属性在浏览器兼容性方面与 background-origin 属性也极其相似，background-clip 属性的浏览器兼容性如表 11-14 所示。

表 11-14　background-clip 属性的浏览器兼容性

属性	Chrome	Firefox	Opera	Safari	IE
background-clip	4.0+ √	4.0+ √	10.5+ √	5.0+ √	9+ √

浏览器适配说明

与 background-origin 属性相同，在使用 background-clip 属性时同样需要为不同内核的浏览器添加各自的私有属性前缀。

需要注意的是，background-clip 属性在 Gecko 内核浏览器 (Firefox 3.6 及以下版本) 不支持 content-box 属性值，并且使用 border 和 padding 属性值来代替标准语法中的 border-box 和 padding-box 属性值。

Safari 5 浏览器可以支持标准属性中的 border-box 和 padding-box 属性值，但是不支持 content-box 属性值，只有加上 Webkit 内核私有属性前缀时，才能够支持 content-box 属性值。

为了保证只要支持 background-clip 属性的浏览器都能够正常运行，可以按照下面的方式来使用 background-clip 属性。

```
/* 低版本的 Gecko 核心浏览器 */
-moz-background-clip: padding | border;
/* 高版本的 Webkit 和 Gecko 核心浏览器 */
-webkit-background-clip: padding-box | border-box | content-box;
-moz-background-clip: padding-box | border-box | content-box;
/*Presto 核心浏览器 */
-o-background-clip: padding-box | border-box | content-box;
/*Trident 核心浏览器 */
-ms-background-clip: padding-box | border-box | content-box;
/*W3C 标准 */
background-clip: padding-box | border-box | content-box;
```

11.3.2　CSS3 多背景的浏览器兼容性

CSS3 多背景属性在高版本的现代浏览器中都能够获得良好的支持，但是 IE 8 及以下版本的 IE 浏览器，以及 Firefox 和 Opera 低版本的浏览器并不支持。Background 多背景属性的浏览器兼容性如表 11-15 所示。

表 11-15　background 多背景属性的浏览器兼容性

属性	Chrome	Firefox	Opera	Safari	IE
background	10.0+ √	3.6+ √	10.6+ √	3.2+ √	9+ √

浏览器适配说明

CSS3 多背景属性在各支持的浏览器下都采用 W3C 的标准写法，并不需要添加各浏览器私有属性前缀，但是如果在多背景属性中需要设置 background-size、background-origin、background-clip 时，还是需要添加各浏览器私有属性前缀的。

在一些效果中，为元素使用多背景图像仅仅是起到锦上添花的效果，对于用户要求不是很高的时候可以忽略，不考虑其浏览器兼容性的处理。

但是在有些场合中，缺少一些图片总体效果会不尽如人意。例如使用多背景制作一个按钮时，设计好的按钮有左、中、右 3 个图像切片组合而成，但是在不支持 CSS3 多背景属性的浏览器中仅显示中间的部分。这样的场景下使用 CSS3 多背景图像属性就需要谨慎，因为可选的兼容方案并不多。

对于不支持 CSS3 多背景图像属性的浏览器，最简单的方案就是提供一张单一的背景图像。通过 Modernizr 分别定义不同的浏览器。当然可以在属性中重复定义 background-image 属性，但特别要注意，多背景属性需要写在单一背景属性的后面，而且还需要确保这张单一背景图像确实可用。这是处理兼容 CSS3 多背景图像属性兼容性的常用方案，也是最容易的方案，而且不会对多背景图像属性造成任何的影响。

相比上一种方案来说，嵌套 HTML 标签显示多背景图像更稳妥，更具有扩展性，但工作强度也就相应增加了，而且又回到了 CSS2 时代。如果决定使用这种方案，必须使用 Modernizr 或者 IE 条件注释来检测浏览器，并相应进行不同的处理。否则，在支持多背景图像的浏览器中背景就会重复显示。因此这种方案也不能叫作兼容方案，因为嵌套的标签在所有浏览器上都能够正常工作，与其这样，倒不如完全不使用多背景图像技术。

11.3.3 opacity 属性的浏览器兼容性

除了 IE 8 及以下版本的 IE 浏览器不支持 opacity 属性外，其他的主流浏览器都支持 opacity 属性。opacity 属性的浏览器兼容性如表 11-16 所示。

表 11-16 opacity 属性的浏览器兼容性

属性	Chrome	Firefox	Opera	Safari	IE
opacity	1.0+ √	1.5+ √	9.0+ √	3.1+ √	9+ √

浏览器适配说明

虽然在 IE 8 及以下版本的 IE 浏览器中不支持 opacity 属性，但是可以使用其专有的 alpha 滤镜来实现元素透明度的效果。需要注意的是，IE 8 浏览器及以下版本的 IE 浏览器对于 alpha 滤镜的写法不同，具体写法如下所示。

```
/*IE 5 至 IE 7*/
filter: alpha(opacity=透明值);
/*IE 8*/
-ms-filter:"progid:DXImageTransform.Microsoft.Alpha(Opacity=透明值)";
```

注意，alpha 滤镜中的透明值并不是 0~1 之间的浮点数，而是 0~100 之间的任意整数，其中 0 表示元素完全透明不可见；反之，取值为 100 时，元素无任何透明度。

11.4 边框属性的浏览器兼容性

在 CSS 中有多个关于元素边框设置的属性，从而帮助用户在网页中实现特殊的边框效果。在本节中将向用户介绍 CSS 中的边框的相关属性的浏览器兼容性。

11.4.1 边框基础属性的浏览器兼容性

边框基础 CSS 属性的浏览器兼容性如表 11-17 所示。

表 11-17　边框基础 CSS 属性的浏览器兼容性

属性	Chrome	Firefox	Opera	Safari	IE
border-width	√	√	√	√	√
border-color	√	√	√	√	√
border-style	√	√	√	√	√
border	√	√	√	√	√

▌浏览器适配说明

　　边框的基础属性包括 border-width、border-color、border-style 和 border 早在 CSS1 就已经写入 CSS 规范，并且经过多年的应用，获得了所有主流浏览器的广泛支持。虽然 border-style 属性的个别属性值在不同的浏览器中呈现出的效果有所差异，但并不影响效果的表现，并且 border-style 属性常用的属性值 solid(实线)、dashed(虚线) 等大主流浏览器中的表现效果是一致的。

　　综上所述，在网页制作过程中，可以放心大胆地使用 CSS 样式中的边框基础属性来表现网页元素的边框效果。

11.4.2　border-color 属性的浏览器兼容性

　　CSS3 中的多种边框颜色效果虽然功能强大，但目前能够支持该效果的浏览器仅有 Firefox 3.0 及以上版本，而且还需要使用该浏览器的私有属性写法。CSS3 多种边框颜色的浏览器兼容性如表 11-18 所示。

表 11-18　CSS3 多种边框颜色的浏览器兼容性

属性	Chrome	Firefox	Opera	Safari	IE
border-color	√	3.0+ √	√	√	√

　　由于 CSS3 的多种边框颜色到目前还没有形成正式的标准规范，所以在使用时需要加上不同核心浏览的私有属性前缀。

▌浏览器适配说明

　　CSS3 的多种边框颜色功能能够帮助设计师实现渐变、内阴影、外阴影等多种绚丽的元素边框效果，但目前仅有 Firefox 3.0 及以上版本的浏览器支持，而且还需要使用其私有属性写法，因此该属性的实用性并不是很强，在网页制作过程中一定要谨慎使用该属性。

　　好在 CSS 样式具有优雅降级的特性，在不支持 CSS3 多种边框颜色的浏览器中会将元素的边框颜色显示为单一的纯色。

　　如果一定要在所有浏览器中表现出多种颜色边框的效果，无外乎两种方法，一种是通过添加额外的标签，在每个标签上设置不同的颜色。第二种就是通过背景图片来实现。不过这两种方法都有一定的弊端，第一种方法多了很多冗余的标签，维护起来非常麻烦；第二种方法如果需要改变边框的颜色，则需要对背景图片进行修改，并且如果元素的尺寸大小不固定，则无法通过背景图片的方法来实现。

11.4.3　border-radius 属性的浏览器兼容性

　　目前，border-radius 属性得到了主流现代浏览器的支持，如 Chrome 5+、Firefox 4+、Opera

10.5+、Safari 5+、IE 9+ 版本都能够支持 W3C 标准的 border-radius 属性写法。如果需要支持一些老版本的浏览器，还可以为 border-radius 属性添加不同核心浏览器的私有属性前缀。但是 IE 9 以下版本的 IE 浏览器并不支持 border-radius 属性。

border-radius 属性的浏览器兼容性如表 11-19 所示。

表 11-19　border-radius 属性的浏览器兼容性

属性	Chrome	Firefox	Opera	Safari	IE
border-radius	1.0+ √	3.0+ √	10.5+ √	3.0+ √	9+ √

浏览器适配说明

CSS3 中新增的 border-radius 属性目前在网站中的应用随处可见，特别是国外的 Web 运用上，国内很多网页设计师也逐渐在使用。在 IE 9 以下版本的 IE 浏览器中，设计师可以采用以下 3 种方法来处理浏览器适配问题。

(1) 使用第三方插件，例如 IE-css3.htc 或者其他的 JavaScript 脚本插件。

(2) CSS 样式具有优雅降级的特点，在不支持 border-radius 属性的浏览器中元素显示为默认的直角效果。

(3) 在不支持 border-radius 属性的低版本 IE 浏览器中为元素应用另外一套 CSS 样式，在该 CSS 样式中使用设计好的圆角图片作为元素的背景来表现元素的圆角效果。

使用 CSS3 的 border-radius 属性实现网页中的元素圆角效果，在少数不支持 border-radius 的浏览器上，将不能完成圆角效果的展示，但这不是问题。我们所做的是一种渐进增强、优雅降级，即使有圆角效果的元素在不支持 CSS3 的 border-radius 属性的浏览器中完全有效果且易读，只不过在支持 border-radius 属性的浏览器中，该元素看起来更美观，视觉效果更细腻圆润。如果客户一定希望在所有浏览器中都能够达到一样的圆角效果，那么就可以考虑使用上面所介绍的 3 种方法来解决。

实例 54　为网页元素设置圆角效果

最终文件：最终文件 \ 第 11 章 \11-4-3.html
操作视频：视频 \ 第 11 章 \ 为网页元素设置圆角效果 .mp4

前面为用户介绍了 border-radius 属性的浏览器兼容性知识，接下来通过实例练习为用户介绍 border-radius 属性在网页中的用法。

01 执行"文件"＞"打开"命令，打开页面"源文件 \ 第 11 章 \11-4-3.html"，可以看到页面的 HTML 代码，如图 11-11 所示。在 IE 浏览器中预览该页面，可以看到页面中相应的元素显示为直角的边框效果，如图 11-12 所示。

```
<!doctype html>
<html>
<head>
<meta charset="utf-8">
<title>为网页元素设置圆角效果</title>
<link href="style/6-3-3.css" rel="stylesheet" type=
"text/css">
</head>

<body>
<div id="pic"></div>
<div id="box">
  <div id="work01"><img src="images/63302.jpg" width="180"
height="150" alt=""/></div>
  <div id="work02"><img src="images/63303.jpg" width="180"
height="150" alt=""/></div>
  <div id="work03"><img src="images/63304.jpg" width="180"
height="150" alt=""/></div>
</div>
</body>
</html>
```

图 11-11

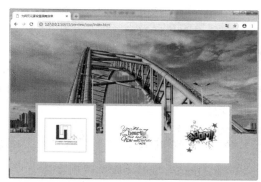

图 11-12

　　border-radius 属性本身又包含 4 个子属性，当为该属性赋一组值的时候，将遵循 CSS 的赋值规则。从 border-radius 属性语法可以看出，其值也可以同时包含 2 个值、3 个值或 4 个值，多个值的情况使用空格进行分隔。

02 转换到外部 CSS 样式表文件中，在名为 #work01 的 CSS 样式中修改 border-radius 属性值，如图 11-13 所示。保存外部 CSS 样式表文件，在 IE 11 浏览器中预览该页面，可以看到元素的圆角效果，如图 11-14 所示。

```
#work01 {
    width: 230px;
    height: 188px;
    float: left;
    margin: 0px 15px;
    background-color: #FFF;
    padding-top: 49px;
    text-align: center;
    border: solid 10px #CCC;
    border-radius: 40px 10px;
}
```

图 11-13

图 11-14

　　元素设置有边框效果时，当元素的圆角半径值小于或等于边框宽度时，该角会显示为外圆内直的效果；当元素的圆角半径值大于边框宽度时，该角会显示为内外都是圆角的效果。

03 使用相同的制作方法，为其他两个元素应用圆角效果。转换到外部 CSS 样式表文件中，在名为 #work02 和 #work03 的 CSS 样式中添加 border-radius 属性设置，如图 11-15 所示。保存外部 CSS 样式表文件，在 IE 11 浏览器中预览该页面，可以看到元素的圆角效果，如图 11-16 所示。

```
#work02 {
    width: 230px;
    height: 188px;
    float: left;
    margin: 0px 15px;
    background-color: #FFF;
    padding-top: 49px;
    text-align: center;
    border: solid 10px #CCC;
    border-radius: 40px 10px;
}
#work03 {
    width: 230px;
    height: 188px;
    float: left;
    margin: 0px 15px;
    background-color: #FFF;
    padding-top: 49px;
    text-align: center;
    border: solid 10px #CCC;
    border-radius: 40px 10px;
}
```

图 11-15

图 11-16

　　使用 border-radius 属性可以为网页中任意元素应用圆角效果，但是在为图片 <img> 元素应用圆角效果时，只有 Webkit 核心的浏览器不会对图片进行剪切，而在其他的浏览器中都能够实现图片的圆角效果。

　　为了使更多低版本的浏览器也能够支持元素的圆角效果，需要添加不同核心浏览器的私有属性写法。转换到外部 CSS 样式表文件中，分别在 #work01、#work02 和 #work03 的 CSS 样式中添加 border-radius 属性私有属性写法，如图 11-17 所示。保存外部 CSS 样式表文件，在 Firefox 浏览器中预览该页面，可以看到元素的圆角效果，如图 11-18 所示。

```
#work01 {
    position:relative;
    width: 230px;
    height: 188px;
    float: left;
    margin: 0px 15px;
    background-color: #FFF;
    padding-top: 49px;
    text-align: center;
    border: solid 10px #CCC;
    -webkit-border-radius: 40px 10px;   /*Webkit核心私有属性写法*/
    -moz-border-radius: 40px 10px;      /*Gecko核心私有属性写法*/
    -o-border-radius: 40px 10px;        /*Presto核心私有属性写法*/
    border-radius: 40px 10px;
}
```

图 11-17

图 11-18

但是在 IE 9 以下版本的 IE 浏览器中依然无法支持 border-radius 属性，好在 CSS3 具有优雅降级的特性。例如，使用 IE 8 浏览器预览页面，因为不支持 border-radius 属性，则降级显示为直角，如图 11-19 所示。

为了解决 IE 9 以下版本 IE 浏览器的兼容性问题，可以通过 IE 条件注释的方法来判断浏览器版本。返回网页 HTML 代码中，在 <head> 与 </head> 标签之间添加 IE 条件注释代码，如图 11-20 所示。

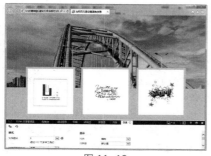

图 11-19

```
<head>
<meta charset="utf-8">
<title>为网页元素设置圆角效果</title>
<link href="style/6-3-3.css" rel="stylesheet" type="text/css">
<!--[if lt IE 9]>
<link href="style/6-3-3old.css" rel="stylesheet" type="text/css">
<![endif]-->
</head>
```

图 11-20

> **提示**
>
> 判断用户使用的是低于 IE 9 的 IE 浏览器，则自动调用名称为 6-3-3old.css 的外部 CSS 样式表文件，在该外部 CSS 样式表文件中定义了一个名称相同的 ID CSS 样式，在该 CSS 样式中使用背景图像的方式来实现元素圆角的效果。

11.4.4 border-image 属性的浏览器兼容性

border-image 属性是 CSS3 新增的核心属性之一，也是非常实用的属性，目前主流的现代浏览器都能够支持该属性。

border-image 的浏览器兼容性如表 11-20 所示。

表 11-20 border-image 属性的浏览器兼容性

属性	Chrome	Firefox	Opera	Safari	IE
border-image	3.0+ √	3.5+ √	10.5+ √	1.0+ √	11+ √

■ 浏览器适配说明

虽然目前主流的现代浏览器都能够支持 CSS3 新增的 border-image 属性，但是为了适配一些低版本的浏览器，在书写该属性的时候，还是需要添加各不同核心浏览器私有属性的写法，如下所示。

```
-webkit-border-image                /*Webkit 核心浏览器私有属性写法 */
-moz-border-image                   /*Gecko 核心浏览器私有属性写法 */
-o-border-image                     /*Presto 核心浏览器私有属性写法 */
-ms-border-image                    /*Trident 核心浏览器私有属性写法 */
border-image                        /*W3C 标准属性写法 */
```

另外在 IE 11 以下版本的 IE 浏览器中并不支持该属性,包括私有属性也不支持 border-image 属性。所以如果需要适配 IE 11 以下版本的 IE 浏览器,则需要使用传统的背景图像的方法来实现,但是使用背景图片来实现图像边框的效果也具有一定的局限性,如果元素的宽度和高度是固定的,那么使用背景图片来实现图片边框是非常简单的,但是如果元素的宽度和高度并不固定,在这种情况下单独使用背景图片的方式来实现图片边框效果就非常困难了。

11.4.5　box-shadow 属性的浏览器兼容性

在现代浏览器中都能够为 CSS3 新增的 box-shadow 属性提供良好的支持。box-shadow 属性的浏览器兼容性如表 11-21 所示。

表 11-21　box-shadow 属性的浏览器兼容性

属性	Chrome	Firefox	Opera	Safari	IE
box-shadow	2.0+ √	3.5+ √	10.5+ √	4.0+ √	9+ √

浏览器适配说明

虽然主流的现代浏览器都能够支持 box-shadow 属性的 W3C 标准写法,但是考虑到向前兼容,在书写该属性的时候,还是需要添加各不同核心浏览器私有属性的写法,如下所示。

```
-webkit-box-shadow                  /*Webkit 核心浏览器私有属性写法 */
-moz-box-shadow                     /*Gecko 核心浏览器私有属性写法 */
-o-box-shadow                       /*Presto 核心浏览器私有属性写法 */
-ms-box-shadow                      /*Trident 核心浏览器私有属性写法 */
box-shadow                          /*W3C 标准属性写法 */
```

在 IE 9 以下版本的 IE 浏览器中并不支持 box-shadow 属性,包括私有属性写法,但是目前 box-shadow 属性在实际网页中的应用越来越普遍,因为 box-shadow 属性实现阴影的方法比使用背景图像来实现更加方便,同时也能够为前端设计师减少很多时间,维护起来也很方便。

还有一种方法就是使用 IE 中的 Shadow 滤镜来模拟实现元素的阴影效果。IE 中的 shadow 滤镜的语法格式如下。

```
filter: "progid:DXImageTransform.Microsoft.Shadow(color=颜色值，Direction=阴影角度，
Strength=阴影半径 )";
```

其实,在低版本的 IE 浏览器中,DropShadow 滤镜和 Shadow 滤镜都是为了实现元素阴影效果而存在的,另外 Glow 滤镜则用于在盒容器四周实现发光效果。这时这些滤镜可设置的参数并不像 box-shadow 属性那样提供较多的自定义参数,所以使用滤镜所实现的阴影效果并没有使用 box-shadow 属性所实现的阴影效果自然。在这里并不推荐使用滤镜的方法。

> **提示**
>
> 现代浏览器中可以使用 box-shadow 属性来实现元素的阴影效果,而不支持 box-shadow 的低版本浏览器中则无法表现出阴影效果,如果一定要兼容低版本的浏览器,一种方法就是刚刚介绍的使用 IE 中的 Shadow 滤镜来实现,另一种方法就是使用传统的背景图像的方式来表现阴影效果。

11.5 盒模型的浏览器兼容性

盒模型是使用 CSS 对网页元素进行控制时一个非常重要的概念，浏览器把网页中每个元素都看作一个盒模型，每个盒模型都由以下几个属性所决定：display、position、float、width、height、margin、padding 和 border 等，不同类型的盒模型会产生不同的布局。

11.5.1 CSS 盒模型的浏览器兼容性

CSS 盒模型中的 width、height、margin、padding、border 等属性都是在 CSS1 就已经加入 CSS 规范中，所以获得了浏览器的广泛支持。

需要注意的是，CSS 中的盒模型被分为两种，第一种是 W3C 的标准模型，另一种是 IE 6 以下版本 IE 浏览器的传统模型，它们相同之处都是对元素计算尺寸的模型，具体说就是对元素的 width、height、margin、border 和 padding 以及元素实际尺寸的计算关系，不同之处是两者的计算方法不一致。在前面进行介绍的都是 W3C 标准盒模型。

浏览器适配说明

下面介绍一个 W3C 标准盒模型和 IE 6 以下版本传统盒模型对于元素尺寸的计算方法。

1) W3C 标准盒模型

外盒尺寸计算（元素空间尺寸）

元素空间高度 = 内容高度 (height)+上下填充 (padding++上下边框 (border)+上下外边距 (margin)

元素空间宽度 = 内容宽度 (width)+左右填充 (padding)+左右边框 (border)+左右外边距 (margin)

内盒尺寸计算（元素大小）

高度 = 内容高度 (height)+ 上下填充 (padding)+ 上下边框 (border)

宽度 = 内容宽度 (width)+ 左右填充 (padding)+ 左右边框 (border)

2) IE 6 以下版本 IE 浏览器的传统盒模型

外盒尺寸计算（元素空间尺寸）

元素空间高度 = 内容高度 (height)+ 上下外边距 (margin)(height 包含元素内容高度、上下边框和上下填充）

元素空间宽度 = 内容宽度 (width)+ 左右外边距 (margin)(width 包含元素内容宽度、左右边框和左右填充）

内盒尺寸计算（元素大小）

高度 = 内容高度 (height 包含元素内容高度、上下边框和上下填充）

宽度 = 内容宽度 (width 包含元素内容宽度、左右边框和左右填充）

换句话说，在 IE 6 以下版本的 IE 浏览器中，其内容真正的宽度是 width+padding+border。用内外盒来说，W3C 标准盒模型中的内容宽度等于 IE 6 以下版本浏览器的外盒宽度。这就需要在 IE 6 以下版本的 IE 浏览器中编写 Hack 统一其外盒的宽度，关于如何处理这样的兼容性问题这里不多介绍，因为浏览器发展到今天，目前使用 IE 6 以下版本浏览器的用户几乎已经绝迹。这里我们只需要了解，在使用过程中可以放心大胆地使用 W3C 标准的盒模型对网页元素进行设置。

11.5.2 定位属性的浏览器兼容性

定位属性 position 以及定位相关的其他属性都是从 CSS2 正式加入 CSS 规则中的，目前几乎所有的主流浏览器都能够对元素定位的相关属性提供良好的支持。

定位属性的浏览器兼容性如表 11-22 所示。

表 11-22　定位属性的浏览器兼容性

属性	Chrome	Firefox	Opera	Safari	IE
position	√	√	√	√	√
top、right、bottom 和 left	√	√	√	√	√
z-index	√	√	√	√	√
clip	√	√	√	√	√

在网页制作过程中可以放心大胆地使用 position 属性设置元素的定位方式，再结合 top、right、bottom 和 left 属性来设置元素的位置，通过 z-index 属性来设置元素的叠放顺序，通过 clip 属性来设置元素的裁切效果。

1. overflow-x 和 overflow-y 属性的浏览器兼容性

overflow-x 和 overflow-y 属性的浏览器兼容性如表 11-23 所示。

表 11-23　overflow-x 和 overflow-y 属性的浏览器兼容性

属性	Chrome	Firefox	Opera	Safari	IE
overflow-x、overflow-y	1.0+ √	1.5+ √	9.0+ √	3.0+ √	6+ √

▌浏览器适配说明

overflow-x 和 overflow-y 属性原本是 IE 浏览器中根据 overflow 属性独自扩展的属性，后来被 CSS3 采用，并且正式成为 CSS3 标准的一部分。目前为止，所有主流的浏览器都能够正确解析这两个属性，包括低版本的 IE 6 浏览器，但是有部分浏览器在解析时，会存在一些细节上的差异，但并不影响效果的表现。所以在网站页面的制作过程中，可以大胆地使用 overflow-x 和 overflow-y 属性。

2. resize 属性的浏览器兼容性

resize 属性的浏览器兼容性如表 11-24 所示。

表 11-24　resize 属性的浏览器兼容性

属性	Chrome	Firefox	Opera	Safari	IE
resize	25.0+ √	19.0+ √	12.0+ √	5.0+ √	×

▌浏览器适配说明

从表 11-24 中可以看出，目前 resize 属性已经获得了除 IE 浏览器以外的其他主流浏览器的普遍支持，但是最新的 IE 11 浏览器也不提供支持，这就使该属性的应用存在很大的兼容性问题，毕竟国内用户使用 IE 浏览器的比例还是很高的。

但是 resize 属性所实现的效果主要是用于增强页面的用户体验，而并不会影响到页面内容的布局和表现，所以最佳的方式就是为使用 IE 以外浏览器的用户提供 resize 属性所实现的调整尺寸大小的用户体验效果，而 IE 用户则优先降级为普通的显示效果。如果一定要让 IE 浏览器的用户也同样能够体验相同的效果，那么只有放弃 resize 属性，而采用传统的 JavaScript 脚本编码的方式来实现。

11.5.3 outline 属性的浏览器兼容性

outline 属性的浏览器兼容性如表 11-25 所示。

表 11-25　outline 属性的浏览器兼容性

属性	Chrome	Firefox	Opera	Safari	IE
outline	1.0+ √	1.5+ √	9.0+ √	3.0+ √	8+ √

浏览器适配说明

　　因为 outline 属性在 CSS2 就已经加入 CSS 规则中，所以主流浏览器都能够对其提供良好的支持，但是 IE 7 及以下版本的 IE 浏览器并不支持 outline 属性，如果想要使 IE 7 及以下版本的 IE 浏览器能够显示 outline 属性所表现的效果，则可以通过叠加元素或背景图像的方式来实现。

　　另外，还需要注意的是 outline-offset 属性是 CSS3 新增的属性，用于设置外轮廓边框的偏移值，并且该属性只能单独进行设置，而不能写在 outline 属性中，因为这样会造成外轮廓边框宽度值指定不明确，无法正确解析。目前除 IE 以外的主流现代浏览器也都能够支持 outline-offset 属性，但是 IE 浏览器目前还不支持 outline-offset 属性，包括最新的 IE 11 浏览器。

11.5.4 多列布局属性的浏览器兼容性

　　为了能够在 Web 页面中更加方便地实现类似于报纸、杂志一样的多列排列布局效果，W3C 特意在 CSS3 中新增了多列布局的功能，主要应用在网页文本的多列布局方面。

　　目前，主流的浏览器都能够支持 CSS3 的多列布局的 columns 属性。columns 属性的浏览器兼容性如表 11-26 所示。

表 11-26　columns 属性的浏览器兼容性

属性	Chrome	Firefox	Opera	Safari	IE
Columns/Column	25.0+ √	19.0+ √	12.1+ √	5.1+ √	10+ √

浏览器适配说明

　　虽然主流的现代浏览器都能够支持多列布局的 columns 属性，但需要注意的是，目前只有 IE 10 以上版本的 IE 浏览器和 Opera 12.1+ 以上的 Opera 浏览器支持 W3C 的标准属性写法，而 Chrome 25.0+、Firefox 19.0+ 和 Safari 5.1+ 浏览器都需要使用其私有属性的写法，形式如下。

```
-moz-columns          /*Gecko 核心私有属性写法，Firefox 浏览器等 */
-webkit-columns       /*Webkit 核心私有属性写法，Chrome、Safari 浏览器等 */
```

　　而 IE 9 及以下版本的 IE 浏览器并不支持多列布局的 columns 属性，包括其私有属性写法，这也就造成了该属性在 IE 9 及以下版本的 IE 浏览器中无法实现分列布局的效果。CSS 样式都具有优雅降级的特性，所以在 IE 9 及以下版本的 IE 浏览器中只是没有对内容进行分列布局，但是并不影响页面内容的表现。

　　如果一定需要使 IE 9 及以下版本的 IE 浏览器能够表现出相同的分列布局效果，则只能使用 JavaScript 脚本或者通过传统的布局方式来实现。

> **提示**
>
> 　　在 12.7.4 节中所介绍的多列布局的其他相关属性的浏览器兼容性和适配方法与此处所介绍的 columns 属性的浏览器兼容性完全相同。

实例 55　实现网页内容分列布局

最终文件：最终文件 \ 第 11 章 \11-5-4.html
操作视频：视频 \ 第 11 章 \ 实现网页内容分列布局 .mp4

前面讲解了主流的现代浏览器都能够支持多列布局 columns 属性，接下来通过实例练习为用户介绍属性在 columns 网页中的用法。

01 执行“文件”>“打开”命令，打开页面“源文件 \ 第 11 章 \11-5-4.html”，可以看到页面的 HTML 代码，如图 11–21 所示。在 IE 11 浏览器中预览该页面，可以看到页面右侧文本内容的默认显示效果，如图 11–22 所示。

```
<body>
<div id="logo"><img src="images/92202.png" width="57" height="125"  alt=""/>
</div>
<div id="bg">
  <div id="box">
    <h1>我们的服务</h1>
    <h3>我们能做什么--互动整合行销</h3>
    <p>互动整合行销，是在一个统一概念之下，不但运用不同的传播手段和互动产品
，并且关联起浏览者行为的每一个阶段，影响浏览者的行为。我们从品牌策划、品牌设
计、网络营销推广、客户服务每个阶段进行把握，提供整套的互动营销解决方案。</p>
    <h3>我们只做能做的，并且相信能做好的</h3>
    <p>我们深入企业营销全过程，从前期市场调查、产品定位，到网络宣传与促销、
网络公关，乃至网络客户服务与客户关系管理。根据客户实际需求和行业特性，利用互
动网络互动营销专业经验，对企业传统营销方式进行持续改进和网络效果长期监测，最
终达到全面提高企业营销效果，加强企业竞争力的目的。</p>
    <h3>服务知名客户</h3>
    <p>知名客户选择我们的理由只有一个，我们的经验丰富，服务优质，质量可靠！
体现企业价值，挖掘互联网商机是我们的责任，帮助企业树立形象改进效率是我们的义务！</p>
    <h3>相信您的选择会让您的企业事半功倍！</h3>
  </div>
</div>
</body>
```

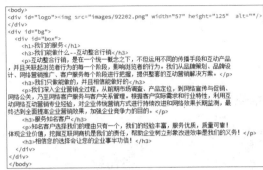

图 11–21

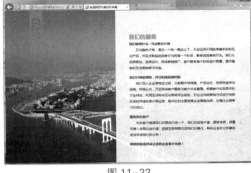

图 11–22

02 转换到该网页所链接的外部 CSS 样式表文件中，找到名为 #box 的 CSS 样式设置代码，如图 11–23 所示。在该 CSS 样式中添加 columns 属性设置代码，如图 11–24 所示。

```
#box {
    position: relative;
    width: 80%;
    height: auto;
    overflow: hidden;
    margin: 100px auto 0px auto;
}
```

图 11–23

```
#box {
    position: relative;
    width: 80%;
    height: auto;
    overflow: hidden;
    margin: 100px auto 0px auto;
    columns: 120px 3; /*3列，每列宽度为120px*/
}
```

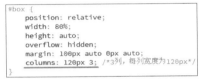

图 11–24

03 保存外部 CSS 样式表文件，在 IE 11 浏览器中预览该页面，可以看到将该部分内容分为 3 列的显示效果，如图 11–25 所示。需要注意的是，如果该元素的宽度采用百分比设置，当缩小浏览器窗口时，则该部分内容会变成 2 列或 1 列，如图 11–26 所示。每列的高度尽可能保持一致，而每列的宽度会自动进行分配，并不一定是 columns 属性中所设置的宽度大小。

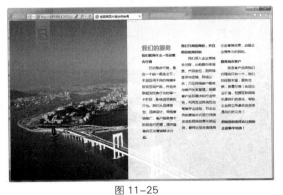

图 11–25

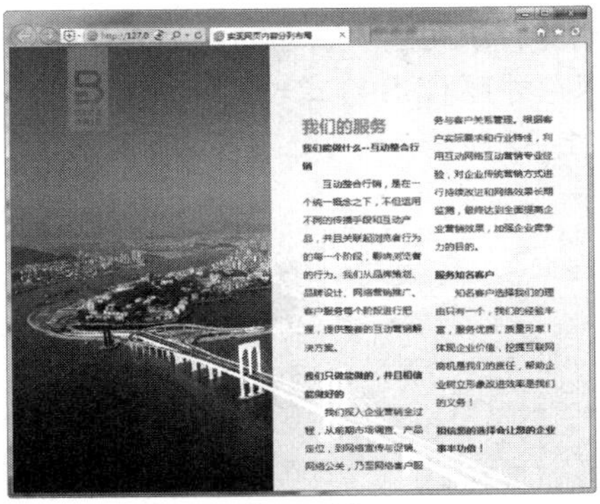

图 11–26

04 首先 Gecko 和 Webkit 核心的浏览器需要使用私有属性的写法，所以除了需要有 W3C 的标准写法外，还需要添加 Gecko 和 Webkit 核心的私有属性写法，如图 11–27 所示。保存外部 CSS 样式表文件，在 Chrome 浏览器中预览页面，同样可以看到多列布局的效果，如图 11–28 所示。

```
#box {
    position: relative;
    width: 80%;
    height: auto;
    overflow: hidden;
    margin: 100px auto 0px auto;
    -moz-columns: 120px 3;        /*Gecko核心浏览器私有属性写法*/
    -webkit-columns: 120px 3;     /*Webkit核心浏览器私有属性写法*/
    columns: 120px 3;             /*3列，每列宽度为120px*/
}
```

图 11-27

图 11-28

05 在 IE 9 及以下版本的 IE 浏览器中并不支持多列布局的 columns 属性。在 IE 9 浏览器中预览该页面，可以发现无法实现分列布局的效果，但页面内容的表现还是完整的，并不影响内容和效果的表现，如图 11-29 所示。在 IE 8 浏览器中预览该页面，可以发现页面右侧的半透明背景色没有显示，如图 11-30 所示。

图 11-29

图 11-30

提示

通过对比观察可以发现，在 IE 9 以下版本的 IE 浏览器中显示效果的变化较大，这是因为首先在 body 标签的 CSS 样式中通过 background-size 属性设置了背景图像的尺寸大小，而 IE 9 以下版本的 IE 浏览器并不支持该属性，所以页面的背景图像将显示为原始尺寸大小。其次是页面右侧是通过 RGBA 颜色方式设置了半透明的白色背景，而 IE 9 以下版本的 IE 浏览器也不支持 RGBA 颜色方式。

06 转换到外部 CSS 样式表文件中，使用前面介绍过的方法，通过使用 Gradient 滤镜实现半透明的背景颜色，在名为 #bg 的 CSS 样式中添加 Gradient 滤镜的设置代码，如图 11-31 所示。保存外部 CSS 样式表文件，在 IE 8 浏览器中预览该页面，可以看到在 IE 8 中显示的效果，如图 11-32 所示。

```
#bg {
    position: absolute;
    width: 55%;
    height: 100%;
    top: 0px;
    right: 0px;
    /*IE 5至IE7*/
    filter: progid:DXImageTransform.Microsoft.gradient(enabled=
    'true',startColorstr='#EFFFFFFF',endColorstr='#EFFFFFFF');
    /*IE 8*/
    -ms-filter:
    "progid:DXImageTransform.Microsoft.gradient(enabled='true',
    startColorstr='#EFFFFFFF',endColorstr='#EFFFFFFF')";
    background-color: rgba(255,255,255,0.94);
}
```

图 11-31

图 11-32

11.6　CSS 动画的浏览器兼容性

在本节中将带领用户详细学习 CSS3 中新增的一些动画属性的浏览器兼容性，从而更好地掌握通过 CSS 样式实现动画的方法。

11.6.1　CSS3 变形属性的浏览器兼容性

通过前面的介绍，我们知道 CSS3 的变形效果分为 2D 变形和 3D 变形，2D 变形和 3D 变形也有所不同，下面分别进行介绍。

1. 2D 变形的浏览器兼容性

目前，主流的现代浏览器都能够很好地支持 CSS3 的 2D 变形效果。2D 变形的浏览器兼容性如表 11–27 所示。

表 11-27　2D 变形的浏览器兼容性

属性	Chrome	Firefox	Opera	Safari	IE
2D transform	4.0+ √	3.5+ √	10.5+ √	3.1+ √	9+ √

2. 3D 变形的浏览器兼容性

3D 变形效果出现得比 2D 变形稍晚一些，但目前也获得了众多主流浏览器的支持。3D 变形的浏览器兼容性如表 11–28 所示。

表 11-28　3D 变形的浏览器兼容性

属性	Chrome	Firefox	Opera	Safari	IE
3D transform	12.0+ √	10.0+ √	15.0+ √	4.0+ √	10+ √

浏览器适配说明

CSS3 的 2D 变形虽然获得了主流现代浏览器的广泛支持，但是在实际使用的过程中还是需要添加不同核心浏览器的私有属性写法，具体介绍如下。

- IE 9 浏览器中使用 2D 变形时，需要添加 IE 浏览器私有属性前缀 –ms–，在 IE 10 及以上版本的 IE 浏览器中支持 W3C 的标准写法。
- Firefox 3.5 至 Firefox 15.0 版本浏览器，需要添加 Firefox 浏览器私有属性前缀 –moz–，在 Firefox 16 及以上版本浏览器中支持 W3C 的标准写法。
- Chrome 4.0 开始支持 2D 变形，在实际使用过程中需要添加 Chrome 浏览器的私有属性前缀 –webkit–。
- Safari 3.1 开始支持 2D 变形，在实际使用过程中需要添加 Safari 浏览器的私有属性前缀 –webkit–。
- Opera 10.5 开始支持 2D 变形，在实际使用过程中需要添加 Opera 浏览器的私有属性前缀 –o–。在 Opera 12.1 版本浏览器中支持 W3C 标准写法。
- 移动设备中 iOS Safari 3.2+、Android Browser 2.1+、Blackberry Browser 7.0+、Opera Mobile 14.0+、Chrome for Android 25.0+ 需要添加私有属性前缀 –webkit–，而 Opera Mobile 11.0 至 Opera Mobile 12.1 和 Firefox for Android19.0+ 不需要使用浏览器私有属性。

CSS3 的 3D 变形在实际使用过程中同样需要添加各浏览器的私有属性写法，并且有个别属性在某些主流浏览器中并未得到很好的支持。

> IE 10+ 中 3D 变形的部分属性并没有得到很好的支持。

> Firefox 10.0 至 Firefox 15.0 版本的浏览器，在使用 3D 变形时需要添加浏览器私有属性前缀 –moz–，但是从 Firefox 16.0+ 版本开始支持 W3C 的标准写法。

> Chrome 12.0+ 版本中使用 3D 变形时需要添加浏览器私有属性前缀 –webkit–。

> Safari 4.0+ 版本中使用 3D 变形时需要添加浏览器私有属性前缀 –webkit–。

> Opera 15.0+ 版本才开始支持 3D 变形，使用时需要添加浏览器私有属性前缀 –o–。

> 移动设备中 iOS Safari 3.2+、Android Browser 3.0+、Blackberry Browser 7.0+、Opera Mobile 14.0+、Chrome for Android 25.0+ 都支持 3D 变形，但是在使用时需要添加浏览器私有属性前缀 –webkit–；Firefox for Android 19.0+ 支持 3D 变形，并且无须添加浏览器私有属性前缀。

提示

通过上面的浏览器兼容性分析可以看出，现阶段在使用 CSS3 的变形属性时，需要编写各浏览器的私有属性写法和 W3C 标准写法，从而适配大多数的浏览器。但是低版本的 IE 浏览器中并不支持 CSS3 变形属性，如果想要在低版本的 IE 浏览器中实现元素的变形效果，则只能是通过 JavaScript 脚本代码来实现。

11.6.2　CSS3 过渡属性的浏览器兼容性

transition 属性和其他的 CSS3 属性一样，离不开浏览器对它的束缚，不过目前主流的现代浏览器都能够对 transition 属性提供良好的支持。

transition 属性的浏览器兼容性如表 11–29 所示。

表 11-29　transition 属性的浏览器兼容性

属性	Chrome	Firefox	Opera	Safari	IE
transition	4.0+ √	4.0+ √	10.5+ √	3.1+ √	10+ √

┃ 浏览器适配说明

虽然目前主流的现代浏览器都能够支持 transition 属性，但是并不是所有用户使用的都是主流的现代浏览器，想让 transition 属性适配更多的浏览器，很有必要花点时间详细了解各浏览器对 transition 属性的支持情况。

> IE 11+、Firefox 16.0+、Chrome 26.0+、Safari 7.0+、Opera 12.1+ 支持 transition 属性的 W3C 的标准写法，不需要添加浏览器的私有属性前缀。

> IE 10、Firefox 4.0~15.0、Chrome 4.0~20.0、Safari 3.1~6.0 和 Opera 10.5~12.0，在这些版本的浏览器中只支持各浏览器的私有属性，也就是说需要适配这些版本的浏览器，就需要使用 transition 属性的私有属性写法。

> iOS Safari 3.2~6.1、Android Browser 2.1+、Blackberry Browser 7.0+ 和 Chrome for Android 27.0 需要添加浏览器私有属性前缀 –webkit–，Opera Mobile 10.0~12.0 中需要添加浏览器私有属性前缀 –o–。

> iOS Safari 7.0+ 和 Firefox for Android 22.0+ 支持 transition 属性的 W3C 标准语法，不需要添加浏览器的私有属性前缀。

提示

transition 属性的 4 个子属性 (transition-property、transition-duration、transition-timing-function 和 transition-delay) 的浏览器兼容性以及适配浏览器的方法与此处介绍的 transition 属性完全相同。

11.6.3　animation 属性的浏览器兼容性

CSS3 新增的 animation 属性目前已获得主流现代浏览器的支持，animation 属性的浏览器兼容性如表 11–30 所示。

表 11-30　animation 属性的浏览器兼容性

属性	Chrome	Firefox	Opera	Safari	IE
animation	4.0+ √	5.0+ √	12.0+ √	4.0+ √	10+ √

浏览器适配说明

虽然主流的现代浏览器都能够支持 CSS3 新增的 animation 属性，不过，在现代浏览器以及移动商用浏览器中对 animation 属性的支持情况各有不同。

- Chrome 4+、Safari 4.0+、Firefox 5.0~16，在这些版本的浏览器中只支持各浏览器的私有属性，也就是说需要适配这些版本的浏览器，就需要使用 animation 属性的私有属性写法。
- IE 10+、Firefox 16+ 和 Opera 12+ 浏览器，支持 animation 属性的 W3C 的标准写法，不需要添加浏览器的私有属性前缀。
- Opera 16+、iOS Safari 3.2+、Android Browser 2.1+、Blackberry Browser 7.0+ 浏览器，需要添加浏览器私有属性前缀 –webkit–。

11.6.4　@keyframes 的浏览器兼容性

@keyframes 规则在制作关键帧动画过程中是必不可少的一个属性，浏览器对 @keyframes 的兼容性直接影响到 animation 属性能在哪些浏览器中运行。目前，@keyframes 在主流现代浏览器中都得到了比较好的支持，@keyframes 的浏览器兼容性如表 11–31 所示。

表 11-31　@keyframes 的浏览器兼容性

属性	Chrome	Firefox	Opera	Safari	IE
@keyframes	4.0+ √	5.0+ √	4.0+ √	12.0+ √	10+ √

浏览器适配说明

针对早期的浏览器版本，要正常地让 @keyframes 起作用，同样需要添加不同浏览器的私有属性前缀。

- Chrome 4+、Safari 4+ 浏览器中，需要添加浏览器私有属性前缀 –webkit–。
- Firefox 5.0~21.0 版本的浏览器中，需要添加浏览器私有属性前缀 –moz–。
- Opera 12.0~15.0 版本的浏览器中，需要添加浏览器私有属性前缀 –o–；Opera 15.0+ 版本的浏览器中，需要添加浏览器私有属性前缀 –webkit–。
- IE 10+、Firefox 21+ 版本的浏览器支持 @keyframes 的 W3C 标准语法，不需要添加浏览器私有属性前缀。
- iOS 3.2、Android Browser 4.0+ 和 Blackberry Browser 7.0+ 版本需要添加浏览器私有属性前缀 –webkit–。

第 12 章　使用 DIV+CSS 布局网页

在设计和制作网站页面时，能否控制好各个元素在页面中的位置是非常关键的。在前面的章节中，已经对 CSS 样式控制网页中各种元素的方法和技巧进行了详细讲解，本章将在此基础上对 CSS 定位和 DIV 进行详细介绍，包括使用 DIV+CSS 布局制作网站页面的详细方法和技巧。

本章知识点：
- 了解 DIV 和如何插入 DIV
- 理解 CSS 盒模型
- 掌握使用 CSS 定位网页元素
- 掌握流体网格布局
- 掌握常用 DIV+CSS 布局

12.1　关于 DIV

使用 DIV 进行网页排版布局是现在网页设计制作的趋势，通过 CSS 样式可以轻松地控制 DIV 的位置，从而实现许多不同的布局方式。DIV 与其他 HTML 标签一样，是一个 HTML 所支持的标签。例如当使用一个表格时，应用 <table>...</table> 这样的结构一样，DIV 在使用时也是同样以 <div>...</div> 的形式出现。

12.1.1　什么是 DIV

DIV 是一个容器。在 HTML 页面中的每个标签对象几乎都可以称得上是一个容器，例如使用 <P> 标签对象。

```
<p> 文档内容 </p>
```

<P> 标签作为一个容器，其中放入了内容。相同的，DIV 也是一个容器，能够放置内容，代码如下。

```
<div> 文档内容 </div>
```

在 CSS 布局中，DIV 是这种布局方式的核心对象，DIV 是 HTML 中指定的，专门用于布局设计的容器对象。使用 CSS 布局的页面排版不需要依赖表格，仅从 DIV 的使用上说，做一个简单的布局只需要依赖 DIV 与 CSS，因此也可以称为 DIV+CSS 布局。

12.1.2　如何在网页中插入 DIV

与其他 HTML 对象一样，只需在代码中应用 <div>...</div> 这样的标签形式，将内容放置其中，便可以应用 DIV 标签。

> **提示**
>
> <div>标签只是一个标记，作用是将内容标示一个区域，并不负责其他事情，DIV 只是 CSS 布局工作的第一步，需要通过 DIV 将页面中的内容元素标示出来，而为内容添加样式则由 CSS 来完成。

　　DIV 对象除了可以直接放入文本和其他标签，也可以多个 DIV 标签进行嵌套使用，最终的目的是合理地标示出页面的区域。

　　DIV 对象在使用的时候，同其他 HTML 对象一样，可以加入其他属性，例如 id、class、align、style 等，而在 CSS 布局方面，为了实现内容与表现分离，不应当将 align(对齐) 属性与 style(行间样式表) 属性编写在 HTML 页面的 <div> 标签中，因此，DIV 代码只可能拥有以下两种形式。

```
<div id="id 名称 "> 内容 </div>
<div class="class 名称 "> 内容 </div>
```

　　使用 id 属性，可以将当前这个 DIV 指定一个 id 名称，在 CSS 中使用 id 选择器进行 CSS 样式编写。同样可以使用 class 属性，在 CSS 中使用类选择器进行 CSS 样式编写。

> **提示**
>
> 　　同一名称的 id 值在当前 HTML 页面中只允许使用一次，无论是应用到 DIV 还是其他对象的 id 中。而 class 名称则可以重复使用。

　　在一个没有 CSS 应用的页面中，即使应用了 DIV，也没有任何实际效果，就如同直接输入了 DIV 中的内容一样，那么该如何理解 DIV 在布局上所带来的不同呢？

　　首先用表格与 DIV 进行比较。用表格布局时，使用表格设计的左右分栏或上下分栏，都能够在浏览器预览中直接看到分栏效果。

　　表格自身的代码形式，决定了在浏览器中显示的时候，两块内容分别显示在左单元格与右单元格之中，因此不管是否应用了表格线，都可以明确地知道内容存在于两个单元格之中，也达到了分栏的效果。

　　同表格的布局方式一样，用 DIV 布局，编写两个 DIV 代码。

```
<div> 左 </div>
<div> 右 </div>
```

　　而此时浏览能够看到的仅仅出现了两行文字，并没有看出 DIV 的任何特征，可以看到在网页中的显示效果。

　　从表格与 DIV 的比较中可以看出 DIV 对象本身就是占据整行的一种对象，不允许其他对象与它在一行中并列显示，实际上，DIV 就是一个 "块状对象 (block)"。DIV 在页面中并非用于类似于文本一样的行间排版，而是用于大面积、大区域的块状排版。

　　另外从页面的效果可以发现，网页中除了文字之外没有任何其他效果，两个 DIV 之间的关系只是前后关系，并没有出现类似表格的田字形的组织形式，因此可以说，DIV 本身与样式没有任何关系，样式需要编写 CSS 来实现，因此 DIV 对象应该说从本质上实现了与样式分离。

　　因此在 CSS 布局之中所需要的工作可以简单归集为两个步骤，首先使用 DIV 将内容标记出来，然后为这个 DIV 编写需要的 CSS 样式。

　　由于 DIV 与 CSS 样式分离，最终样式则由 CSS 来完成。这样的与样式无关的特性，使 DIV 在设计中拥有巨大的可伸缩性，可以根据自己的想法改变 DIV 的样式，不再拘泥于单元格固定模式的束缚。

12.1.3　<div> 与 <span> 标签的区别

　　HTML 中的 <div> 和 <span> 是 DIV+CSS 布局中两个常用的标签。通过这两个标签，再加上 CSS 样式对其进行控制，可以很方便地实现各种效果。

　　<div> 标签简单而言是一个区块容器标签，即 <div> 与 </div> 之间相当于一个容器，可以容纳段落、表格和图片等各种 HTML 元素。

　　<span> 标签与 <div> 标签一样，作为容器标签而被广泛地应用在 HTML 语言中，在 <span> 与

</span> 中间同样可以容纳各种 HTML 元素，从而形成独立的对象。

在使用上，<div> 与 <span> 标签属性几乎相同，但是在实际的页面应用中，<div> 与 <span> 在使用方式上有很大差别，它们的差别从以下实例中就可以看出。

HTML 代码如下。

```
<div id="box1">div 容器 1</div>
<div id="box2">div 容器 2</div></br>
<span id="span1">span 容器 1</span>
<span id="span2">span 容器 2</span>
```

CSS 代码如下。

```
#box1,#box2,#span1,#span2{
border:1px solid #00f;
padding:10px;
}
```

在浏览器中预览的效果，如图 12-1 所示。

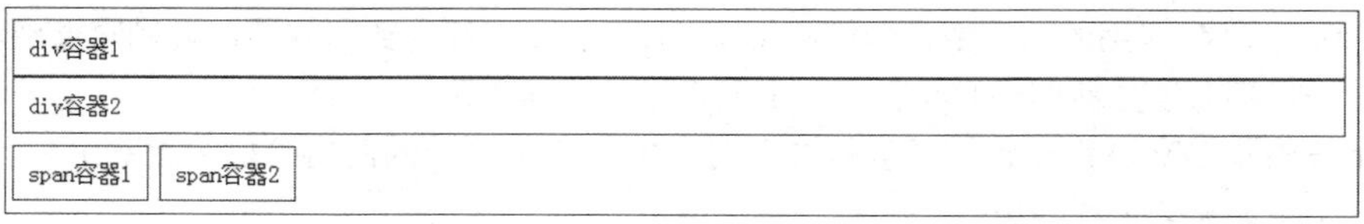

| div容器1 |
| div容器2 |
| span容器1 | span容器2 |

图 12-1

从预览效果中可以看到，在相同的 CSS 样式的情况下，两个 DIV 之间出现了换行关系，而两个 span 对象则是同行左右关系。DIV 与 span 元素在显示上的不同，是因为其默认的显示模式 (display) 不同。

对于 HTML 中的每一个对象而言，都用于自己默认的显示模式，DIV 对象的默认显示模式是 display:inline;，而 span 作为一个行间内联对象显示时，是以行内连接的方式进行显示。

因为两个对象不同的显示模式，所以在实际的页面使用中两个对象有着不同的用途。DIV 对象是一个块状的内容，如导航区域等显示为块状的内容进行结构编码并进行样式设计。

作为内联对象的 <span> 标签，可以对行内元素进行结构编码，以方便样式表设计，span 默认状态下是不会破坏行中元素顺序的，例如在一大段文本中，需要将其中的一段或几个文字修改为其他颜色，可以将这一部分内容使用 <span> 标签，再进行样式设计，这并不会改变一整段文本的显示方式。

12.2 ID 与 class

早期使用表格布局网站时，常常会使用类 CSS 样式对页面中的一些字体、链接等元素进行控制，在 HTML 中对对象应用 CSS 样式的方法都是 class。而使用了 DIV+CCS 制作符合 Web 标准的网站页面，ID 与 class 会频繁地出现在网页代码及 CSS 样式表中。

12.2.1 什么是 ID

ID 是 HTML 元素的一个属性，用于标示元素名称。class 对于网页来说主要功能就是用于对象的 CSS 样式设置，而 ID 除了能够定义 CSS 样式外，还可以是服务于网站交互行为的一个特殊标志。无论是 class 还是 ID，都是 HTML 所有对象支持的一种公共属性，也是其核心属性。

ID 名称是对网页中某一个对象的唯一标记，用于对这个对象进行交互行为的编写及 CSS 样式定义。如果在一个页面中出现了两个重复的 ID 名称，并且页面中有对该 ID 进行操作的 JavaScript 代码，JavaScript 就无法正确判断所要操作的对象位置而导致页面出现错误。每个定义的 ID 名称在使用上要求每个页面中只能出现一次，如当在一个 DIV 中使用了 id="top" 这样的标示后，在该页面中的其他任何地方，无论是 DIV 还是别的对象，都不能再次使用 id="top" 进行定义。

12.2.2　什么时候使用 ID

在不考虑使用 JavaScript 脚本，而是 HTML 代码结构及 CSS 样式应用的情况下，应有选择性地使用 ID 属性对元素进行标示，使用时应遵循如下原则。

(1) 样式只能使用一次。如果有某段 CSS 样式代码在网页中只能使用一次，那么可以使用 ID 进行标示。例如网页中一般 Logo 图像只会在网页顶部显示一次，在这种情况下可以使用 ID。

HTML 代码如下。

```
<div id="logo"><img src="logo.gif"/></div>
```

CSS 代码如下。

```
#logo {
width: 值;
height: 值;
}
```

(2) 用于对页面的区域进行标示。对于编写 CSS 样式来说，很多时候需要考虑页面的视觉结构与代码结构，而在实际的 HTML 代码中，也需要对每个部分进行有意义的标示，这时候 ID 就派上用场了。使用 ID 对页面中的区域进行标示，有助于 HTML 结构的可读性，也有助于 CSS 样式的编写。

对于网页的顶部和底部，可以使用 ID 进行具有明确意义的标示。

HTML 代码如下。

```
<div id="top">... /</div>
<div id="bottom">...</div>
```

对于网页的视觉结构框架，也可采用 ID 进行标示。

```
<div id="left_center">...</div>
<div id="main_center">...</div>
<div id="right_center">...</div>
```

ID 除了对页面元素进行标示，也可以对页面中的栏目区块进行标示。

```
<div id="news">...</div>
<div id="login">...</div>
```

如果对页面中的栏目区块进行了明确的标示，CSS 编码就会容易很多，例如对页面中的导航元素，CSS 可以通过包含结构进行编写。

```
#top ul{...}
#top li{...}
#top a{...}
#top img{...}
```

12.2.3　什么是 class

class 直译为类、种类。class 是相对于 ID 的一个属性，如果说 ID 是对单独的元素进行标示，那么 class 则是对一类的元素进行标示，与 ID 是完全相反的，每个 class 名称在页面中可以重复使用。

class 是 CSS 代码重用性最直接的体现，在实际使用中可将大量通用的样式定义为一个 class 名称，在 HTML 页面中重复使用 class 标示来达到代码重用的目的。

12.2.4　什么时候使用 class

某一种 CSS 样式在页面中需要使用多次。

如果网页中经常要出现红色或白色的文字，而又不希望每次都为文字分别编写 CSS 样式，可使用 class 标示，定义如下类 CSS 样式。

```
.font01 { color:#ff0000; }
.font02 { color:#FFFFFF; }
```

在页面设计中，无论 span 对象还是 p 对象或 DIV 对象，只要需要红色文字，就可以通过 class 指定 CSS 样式名称，使当前对象中的文字应用样式。

```
<span class="font01">内容</span>
<p class="font01">内容</p>
<div class="font01">内容</div>
```

类似于这样的设置字体颜色的 CSS 样式，只需要在 CSS 样式表文件中定义一次，就可以在页面中的不同元素中同时使用。

在整个网站设计中，不同页面中常常能用到一些所谓的页面通用元素，例如页面中多个部分可能都需要一个广告区，而这个区域总是存在的，也有可能同时出现两个，对于这种情况，就可以将这个区域定义为一个 class 并编写相应的 CSS 样式。

```
.banner {
width:960px;
height:90px;
}
```

当页面中某处需要出现 960×90 尺寸的广告区域时，就可直接将其 class 设置为定义的类 CSS 样式 banner。

12.3　CSS 盒模型

盒模型是使用 DIV+CSS 对网页元素进行控制，这是一个非常重要的概念，只有很好地理解和掌握了盒模型以及其中每个元素的用法，才能真正地控制页面中各元素的位置。

12.3.1　什么是 CSS 盒模型

在 CSS 中，所有的页面元素都包含在一个矩形框内，这个矩形框就称为盒模型。盒模型描述了元素及其属性在页面布局中所占的空间大小，因此盒模型可以影响其他元素的位置及大小。一般来说这些被占据的空间往往都比单纯的内容要大。换句话说，可以通过整个盒子的边框和距离等参数，来调节盒子的位置。

盒模型是由 margin(边界)、border(边框)、padding(填充) 和 content(内容) 几个部分组成的，此外，在盒模型中，还具备高度和宽度两个辅助属性，如图 12-2 所示。

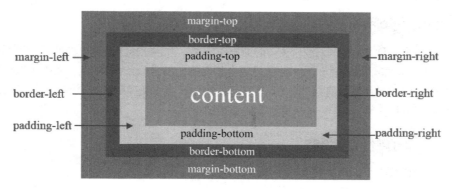

图 12-2

从图中可以看出，盒模型包含 4 个部分的内容。

- **margin 属性**：称为边界或外边距，用来设置内容与内容之间的距离。
- **border 属性**：称为边框、内容边框线，可以设置边框的粗细、颜色和样式等。
- **padding 属性**：称为填充或内边距，用来设置内容与边框之间的距离。
- **content**：称为内容，是盒模型中必需的一部分，可以放置文字、图像等内容。

12.3.2　CSS 盒模型的要点

关于 CSS 盒模型，有以下几个要点是在使用过程中需要注意的。

(1) 边框默认的样式 (border–style) 可设置为不显示 (none)。

(2) 填充值 (padding) 不可为负。

(3) 边界值 (margin) 可以为负，其显示效果在各浏览器中可能不同。

(4) 内联元素，例如 <a>，定义上下边界不会影响到行高。

(5) 对于块级元素，未浮动的垂直相邻元素的上边界和下边界会被压缩。例如有上下两个元素，上面元素的下边界为 10 像素，下面元素的上边界为 5 像素，则实际两个元素的间距为 10 像素 (两个边界值中较大的值)，这就是盒模型的垂直空白边叠加的问题。

(6) 浮动元素 (无论是左还是右浮动) 边界不压缩，并且如果浮动元素不声明宽度，则其宽度趋向于 0，即压缩到其内容能承受的最小宽度。

(7) 如果盒中没有内容，则即使定义了宽度和高度都为 100%，实际上只占 0%，因此不会被显示，此处在使用 DIV+CSS 布局的时候需要特别注意。

12.3.3　margin 属性

margin 属性用于设置页面中元素和元素之间的距离，即定义元素周围的空间范围，是页面排版中一个比较重要的概念。margin 属性的语法格式如下。

```
margin: auto | length;
```

其中，auto 表示根据内容自动调整，length 表示由浮点数字和单位标识符组成的长度值或百分数，百分数是基于父对象的高度。对于内联元素来说，左右外延边距可以是负数值。

margin 属性包含 4 个子属性，分别用于控制元素四周的边距，包括 margin–top(上边界)、margin–right(右边界)、margin–bottom(下边界) 和 margin–left(左边界)。

实例 56　制作房产网站欢迎页

最终文件：最终文件 \ 第 12 章 \12-3-3.html
操作视频：视频 \ 第 12 章 \ 制作房产网站欢迎页 .mp4

margin 属性设置的是元素与相邻元素之间的距离，也称为边界，了解了有关 margin 属性的基础知识，接下来通过实例练习介绍 margin 属性在网页中的实际应用。

01 执行 "文件" > "打开" 命令，打开页面 "源文件 \ 第 12 章 \12-3-3.html"，可以看到页面效果，如图 12-3 所示。

02 将光标移至页面中名为 box 的 DIV 中，将多余文字删除，插入图像 "源文件 \ 第 12 章 \images\123302.png"，如图 12-4 所示。

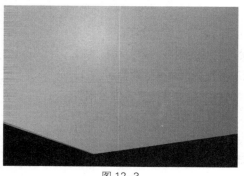

图 12-3

图 12-4

03 保存页面，在浏览器中预览页面，可以看到页面效果，如图 12-5 所示。转换到链接的外部 CSS 样式 12-3-3.css 文件中，定义名为 #box 的 CSS 样式，如图 12-6 所示。

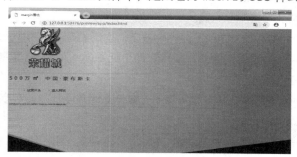

图 12-5

```
#box{
    width:527px;
    height:340px;
    margin-top:120px;
    margin-left: 100px;
}
```

图 12-6

04 返回网页设计视图，选中 ID 名为 box 的 DIV，可以看到所设置的上边界和左边界的效果，如图 12-7 所示。保存页面，并保存外部 CSS 样式文件，在浏览器中预览页面，可以看到页面的效果，如图 12-8 所示。

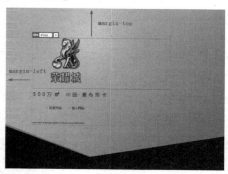

图 12-7

图 12-8

> **知识点睛：** 如果直接为 margin 属性设置 4 个值，则分别对应的是什么？
>
> 在为 margin 属性设置值时，如果提供 4 个参数值，将按顺时针顺序作用于上、右、下、左四边；如果只提供 1 个参数值，将作用于四边；如果提供 2 个参数值，则第 1 个参数值作用于上、下两边，第 2 个参数值作用于左、右两边；如果提供 3 个参数值，第 1 个参数值作用于上边，第 2 个参数值作用于左、右两边，第 3 个参数值作用于下边。

12.3.4 border 属性

border 属性是内边距和外边距的分界线，可以分离不同的 HTML 元素，border 的外边是元素最外围。在网页设计中，如果计算元素的宽和高，则需要把 border 属性值计算在内。

Border 属性的语法格式如下。

```
border : border-style | border-color | border-width;
```

border 属性有 3 个子属性，分别是 border-style(边框样式)、border-width(边框宽度) 和 border-color(边框颜色)。

12.3.5　padding 属性

在 CSS 中，可以通过设置 padding 属性定义内容与边框之间的距离，即内边距。

padding 属性的语法格式如下。

```
padding: length;
```

padding 属性值可以是一个具体的长度，也可以是一个相对于上级元素的百分比，但不可以使用负值。

padding 属性包括 4 个子属性，包括 padding-top(上边界)、padding-right(右边界)、padding-bottom(下边界) 和 padding-left(左边界)，分别可以为盒子定义上、右、下、左各边填充的值。

实 例 57　制作图片网页

最终文件：最终文件 \ 第 12 章 \12-3-5.html
操作视频：视频 \ 第 12 章 \ 制作图片网页 .mp4

border 属性用于设置元素的边框，通过对网页元素添加边框的效果，可以对网页元素和网页整体起到美化的作用。了解了 border 属性的相关基础知识，接下来通过实例练习介绍 border 属性在网页中的实际应用。

01 执行 "文件" > "打开" 命令，打开页面 "源文件 \ 第 12 章 \12-3-5.html"，可以看到页面效果，如图 12-9 所示。转换到 12-3-5.css 文件中，分别定义 3 个类 CSS 样式，如图 12-10 所示。

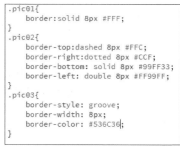

```
.pic01{
    border:solid 8px #FFF;
}
.pic02{
    border-top:dashed 8px #FFC;
    border-right:dotted 8px #CCF;
    border-bottom: solid 8px #99FF33;
    border-left: double 8px #FF99FF;
}
.pic03{
    border-style: groove;
    border-width: 8px;
    border-color: #536C36;
}
```

图 12-9　　　　　　　　　　　　　　　图 12-10

02 返回网页设计视图，为 3 张图像分别应用相应的类 CSS 样式，如图 12-11 所示。转换到该网页链接的外部 CSS 样式表 12-3-4.css 文件中，定义名为 #box img 的 CSS 样式，如图 12-12 所示。

```
#box img{
    margin:5px;
}
```

图 12-11　　　　　　　　　　　　　　　图 12-12

03 返回网页设计视图，可以看到图像与图像之间的间距效果，如图 12-13 所示。转换到外部
CSS 样式表 12-3-5.css 文件中，为 #box 的 CSS 样式添加属性，如图 12-14 所示。

图 12-13

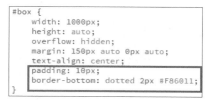

```
#box {
    width: 1000px;
    height: auto;
    overflow: hidden;
    margin: 150px auto 0px auto;
    text-align: center;
    padding: 10px;
    border-bottom: dotted 2px #F86011;
}
```

图 12-14

04 保存页面和外部 CSS 样式文件，在实时预览页面预览效果，如图 12-15 所示。继续在浏览
器中查看页面效果，可以看到图像边框效果，如图 12-16 所示。

图 12-15

图 12-16

> **知识点睛：border 属性除了可以用于图像边框，还可以应用于其他元素吗？**
>
> border 属性不仅可以设置图像的边框，还可以为其他元素设置边框，如文字、DIV 等。在本实例中，主要讲解
> 的是使用 border 属性为图像添加边框，读者可以自己动手试为其他的页面元素添加边框。

> **知识点睛：为 padding 属性设置 4 个属性值，分别表示什么？**
>
> 在为 padding 属性设置值时，如果提供 4 个参数值，将按顺时针顺序作用于上、右、下、左四边；如果只提供 1
> 个参数值，将作用于四边；如果提供 2 个参数值，则第 1 个参数值作用于上、下两边，第 2 个参数值作用于左、右两边；
> 如果提供 3 个参数值，第 1 个参数值作用于上边，第 2 个参数值作用于左、右两边，第 3 个参数值作用于下边。

12.3.6　content 部分

从盒模型中可以看出中间部分 content（内容），它主要用来显示内容，这部分也是整个盒模型的
主要部分，其他的如 margin、border、padding 所做的操作都是对 content 部分所做的修饰。对于内
容部分的操作，也就是对文字、图像等页面元素的操作。

12.4　CSS3 中的弹性盒模型

弹性盒模型是 CSS3 中引进的盒子模型处理机制。在 Dreamweaver 中，该模型能够控制元素在
盒子中的布局方式以及如何处理盒子的可用空间。通过弹性盒模型的应用，可以轻松地设计出自适
应浏览器窗口的流动布局或者自适应大小的弹性布局。

CSS3 为弹性盒子模型设计了 8 个属性，分别介绍如下。

🔽 **box-orient 属性**：用于定义盒子的子元素是否要水平或垂直排列。

- box-align 属性：用于定义子元素在盒子内的对齐方式。
- box-direction 属性：用于定义盒子内子元素的显示顺序。
- box-flex 属性：定义子元素在盒子内的自适应尺寸。
- box-flex-group 属性：用于定义自适应子元素群组。
- box-lines 属性：用于定义子元素溢出盒子空间时，是否换行显示。
- box-ordinal-group 属性：用于定义子元素在盒子内的显示次序。
- box-pack 属性：用于定义子元素在盒子内水平 / 垂直方向上的分配方式。

12.4.1　box-orient 属性控制盒子取向

盒子取向是指盒子元素内部的流动布局方向，包括横排和竖排两种。在 CSS 中，盒子取向可以通过 box-orient 属性进行控制。

box-orient 属性的语法格式如下。

```
box-orient: horizontal | vertical | inline-axis | block-axis | inherit
```

- horizontal：设置 box-orient 属性为 horizontal，可以将盒子元素从左到右在一条水平线上显示它的子元素。
- Vertical：设置 box-orient 属性为 vertical，可以将盒子元素从上到下在一条垂直线上显示它的子元素。
- inline-axis：设置 box-orient 属性为 inline-axis，可以将盒子元素沿着内联轴显示它的子元素。
- block-axis：设置 box-orient 属性为 block-axis，可以将盒子元素沿着块轴显示它的子元素。
- Inherit：设置 box-orient 属性为 inherit，表示盒子继承父元素的相关属性。

CSS 弹性盒即 Flexible Box 或 Flexbox，是一种当页面需要适应不同的屏幕大小以及设备类型时确保元素拥有恰当行为的布局方式。引入弹性盒布局模型的目的是提供一种更加有效的方式来对一个容器中的子元素进行排列、对齐和分配空白空间。

例如下面的页面代码。

```
<!DOCTYPE html>
<html>
<head>
<style>
*{margin: 0px;}
div{
width:700px;
height:350px;
padding:20px;
display:-moz-box;
-moz-box-orient:horizontal;/* Firefox */
display:-webkit-box;
-webkit-box-orient:horizontal;/* Safari, Opera, and Chrome */
display:box;
box-orient;horizontal;/* W3C */
}
#left{
width: 198px;
height: 100%;
background-color: #ED9034;
border: 1px solid #FF0004;
```

```
text-align: center;
}
#center{
width: 298px;
height: 100%;
background-color: #F84500;
border: 1px solid #FF0004;
text-align: center;
}
#right{
width: 198px;
height: 100%;
background-color: #ED9034;
border: 1px solid #FF0004;
text-align: center;
}
</style>
</head>
<body>
<div>
<p id="left">段落 1。</p>
<p id="center">段落 2。</p>
<p id="right">段落 3。</p>
</div>
<p><b>注释: </b>IE 不支持 box-direction 属性。</p>
</body>
</html>
```

在实时视图中预览该页面，可以看到在页面中显示了 3 个盒子，并且这 3 个盒子是并列在一行中显示的，而我们在 CSS 样式代码中并没有设置 Float 属性，如图 12-17 所示。

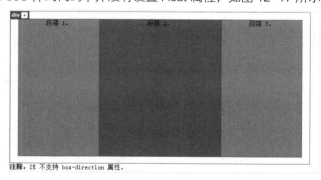

图 12-17

12.4.2 box-direction 属性控制盒子顺序

盒子顺序在 Dreamweaver 中是用来控制子元素的排列顺序，也可以说是控制盒子内部元素的流动顺序。在 CSS 中，盒子顺序可以通过 box-direction 属性进行控制。

box-direction 属性的语法格式如下。

```
box-direction: normal | reverse | inherit
```

☑ **normal:** 设置 box-direction 属性为 normal，表示盒子顺序为正常显示顺序，即当盒子元素的 box-orient 属性值为 horizontal 时，则其包含的子元素按照从左到右的顺序进行显示，也就是说每个子元素的左边总是靠着前一个子元素的右边；当盒子元素的 box-orient 属性值为 vertical 时，则其包含的子元素按照从上到下的顺序进行显示。

🔽 **reverse**：设置 box-direction 属性为 reverse，表示盒子所包含的子元素的显示顺序将与 normal 相反。

🔽 **inherit**：设置 box-direction 属性为 inherit，表示继承上级元素的显示顺序。

例如下面的页面代码。

```
div{
width:700px;
height:350px;
padding:20px;

display:-moz-box;
-moz-box-direction:reverse;/* Firefox */

display:-webkit-box;
-webkit-box-direction:reverse;/* Safari, Opera, and Chrome */

display:box;
box-direction:reverse;/* W3C */
}
```

该页面的代码与上一小节页面代码基本是相同的，只是在 DIV 标签的 CSS 属性设置中添加了 box-direction 属性的设置，设置盒子顺序反向显示。在实时视图中预览该页面，可以发现页面中的 3 个盒子顺序进行了反向显示，如图 12-18 所示。

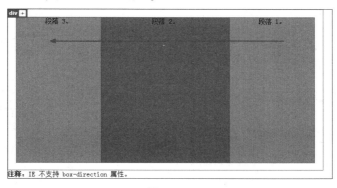

图 12-18

12.4.3　box-ordinal-group 属性控制盒子位置

盒子位置指的是盒子元素在盒子中的具体位置。在 CSS 中，盒子位置可以通过 box-ordinal-group 属性进行控制。

box-ordinal-group 属性的语法格式如下。

```
box-ordinal-group: <integer>
```

参数值 integer 代表的是一个自然数，从 1 开始，用来设置子元素的位置序号，子元素会根据该属性的参数值从小到大进行排列。当不确定子元素的 box-ordinal-group 属性值时，其序号全部默认为 1，并且相同序号的元素会按照其在文档中加载的顺序进行排列。

默认情况下，子元素根据元素的位置进行排列。

例如下面的页面代码。

```
<!doctype html>
<html>
<head>
<meta charset="utf-8">
<title>box-ordinal-group</title>
<style type="text/css">
#box {
width: 900px;
margin: 0px auto;
text-align: center;
display: box;
display: -moz-box;
box-orient: vertical;
-moz-box-orient: vertical;
}
#box1 {
height: 50px;
background-color: #15A318;
border: solid 1px #333;
box-ordinal-group: 2;
-moz-box-ordinal-group: 2;
}
#box2 {
height: 50px;
background-color: #52F05F;
border: solid 1px #333;
box-ordinal-group: 3;
-moz-box-ordinal-group: 3;
}
#box3 {
height: 50px;
background-color: #7CE731;
border: solid 1px #333;
box-ordinal-group: 1;
-moz-box-ordinal-group: 1;
}
#box4 {
height: 50px;
background-color: #9CF02C;
border: solid 1px #333;
box-ordinal-group: 4;
-moz-box-ordinal-group: 4;
}
</style>
</head>
<body>
<div id="box">
<div id="box1">第 1 个盒子 </div>
<div id="box2">第 2 个盒子 </div>
<div id="box3">第 3 个盒子 </div>
<div id="box4">第 4 个盒子 </div>
</div>
</body>
</html>
```

　　在 Firefox 浏览器中预览该页面,可以发现第 3 个盒子显示按照 box-ordinal-group 属性所设置的位置显示在最前面,如图 12-19 所示。

图 12-19

12.4.4　box-flex 属性控制盒子弹性空间

　　在 CSS 中,box-flex 属性能够灵活地控制盒子中的子元素在盒子中的显示空间。显示空间并不仅仅是指子元素所在栏目的宽度,也包括子元素的宽度和高度,因此可以说指的是子元素在盒子中所占的面积。

　　box-flex 属性的语法格式如下。

```
box-flex: <number>
```

　　参数值 number 代表的是一个整数或者小数。当盒子中包含多个定义过 box-flex 属性的子元素时,浏览器则会将这些子元素的 box-flex 属性值全部相加,然后再根据它们各自占总值的比例来分配盒子所剩余的空间。

　　例如下面的页面代码。

```
<!doctype html>
<html>
<head>
<meta charset="utf-8">
<title>box-flex</title>
<style type="text/css">
#box {
width: 1000px;
height: 500px;
margin: 0px auto;
text-align: center;
overflow: hidden;
display: box;
display: -moz-box;
orient: horizontal;
box-orient: horizontal;
-moz-box-orient: horizontal;
}
#left {
width: 200px;
height: 500px;
background-color: #9C3;
border: solid 1px #060;
```

```
}
#main {
box-flex: 4;
-moz-box-flex: 4;
height: 500px;
background-color: #690;
border: solid 1px #060;
}
#right {
box-flex: 2;
-moz-box-flex: 2;
height: 500px;
background-color: #9C3;
border: solid 1px #060;
}
</style>
</head>
<body>
<div id="box">
<div id="left">左侧盒子</div>
<div id="main">中间盒子</div>
<div id="right">右侧盒子</div>
</div>
</body>
</html>
```

通过 CSS 样式设置中间和右侧的盒子是通过 box-flex 属性设置的显示面积，在 Firefox 浏览器中预览页面效果，如图 12-20 所示。

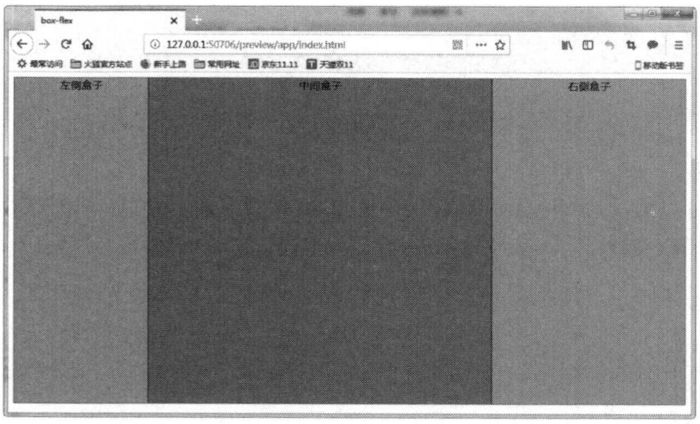

图 12-20

12.4.5 盒子空间管理 box-pack 和 box-align 属性

当弹性元素和非弹性元素混合排版时，可能会出现所有子元素的尺寸大于或者小于盒子的尺寸，从而导致盒子空间不足或者富余的情况，如果子元素的总尺寸小于盒子的尺寸，可以通过 box-align 和 box-pack 属性对盒子的空间进行管理。

box-pack 属性的语法格式如下。

```
box-pack: start | end | center | justify
```

- **start**：box-pack 属性为 start，表示所有子容器都分布在父容器的左侧，右侧留空。
- **end**：box-pack 属性为 end，表示所有子容器都分布在父容器的右侧，左侧留空。

⬇ center：box-pack 属性为 center，表示所有子容器平均分布 (默认值)。

⬇ justify：box-pack 属性为 justify，表示平均分配父容器中的剩余空间 (能压缩子容器的大小，并且具有全局居中的效果)。

在 CSS 中，box-align 属性是用于管理子容器在竖轴上的空间分配方式。box-align 属性的语法格式如下。

```
box-align: start | end | center | baseline | stretch
```

⬇ start：属性为 start，表示子容器从父容器的顶部开始排列，富余空间将显示在盒子的底部。

⬇ end：属性为 end，表示子容器从父容器的底部开始排列，富余空间将显示在盒子的顶部。

⬇ center：属性为 center，表示子容器横向居中，富余空间在子容器的两侧分配，上下各一半。

⬇ baseline：属性为 baseline，表示所有盒子沿着它们的基线排列，富余空间可以前后显示。

⬇ stretch：属性为 stretch，表示每个子元素的高度被调整到适合盒子的高度显示，即所有子容器和父容器将保持同一高度。

例如下面的页面代码。

```
<!doctype html>
<html>
<head>
<meta charset="utf-8">
<title>box-pack 和 box-align</title>
<style type="text/css">
body,html {
height: 100%;
width: 100%;
}
body {
margin: 0px;
padding: 0px;
background-color: #F1F5F8;
background-image: url(images/666.jpg);
background-position: top center;
display: box;
display: -moz-box;
box-orient: horizontal;
-moz-box-orient: horizontal;
box-pack: center;
-moz-box-pack: center;
box-align: center;
-moz-box-align: center;
}
#box {
border: solid 5px #FFF;
}
</style>
</head>
<body>
<div id="box"><img src="images/14.jpg" width="480" height="270" /></div>
</body>
</html>
```

在 CSS 样式中，通过将 box-pack 属性设置为 center，定义盒子两侧空间平均分配，通过将 box-align 属性设置为 center，定义盒子上下两侧空间平均分配。即 ID 名为 box 的盒子在浏览器页面中水平居中、垂直居中显示，在实时预览视图中页面显示效果，如图 12-21 所示。在 Firefox 浏览器中预览页面，可以看到页面的效果，如图 12-22 所示。

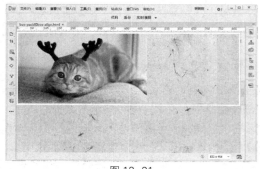

图 12-21

图 12-22

12.4.6 盒子空间溢出管理 box-lines 属性

弹性布局的盒子与传统盒子模型一样，盒子内的元素很容易出现空间溢出现象，在 CSS3 中，允许使用 overflow 属性来处理溢出内容的显示，并且使用 box-lines 属性能够有效地避免空间溢出的现象。

box-lines 属性的语法格式如下。

```
box-lines: single | multiple
```

其中参数 single 表示子元素全部单行或者单列显示，参数 multiple 则表示子元素可以多行或者多列显示。

12.5 网页元素定位

CSS 的排版是一种比较新的排版理念，完全有别于传统的排版方式。它将页面首先在整体上进行 <div> 标签的分块，然后对各个块进行 CSS 定位，最后再在各个块中添加相应的内容。通过 CSS 排版的页面，更新十分容易，甚至是页面的拓扑结构，都可以通过修改 CSS 属性来重新定位。

12.5.1 关于 position 属性

在使用 DIV+CSS 布局制作页面的过程中，都是通过 CSS 的定位属性对元素完成位置和大小控制的。定位就是精确地定义 HTML 元素在页面中的位置，可以是页面中的绝对位置，也可以是相对于父级元素或另一个元素的相对位置。

position 属性是最主要的定位属性，position 属性既可以定义元素的绝对位置，又可以定义元素的相对位置。position 属性的语法格式如下。

```
position: static | absolute | fixed | relative;
```

- **static**：属性值为 static，表示无特殊定位，元素定位的默认值，对象遵循 HTML 元素定位规则，不能通过 z-index 属性进行层次分级。
- **absolute**：属性值为 absolute，表示绝对定位，相对于其父级元素进行定位，元素的位置可以通过 top、right、bottom 和 left 等属性进行设置。
- **fixed**：属性为 fixed，表示悬浮，使元素固定在屏幕的某个位置，其包含块是可视区域本身，因此它不随滚动条的滚动而滚动，IE 5.5+ 及以下版本浏览器不支持该属性。
- **relative**：属性为 relative，表示相对定位，对象不可以重叠，可以通过 top、right、bottom 和 left 等属性在页面中偏移位置，可以通过 z-index 属性进行层次分级。

在 CSS 样式中设置了 position 属性后，还可以对其他的定位属性进行设置，包括 width、height、z-index、top、right、bottom、left、overflow 和 clip，其中 top、right、bottom 和 left 只有在 position 属性中使用才会起到作用。

- ↘ **top、right、bottom 和 left**：top 属性用于设置元素垂直距顶部的距离；right 属性用于设置元素水平距右部的距离；bottom 属性用于设置元素垂直距底部的距离；left 属性用于设置元素水平距左部的距离。
- ↘ **z-index**：该属性用于设置元素的层叠顺序。
- ↘ **width 和 height**：width 属性用于设置元素的宽度；height 属性用于设置元素的高度。
- ↘ **overflow**：该属性用于设置元素内容溢出的处理方法。
- ↘ **clip**：该属性设置元素剪切方式。

12.5.2　relative 定位方式

设置 position 属性为 relative，即可将元素的定位方式设置为相对定位。对一个元素进行相对定位，首先它将显示在所在的位置上，然后通过设置垂直或水平位置，让这个元素相对于它的原始起点进行移动。另外相对定位时，无论是否进行移动，元素仍然占据原来的空间。因此，移动元素会导致它覆盖其他元素。

实例 58　实现图像的叠加效果

最终文件：最终文件 \ 第 12 章 \12-5-2.html
操作视频：视频 \ 第 12 章 \ 实现图像的叠加效果 .mp4

相对定位是相对于元素的原始位置进行移动的定位效果，相对定位在网页中的应用比较多，常见的就是图像相互叠加的效果。接下来通过实例练习介绍如何使用相对定位实现网页中元素的相互叠加。

`01` 执行"文件">"打开"命令，打开页面"源文件 \ 第 12 章 \12-5-2.html"，可以看到页面效果，如图 12-23 所示。在页面中名为 pic01 的 DIV 之后插入名为 pic02 的 DIV，如图 12-24 所示。

图 12-23

图 12-24

`02` 将光标移至刚插入的名为 pic02 的 DIV 中，并将多余的文字删除，插入图像"源文件 \ 第 12 章 \images\125206.png"，如图 12-25 所示。

`03` 转换到该网页所链接的外部 CSS 样式 12-5-2.css 文件中，创建名为 #pic02 的 CSS 样式，如图 12-26 所示。

`04` 返回网页设计视图，可以看到使用相对定位对网页元素进行定位的效果，如图 12-27 所示。保存页面和外部 CSS 样式文件，在浏览器中预览页面，可以看到页面效果，如图 12-28 所示。

图 12-25

```
#pic02{
    position: relative;
    width:130px;
    height:130px;
    left:520px;
    top:-420px;
}
```

图 12-26

图 12-27

图 12-28

知识点睛：为什么使用相对定位的元素移动后会覆盖其他框？

在使用相对定位时，无论是否进行移动，元素仍然占据原来的空间，因此移动元素会导致它覆盖其他框。

12.5.3 absolute 定位方式

设置 position 属性为 absolute，即可将元素的定位方式设置为绝对定位。绝对定位是参照浏览器的左上角，配合 top、right、bottom 和 left 进行定位的，如果没有设置上述的 4 个值，则默认的依据父级元素的坐标原点为原始点。

在父级元素的 position 属性为默认值时，top、right、bottom 和 left 的坐标原点以 body 的坐标原点为起始位置。

实例 59 制作科技公司网站页面

最终文件：最终文件 \ 第 12 章 \12-5-3.html
操作视频：视频 \ 第 12 章 \ 制作科技公司网站页面 .mp4

绝对定位可以通过 top、right、bottom 和 left 来设置元素，使其处在页面中任何一个位置。接下来通过实例练习介绍如何使用绝对定位的方法制作科技公司网站页面。

01 执行"文件">"打开"命令，打开页面"源文件 \ 第 12 章 \12-5-3.html"，可以看到页面效果，如图 12-29 所示。在页面中名为 text 的 DIV 之前插入名为 menu 的 DIV，如图 12-30 所示。

02 转换到该网页所链接的外部 CSS 样式文件中，创建名为 html,body 和名为 #menu 的 CSS 样式，如图 12-31 所示。返回网页设计视图，可以看到名为 menu 的 DIV 的效果，如图 12-32 所示。

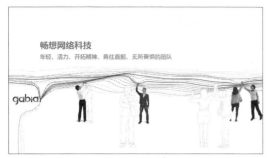

图 12-29

图 12-30

```
html,body{
    height:100%;
}
#menu{
    position: absolute;
    width: 250px;
    height: 100%;
    background-color: rgba(0,102,204,0.7);
    right: 0px;
    padding-left: 20px;
    padding-right: 20px;
}
```

图 12-31

图 12-32

03 将光标移至名为 menu 的 DIV 中，并将多余文字删除，输入相应的段落文本，并将段落文本创建为项目列表，如图 12-33 所示。转换到 12-5-3.css 文件中，创建名为 #menu li 的 CSS 样式，如图 12-34 所示。

图 12-33

```
#menu li{
    list-style-type: none;
    font-size: 16px;
    font-weight: bold;
    color: #FFF;
    line-height: 50px;
    letter-spacing: 10px;
    border-bottom: dashed 1px #003366;
}
```

图 12-34

04 返回网页设计视图，可以看到页面的效果，如图 12-35 所示。保存页面和外部 CSS 样式文件，在浏览器中预览页面，可以看到页面效果，如图 12-36 所示。

图 12-35

图 12-36

提示

　　对于定位，主要问题是要记住每种定位的意义。相对定位是相对于元素在文档流中的初始位置，而绝对定位是相对于最近的已定位的父元素，如果不存在已定位的父元素，那就相对于最初的包含块。因为绝对定位的框与文档流无关，所以它们可以覆盖页面上的其他元素。可以通过设置 z-index 属性来控制这些框的堆放次序。z-index 属性的值越大，框在堆中的位置就越高。

知识点睛：为什么使用相对定位的元素移动后会覆盖其他框？

　　在使用相对定位时，无论是否进行移动，元素仍然占据原来的空间。因此移动元素会导致它覆盖其他框。

12.5.4　fixed 定位方式

　　设置 position 属性为 fixed，即可将元素的定位方式设置为固定定位。固定定位和绝对定位比较相似，它是绝对定位的一种特殊形式，固定定位的容器不会随着滚动条的拖动而变化位置。在视线中，固定定位的容器位置是不会改变的。固定定位可以把一些特殊效果固定在浏览器的视线位置。

实例 60　固定不动的网站导航菜单

最终文件：最终文件 \ 第 12 章 \12-5-4.html
操作视频：视频 \ 第 12 章 \ 固定不动的网站导航菜单 .mp4

　　固定定位是一种比较特殊的定位方式，可以使网页中某个元素固定在相应的位置，无论页面中其他内容的位置如何变化，其位置始终不会变动。接下来通过实例练习介绍如何使用固定定位实现网页中固定不动的导航菜单。

　01　执行"文件" > "打开"命令，打开页面"源文件 \ 第 12 章 \12-5-4.html"，可以看到页面效果，如图 12-37 所示。在实时视图页面中预览网页，发现顶部的导航菜单会跟着滚动条一起滚动，如图 12-38 所示。

图 12-37

图 12-38

　02　转换到该网页链接的外部 CSS 样式 12-5-4.css 文件中，找到名为 #top 的 CSS 样式，如图 12-39 所示。在该 CSS 样式代码中添加相应的固定定位代码，如图 12-40 所示。

　03　保存页面和外部 CSS 样式文件，在浏览器中预览页面，可以看到页面效果，如图 12-41 所示。拖动浏览器滚动条，发现顶部导航菜单始终固定在浏览器顶部不动，如图 12-42 所示。

```
#top {
    width: 100%;
    height: 50px;
    line-height: 50px;
    text-align: center;
    background-color: #FFF;
    border-top: solid 4px #D31245;
    border-bottom: solid 1px #CCC;
}
```

图 12-39

```
#top {
    position: fixed;
    width: 100%;
    height: 50px;
    line-height: 50px;
    text-align: center;
    background-color: #FFF;
    border-top: solid 4px #D31245;
    border-bottom: solid 1px #CCC;
}
```

图 12-40

图 12-41

图 12-42

知识点睛：固定定位的参照位置是什么？

　　固定定位的参照位置不是上级元素而是浏览器窗口。可以使用固定定位来设定类似传统框架样式布局，以及广告框架或导航框架等。使用固定定位的元素可以脱离页面，无论页面如何滚动，始终处在页面的同一位置。

12.5.5　float 定位方式

　　除了使用 position 属性进行定位外，还可以使用 float 属性定位。float 定位只能在水平方向上定位，而不能在垂直方向上定位。float 属性表示浮动属性，它用来改变元素块的显示方式。

　　浮动定位是 CSS 排版中非常重要的手段。浮动的框可以左右移动，直到它外边缘碰到包含框或另一个浮动框的边缘。float 属性语法格式如下。

```
float: none | left | right
```

> **none**：设置 float 属性为 none，表示元素不浮动。

> **left**：设置 float 属性为 left，表示元素向左浮动。

> **right**：设置 float 属性为 right，表示元素向右浮动。

实例 61　制作图片列表页面

最终文件：最终文件\第 12 章\12-5-5.html
操作视频：视频\第 12 章\制作图片列表页面.mp4

　　浮动定位是在网页布局制作过程中使用最多的定位方式，通过设置浮动定位可以将网页中的块状元素在一行中显示。了解了浮动定位的相关知识，接下来通过实例练习介绍如何使用浮动定位制作图片列表页面。

　　`01` 执行 "文件" > "打开" 命令，打开页面 "源文件\第 12 章\12-5-5.html"，可以看到页面效果，如图 12-43 所示。转换到代码视图中，可以看到页面的 HTML 代码，如图 12-44 所示。

图 12-43

```
<link href="style/12-5-5.css" rel="stylesheet" type="text/css" />
</head>
<body>
<div id="box">
<div id="pic1"><img src="images/125503.jpg" width="160" height="120" /></div>
<div id="pic2"><img src="images/125504.jpg" width="160" height="120" /></div>
<div id="pic3"><img src="images/125505.jpg" width="160" height="120" /></div>
<div id="pic4"><img src="images/125506.jpg" width="160" height="120" /></div>
</div>
</body>
</html>
```

图 12-44

[02] 转换到该网页链接的外部 CSS 样式表 12-5-5.css 文件中，可以看到 #pic1、#pic2、#pic3 和 #pic4 的 CSS 样式，将 ID 名为 pic1 的 DIV 向右浮动，在名为 #pic1 的 CSS 样式代码中添加右浮动代码，如图 12-45 所示。

[03] ID 名为 pic1 的 DIV 脱离文档流，并向右浮动，直到该 DIV 的边缘碰到包含框 box 的右边框，如图 12-46 所示。

```
#pic1 {
    width: 160px;
    height: 120px;
    background-color: #FFF;
    margin: 7px;
    padding: 5px;
    float: right;
}
```

图 12-45

图 12-46

> **提示**
>
> 当 ID 名为 pic1 的 DIV 脱离文档流，并向左浮动时，直到它的边缘碰到包含 box 的左边缘。因为它不再处于文档流中，所以它不占据空间，实际上覆盖住了 ID 名为 pic2 的 DIV，使 pic2 的 DIV 从视图中消失，但是该 DIV 中的内容还占据着原来的空间。

[04] 转换到 12-5-5.css 文件中，将 ID 名为 pic1 的 DIV 向左浮动，在名为 #pic1 的 CSS 样式代码中添加左浮动代码，如图 12-47 所示。返回网页设计视图，将 ID 名为 pic1 的 DIV 向左浮动，ID 名为 pic2 的 DIV 被遮盖了，如图 12-48 所示。

```
#pic1 {
    width: 160px;
    height: 120px;
    background-color: #FFF;
    margin: 7px;
    padding: 5px;
    float: left;
}
```

图 12-47

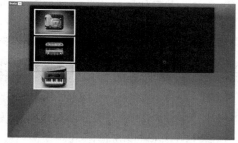

图 12-48

> **提示**
>
> 将 4 个 DIV 都向左浮动，那么 ID 名为 pic1 的 DIV 向左浮动直到碰到包含框 box 的左边缘，另 3 个 DIV 向左浮动直到碰到前一个浮动 DIV。

转换到 12-5-5.css 文件中，分别在 #pic2、#pic3 和 #pic4 的 CSS 样式中添加向左浮动代码，如图 12-49 所示。将这 3 个 DIV 都向左浮动，返回网页设计视图，可以看到页面效果，如图 12-50 所示。

```css
#pic2 {
    width: 160px;
    height: 120px;
    background-color: #FFF;
    margin: 7px;
    padding: 5px;
    float: left;
}
#pic3 {
    width: 160px;
    height: 120px;
    background-color: #FFF;
    margin: 7px;
    padding: 5px;
    float: left;
}
#pic4 {
    width: 160px;
    height: 120px;
    background-color: #FFF;
    margin: 7px;
    padding: 5px;
    float: left;
}
```

图 12-49

图 12-50

 返回网页设计视图，在 ID 名为 pic4 的 DIV 之后分别插入 ID 名为 pic5 至 pic8 的 DIV，并在各 DIV 中插入相应的图像，如图 12-51 所示。转换到代码视图中，可以看到该部分相应的 HTML 代码，如图 12-52 所示。

图 12-51

```html
<div id="box">
    <div id="pic1"><img src="images/125503.jpg" width="160" height="120" /></div>
    <div id="pic2"><img src="images/125504.jpg" width="160" height="120" /></div>
    <div id="pic3"><img src="images/125505.jpg" width="160" height="120" /></div>
    <div id="pic4"><img src="images/125506.jpg" width="160" height="120" /></div>
    <div id="pic5"><img src="images/125507.jpg" width="160" height="120" /></div>
    <div id="pic6"><img src="images/125508.jpg" width="160" height="120" /></div>
    <div id="pic7"><img src="images/125509.jpg" width="160" height="120" /></div>
    <div id="pic8"><img src="images/125510.jpg" width="160" height="120" /></div>
</div>
```

图 12-52

 转换到 12-5-5.css 文件中，定义名为 #pic5,#pic6,#pic7,#pic8 的 CSS 样式，如图 12-53 所示。保存页面和外部 CSS 样式文件，在浏览器中预览页面，可以看到页面效果，如图 12-54 所示。

```css
#pic5,#pic6,#pic7,#pic8 {
    width: 160px;
    height: 120px;
    background-color: #FFF;
    margin: 7px;
    padding: 5px;
    float: left;
}
```

图 12-53

图 12-54

提示

如果包含框太窄，无法容纳水平排列的多个浮动元素，那么其他浮动元素将向下移动，直到有足够空间的地方。如果浮动元素的高度不同，那么当它们向下移动时可能会被其他浮动元素卡住。

> **知识点睛：为什么要设置 float 属性？**
>
> 因为在网页中分为行内元素和块元素，行内元素是可以显示在同一行上的元素，例如 <span>；块元素是占据整行空间的元素，例如 <div>。如果需要将两个 <div> 显示在同一行上，就需要使用 float 属性。

12.6 常用 DIV+CSS 布局解析

CSS 是控制网页布局样式的基础，并真正能够做到网页表现和内容分离的一种样式设计语言。相对于传统 HTML 的简单样式控制来说，CSS 能够对网页中的对象位置排版进行像素级的精确控制，支持几乎所有的字体、字号的样式，还拥有对网页对象盒模型样式的控制能力，并且能够进行初步页面交互设计，是当前基于文件展示的最优秀的表达设计语言。

12.6.1 内容居中的网页布局

居中的设计目前在网页布局的应用中非常广泛，所以如何在 CSS 中让设计居中显示是大多数开发人员首先要学习的重点之一。实现内容居中的网页布局主要有两种方法，一种是使用自动空白边居中，另一种是使用定位和负值空白边居中。

1. 使用自动空白边居中

假设一个布局，希望其中的容器 DIV 在屏幕上水平居中。

```
<body>
<div id="box"> 此处显示 id"box" 的内容 </div>
</body>
```

只需定义 DIV 的宽度，然后将水平空白边设置为 auto 即可。

```
#box {
width:720px;
height: 400px;
background-color: #F90;
border: 2px solid #F30;
margin:0 auto;
}
```

则 ID 名为 box 的 DIV 在页面中是居中显示的，如图 12-55 所示。

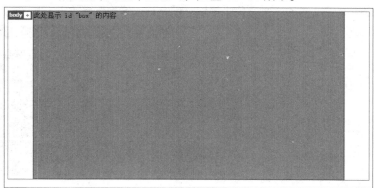

图 12-55

2. 使用定位和负值空白边居中

首先定义容器的宽度，然后将容器的 position 属性设置为 relative，将 left 属性设置为 50%，就会把容器的左边缘定位在页面的中间。CSS 样式设置如下。

```
#box {
width:720px;
position:relative;
left:50%;
height: 400px;
background-color: #F90;
border: 2px solid #F30;
}
```

如果不希望让容器的左边缘居中，而是让容器的中间居中，只要对容器的左边应用一个负值的空白边，宽度等于容器宽度的一半。这样就会把容器向左移动到它的宽度的一半，从而让它在屏幕上居中。CSS 样式设置如下。

```
#box {
width:720px;
position:relative;
left:50%;
margin-left:-360px;
height: 400px;
background-color: #F90;
border: 2px solid #F30;
}
```

12.6.2　浮动的网页布局

在 DIV+CSS 布局中，浮动布局是使用最多，也是常见的布局方式，浮动的布局又可以分为多种形式，下面分别向大家进行介绍。

1. 两列固定宽度浮动布局

两列宽度布局非常简单，HTML 代码如下。

```
<div id="left">左列</div>
<div id="right">右列</div>
```

为 ID 名为 left 与 right 的 DIV 设置 CSS 样式，让两个 DIV 在水平行中并排显示，从而形成二列式布局，CSS 代码如下。

```
#left {
width:400px;
height:400px;
background-color:#F90;
border:2px solid #F30;
float:left;
}
#right {
width:400px;
height:400px;
background-color:#F90;
border:2px solid #F30;
float:left;
}
```

为了实现二列式布局，使用了 float 属性，这样二列固定宽度的布局就能够完整地显示出来，在浏览器中预览可以看到两列固定宽度浮动布局的效果，如图 12-56 所示。

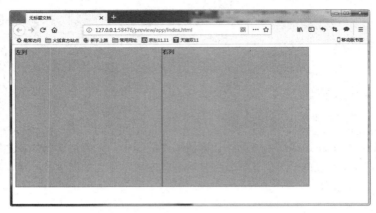

图 12-56

2. 两列宽度自适应布局

设置自适应主要通过宽度的百分比值进行设置，因此在二列宽度自适应布局中也同样是对百分比宽度值进行设定，CSS 样式代码如下。

```
#left {
width:30%;
height:400px;
background-color:#F90;
float:left;
}
#right {
width:70%;
height:400px;
background-color:#09C;
float:left;
}
```

左栏宽度设置为 30%，右栏宽度设置为 70%，在浏览器中预览可以看到两列宽度自适应布局的效果，如图 12-57 所示。

图 12-57

3. 两列右列宽度自适应布局

在实际应用中，有时候需要左栏固定宽度，右栏根据浏览器窗口的大小自动适应。在 CSS 中只需要设置左栏宽度，右栏不设置任何宽度值，并且右栏不浮动。CSS 代码如下。

```
#left {
width:400px;
height:400px;
background-color:#F90;
float:left;
}
#right {
height:400px;
background-color:#09C;
}
```

　　左栏将呈现 400 像素的宽度，而右栏将根据浏览器窗口大小自动适应，二列右列宽度自适应经常在网站中用到，不仅右列，左列也可以自适应，方法是一样的。在浏览器中预览可以看到两列右列宽度自适应布局的效果，如图 12-58 所示。

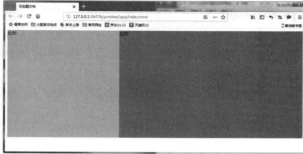

图 12-58

4. 两列固定宽度居中布局

　　两列固定宽度居中布局可以使用 DIV 的嵌套方式来完成，用一个居中的 DIV 作为容器，将二列分栏的两个 DIV 放置在容器中，从而实现二列的居中显示。HTML 代码结构如下。

```
<div id="box">
<div id="left">左列 </div>
<div id="right">右列 </div>
</div>
```

　　为分栏的两个 DIV 加上了一个 ID 名为 box 的 DIV 容器，CSS 代码如下。

```
#box {
width:808px;
margin:0px auto;
}
#left {
width:400px;
height:400px;
background-color:#F90;
border:2px solid #F30;
float:left;
}
#right {
width:400px;
height:400px;
background-color:#F90;
border:2px solid #F30;
float:left;
}
```

ID 名称为 box 的 DIV 有了居中属性，自然里面的内容也能做到居中，这样就实现了二列的居中显示，如图 12-59 所示。

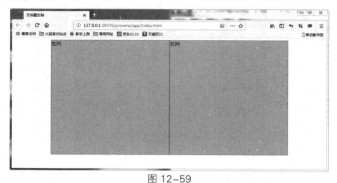

图 12-59

5. 三列浮动中间列宽度自适应布局

三列浮动中间列宽度自适应布局，是左栏固定宽度居左显示，右栏固定宽度居右显示，而中间栏则需要在左栏和右栏的中间显示，根据左右栏的间距变化自动适应。单纯使用 float 属性与百分比属性不能实现，这就需要绝对定位来实现了。绝对定位后的对象，不需要考虑它在页面中的浮动关系，只需要设置对象的 top、right、bottom 及 left 4 个方向即可。HTML 代码结构如下。

```
<div id="left"> 左列 </div>
<div id="main"> 中列 </div>
<div id="right"> 右列 </div>
```

首先使用绝对定位将左列与右列进行位置控制，CSS 代码如下。

```
* {
margin: 0px;
border: 0px;
padding: 0px;
}
#left {
width:200px;
height:400px;
background-color:#F90;
position:absolute;
top:0px;
left:0px;
}
#right {
width:200px;
height:400px;
background-color:#F90;
position:absolute;
top:0px;
right:0px;
}
```

而中列则用普通 CSS 样式，CSS 代码如下。

```
#main {
height:400px;
background-color: #09C;
margin:0px 200px 0px 200px;
}
```

对于 ID 名为 main 的 DIV 来说，不需要再设定浮动方式，只需要让它的左边和右边的边距永远保持 #left 和 #right 的宽度，便实现了两边各让出 200 像素的自适应宽度，刚好让 #main 在这个空间中，从而实现了布局的要求，在浏览器中预览可以看到三列浮动中间列宽度自适应布局的效果，如图 12-60 所示。

图 12-60

12.6.3 自适应高度的解决方法

高度值同样可以使用百分比进行设置，不同的是直接使用 height:100%; 不会显示效果的，这与浏览器的解析方式有一定关系，下面是实现高度自适应的 CSS 代码。

```
html,body {
margin:0px;
height:100%;
}
#box{
width:800px;
height:100%;
background-color:#F90;
}
```

对名为 box 的 DIV 设置 height:100% 的同时，也设置了 HTML 与 body 的 height:100%，一个对象高度是否可以使用百分比显示，取决于对象的父级对象。

名为 box 的 DIV 在页面中直接放置在 body 中，因此它的父级是 body，而浏览器默认状态下没有给 body 一个高度属性，因此直接设置名为 box 的 DIV 的 height:100% 时，不会产生任何效果；但是 body 设置 100% 后，它的子级对象名为 box 的 DIV 的 height:100% 便起了作用；这便是浏览器解析规则引发的高度自适应问题。而给 HTML 对象设置 height:100%，能使 IE 与 Firefox 都实现高度自适应，在浏览器中预览可以看到高度自适应的效果，如图 12-61 所示。

图 12-61

12.7 CSS3 中的界面相关属性

在 CSS3 中新增加了几种有关网页用户界面控制的属性，分别是 overflow、resize、outline 、column 和 nav-index。下面分别对这几种新增的 CSS 属性进行简单介绍。

12.7.1 内容溢出处理 overflow

当对象的内容超过其指定的高度及宽度时，应该如何进行处理？在 CSS3 中还有 overflow 属性，通过该属性可以设置当内容溢出时的处理方法。

overflow 属性的语法格式如下。

```
overflow: visible | auto | hidden | scroll;
```

- visible：不剪切内容也不添加滚动条。如果显示声明该默认值，对象将被剪切为包含对象的 window 或 frame 的大小，并且 clip 属性设置将失效。
- auto：该属性值为 body 对象和 textarea 的默认值，在需要时剪切内容并添加滚动条。
- hidden：不显示超过对象尺寸的内容。
- scroll：总是显示滚动条。

overflow 属性还有两个相关属性 overflow-x 和 overflow-y，分别用于设置水平方向溢出和垂直方向上的溢出处理方式。对于溢出的内容，CSS 样式提供了多种处理方法，前面介绍了裁切和以省略号显示的方式，接下来通过练习介绍 overflow 属性处理内容溢出的方法。

执行"文件">"打开"命令，打开页面可以看到页面效果。转换到外部 CSS 样式文件中，在名为 #text 的 CSS 样式中添加 overflow：scroll；的属性设置，如图 12-62 所示。保存外部 CSS 样式文件，在浏览器中预览页面，如图 12-63 所示。

```
#text{
    height:310px;
    color:#f1da13;
    font-size:18px;
    line-height:28px;
    padding:0px 25px 10px 0px;
    overflow: scroll;
}
```

图 12-62

图 12-63

转换到外部 CSS 样式文件中，将名为 #text 的 CSS 样式中的 overflow 属性修改为 overflow-y，如图 12-64 所示。保存外部 CSS 样式文件，在浏览器中预览页面，可以看到页面的效果，如图 12-65 所示。

```
#text{
    height:290px;
    color:#f1da13;
    font-size:18px;
    line-height:28px;
    padding:0px 25px 10px 0px;
    overflow-y:scroll;
}
```

图 12-64

图 12-65

知识点睛：overflow 属性与 AP DIV 的溢出设置是否相同？

基本相同，AP DIV 拥有"溢出"选项设置，而网页中的普通容器则需要通过在 CSS 样式中的 overflow 属性设置其溢出。目前几乎所有浏览器都支持 overflow 属性。

12.7.2　区域缩放调节 resize

在 CSS3 中有区域缩放调节的功能设置，通过 resize 属性，就可以实现页面中元素的区域缩放操作，调节元素的尺寸大小。

resize 属性的语法格式如下。

```
resize: none | both | horizontal | vertical | inherit;
```

↘ none：不提供元素尺寸调整机制，用户不能操纵调节元素的尺寸。

↘ both：提供元素尺寸的双向调整机制，让用户可以调节元素的宽度和高度。

↘ horizontal：提供元素尺寸的单向水平方向调整机制，让用户可以调节元素的宽度。

↘ vertical：提供元素尺寸的单向垂直方向调整机制，让用户可以调节元素的高度。

↘ inherit：默认继承。

通过 CSS3 中的一些属性，不仅能够为元素添加滚动条，还可以实现区域缩放，让用户调节页面元素的大小，这样的设置能使页面与浏览者更加贴近。

执行"文件">"打开"命令，打开页面可以看到页面效果，如图 12-66 所示。转换到该网页所链接的外部 CSS 样式文件中，在名为 #text 的 CSS 样式中添加 resize 的属性设置，如图 12-67 所示。

图 12-66

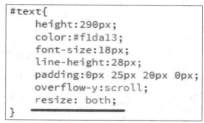

```
#text{
    height:290px;
    color:#f1da13;
    font-size:18px;
    line-height:28px;
    padding:0px 25px 20px 0px;
    overflow-y:scroll;
    resize: both;
}
```

图 12-67

保存外部 CSS 样式文件，在 Firefox 浏览器中预览页面，可以看到页面的效果，如图 12-68 所示。在网页中可以使用鼠标拖动 ID 名为 text 的 DIV，从而调整该 DIV 的大小，如图 12-69 所示。

图 12-68

图 12-69

知识点睛：resize 属性是不是在所有浏览器中都能够实现效果？

不是，resize 属性是 CSS3 新增的属性，目前各种不同引擎核心的浏览器对 CSS3 的支持并不统一，IE 8 及其以下浏览器都不支持该属性，Firefox 和 Chrome 浏览器支持该属性。在使用该属性时，一定要慎重。

12.7.3 轮廓外边框 outline

outline 属性用于为元素周围绘制轮廓外边框，通过设置一个数值使边框边缘的外围偏移，可以起到突出元素的作用。

outline 属性的语法格式如下。

```
outline: [outline-color] || [outline-style] || [outline-width] || [outline-offset] |
inherit;
```

- **outline-color**：该属性值用于指定轮廓边框的颜色。
- **outline-style**：该属性值用于指定轮廓边框的样式。
- **outline-width**：该属性值用于指定轮廓边框的宽度。
- **outline-offset**：该属性值用于指定轮廓边框偏移位置的数值。
- **inherit**：默认继承。

为网页元素设置轮廓外边框能够使作用对象更加醒目，吸引浏览者的注意。了解了轮廓外边框的设置方法，接下来通过实例练习介绍如何通过 outline 属性设置轮廓外边框

执行"文件" > "打开"命令，打开页面"源文件 \ 第 12 章 \12-7-3.html"，可以看到页面效果，如图 12-70 所示。转换到该网页所链接的外部 CSS 样式 12-7-3.css 文件中，找到名为 #text img 的 CSS 样式，如图 12-71 所示。

图 12-70

```
#text img{
    float:left;
    margin-right:35px;
    border:solid 4px #C36;
}
```

图 12-71

在名为 #text img 的 CSS 样式代码中添加 outline 属性设置，如图 12-72 所示。保存外部 CSS 样式文件，在 Firefox 浏览器中预览页面，可以看到为网页元素添加外轮廓边框的效果，如图 12-73 所示。

```
#text img{
    float:left;
    margin-right:35px;
    border:solid 4px #C36;
    outline-color:#cf2b89;
    outline-style:groove;
    outline-width:8px;
    outline-offset:5px;
}
```

图 12-72

图 12-73

知识点睛：outline 属性是否可以派生出子属性？

outline 属性还有 4 个相关子属性 outline-style、outline-width、outline-color 和 outline-offset，用于对外边框的相关属性分别进行设置。

12.7.4 多列布局 column

网页设计者如果要设计多列布局，有两种方法，一种是浮动布局，另一种是定位布局。浮动布局比较灵活，但容易发生错位，需要添加大量的附加代码或无用的换行符，增加了不必要的工作量。定位布局可以精确地确定位置，不会发生错位，但无法满足模块的适应能力。在 CSS3 中新增了 column 属性，通过该属性可以轻松实现多列布局。

column 属性的语法格式如下。

```
column-width: [<length> | auto];
column-count: <integer> | auto;
column-gap: <length> | normal;
column-rule:<length>|<style>|<color>;
```

- **column-width**：该属性用于定义列宽度，length 由浮点数和单位标识符组成的长度值。
- **column-count**：该属性用于定义列数，integer 用于定义栏目的列数，取值为大于 0 的整数，不可为负值。
- **column-gap**：该属性用于定义列间距，length 由浮点数和单位标识符组成的长度值。
- **column-rule**：该属性用于定义列边框，length 由浮点数和单位标识符组成的长度值；style 用于设置边框样式；color 用于设置边框的颜色。

12.7.5 航序列号 nav-index

nav-index 属性是 HTML4 中 tabindex 属性的替代品，从 HTML4 中引入并做了一些很小的修改。该属性为当前元素指定了其在当前文档中导航的序列号。导航的序列号指定了页面中元素通过键盘操作获得焦点的顺序。该属性可以存在于嵌套的页面元素当中。

nav-index 属性的语法格式如下。

```
nav-index: auto | <number> | inherit
```

- **auto**：采用默认的切换顺序。
- **number**：该数字 (必须为正整数) 指定了元素的导航顺序。1 表示最先被导航。如果多个元素的 nav-index 值相同时，则按照文档的先后顺序进行导航。
- **inherit**：默认继承。

为了能在页面中按顺序获取焦点，页面元素需要遵循一定的规则。

(1) 该元素支持 nav-index 属性，而被赋予正整数属性值的元素将会被优先导航。将按钮 nav-index 属性值从小到大进行导航。属性值无须按次序，也无须以特定的值开始。拥有同一 nav-index 属性值的元素将以它们在字符流中出现的顺序进行导航。

(2) 对那些不支持 nav-index 属性或者 nav-index 属性值为 auto 的元素，将以它们在字符中出现的顺序进行导航。

对那些禁用的元素，将不参与导航的排序。

12.8 CSS3 的其他属性

在 CSS3 中除了前面小节介绍的一些新增属性外，还新增了一些其他方面的属性，在本节中将重点介绍 @media 和 @font-face 属性。

12.8.1 判断对象 @media

通过 media queries 功能可以判断媒介 (对象) 类型来实现不同的展现。通过此特性可以让 CSS

可以更精确地作用于不同的媒介类型，同一媒介的不同条件（如分辨率、色数等）。

实例 62 根据不同的浏览器窗口显示不同的背景颜色

最终文件：最终文件 \ 第 12 章 \12-8-1.html
操作视频：视频 \ 第 12 章 \ 根据浏览器窗口不同显示不同的背景颜色 .mp4

通过判断对象 @media 能够判断页面宽度，从而使作用对象显示不同的颜色，接下来通过实例练习介绍如何通过 @media 属性实现这一功能。

01 执行 “文件” > “打开” 命令，打开页面 “源文件 \ 第 12 章\12-8-1.html”，可以看到页面效果，如图 12-74 所示。转换到代码视图中，可以看到该页面的代码，如图 12-75 所示。

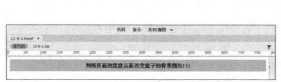

图 12-74

```
<!doctype html>
<html>
<head>
<meta charset="utf-8">
<title>判断对象@media</title>
<link href="style/12-8-1.css" rel="stylesheet" type="text/css" />
</head>

<body>
<div id="box">判断页面的宽度从而改变盒子的背景颜色!!!</div>
</body>
</html>
```

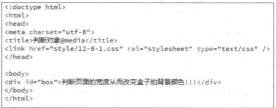

图 12-75

02 转换到该网页所链接的外部样式 12-8-1.css 文件中，可以看到名为 #box 的 CSS 样式设置，如图 12-76 所示。在外部 CSS 样式文件中创建两个 CSS 样式，如图 12-77 所示。

```
#box{
    padding:10px;
    font-weight:bold;
    text-align:center;
    background-color:#fc0;
}
```

图 12-76

```
@media all and (min-width:300px){
    #box{
        background-color:#fc0;
    }
}
@media screen and (max-width:600px){
    #box{
        background-color:#9c0;
    }
}
```

图 12-77

03 保存页面，并保存外部 CSS 样式文件，如图 12-78 所示。在浏览器中预览页面，可以看到页面中元素的背景色为黄色。当页面的宽度缩小到一定程度时，网页中元素的背景颜色变成了绿色，如图 12-79 所示。

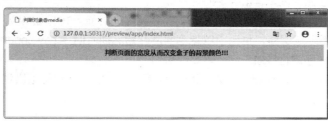

图 12-78

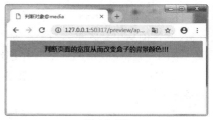

图 12-79

12.8.2 加载服务器端字体 @font-face

通过 @font-face 属性可以加载服务器端的字体文件，让客户端显示当前所没有安装的字体。@font-face 属性的语法格式如下。

```
@font-face: { 属性 : 取值 ; }
```

- font-family：设置文本的字体名称。
- font-style：设置文本样式。

🔽 font-variant：设置文本是否大小写。

🔽 font-weight：设置文本的粗细。

🔽 font-stretch：设置文本是否横向的拉伸变形。

🔽 font-size：设置文本字体大小。

🔽 src：设置自定义字体的相对路径或者绝对路径，注意此属性只能在 @font-face 规则中使用。

12.9　使用 CSS3 制作网页特效 🔍

CSS3 可以说开辟了网页的一片新天地，通过 CSS3 的新增属性可以在网页中实现许多特殊的效果，在前面的小节中已经介绍了有关 CSS3 中众多的新增属性及其使用方法，在本章中将综合运用 CSS3 的新增属性在网页中实现具有动态交互效果的导航菜单。

实例 63　网页动态交互导航菜单

最终文件：最终文件 \ 第 10 章 \12-9.html
操作视频：视频 \ 第 12 章 \ 网页动态交互导航菜单 .mp4

本实例制作网页动态交互导航菜单，完全使用 CSS3 新增属性来实现动态交互效果，使用 @font-face 属性加载外部字体，使用 box-shadow 属性为元素添加阴影，使用 transition 属性为元素设置变换效果等，综合应用多个 CSS3 属性。

01 执行"文件" > "打开"命令，打开页面"源文件 \ 第 12 章 \12-9.html"，可以看到页面效果，如图 12-80 所示。转换到该网页链接的外部 CSS 样式 12-9.css 文件中，创建名为 @font-face 的 CSS 样式，加载外部字体，如图 12-81 所示。

```css
@font-face {
    font-family: "WebSymbolsRegular";
    src:url("websymbols.woff");
    src:url("websymbols.woff") format("woff"),
        url("websymbols.ttf") format("truetype");
    font-weight: normal;
    font-style: normal;
}
```

图 12-80　　　　　　　　　　　　　　　图 12-81

> **提示**
>
> 此处使用 CSS3 新建的 @font-face 属性加载外部字体，此处加载的两个外部字体是 websymbls.ttf 和 websymbols.woff，这两个字体文件与外部 CSS 样式文件放在同一目录中，在本实例中使用这种特殊的字体可以将英文字母转换为相应的图形。

02 返回网页设计视图，将光标移至名为 box 的 DIV 中，将多余文字删除，输入相应的段落文本，并将段落文本创建为项目列表，如图 12-82 所示。转换到代码视图中，可以看到该部分项目列表的代码，如图 12-83 所示。

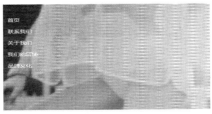

```html
<div id="box">
  <ul>
    <li>首页</li>
    <li>联系我们</li>
    <li>关于我们</li>
    <li>我们的店铺</li>
    <li>品牌文化</li>
  </ul>
</div>
```

图 12-82　　　　　　　　　　　　　　　图 12-83

03 转换到 12-9.css 文件中，创建名为 #box li 的 CSS 样式，如图 12-84 所示。返回网页设计视图，可以看到页面的效果，如图 12-85 所示。

```css
#box li{
    position: relative;
    width: 500px;
    height: 100px;
    overflow: hidden;
    margin-bottom: 10px;
    background: #FFF;
    color: #333;
    list-style-type: none;
    box-shadow: 2px 2px 4px rgba(0, 0, 0, 0.2);
    -webkit-transition: 0.3s all ease;
    -moz-transition: 0.3s all ease;
    transition: 0.3s all ease;
}
```

图 12-84

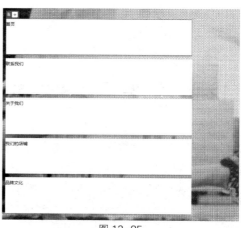

图 12-85

> **提示**
>
> 在名为 #box li 的 CSS 样式代码中，使用 CSS3 新增的 box-shadow 属性为元素添加阴影效果。transition 属性允许 CSS 的属性值在一定的时间区间内平滑地过渡，这种效果可以在鼠标单击、获得焦点、被点击或对元素任何改变中触发，并圆滑地以动画效果改变 CSS 的属性值。

04 将光标移至"首页"文字之前，在光标所在位置插入一个无 ID 名称的 DIV，如图 12-86 所示。转换到 12-9.css 文件中，创建名为 .border01 的类 CSS 样式，如图 12-87 所示。

图 12-86

```css
.border01 {
    position:absolute;
    width:10px;
    height:100px;
    overflow:hidden;
    left:0;
    top:0;
    background:#F90;
    opacity:0;
    transition:0.3s all ease;
    -webkit-transition:0.3s all ease;
    -moz-transition:0.3s all ease;
    -webkit-transition:.5s left ease;
}
```

图 12-87

05 返回设计视图，选中刚插入的 DIV，在"类"下拉列表中选择刚定义的 border01 应用，并将该 DIV 中多余的文字删除，如图 12-88 所示。转换到代码视图中，为"首页"文字添加 <div> 标签，并且添加相应的 <h2> 和 <h3> 标签及文字，如图 12-89 所示。

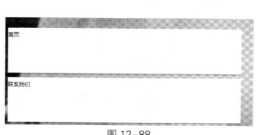

图 12-88

```html
<ul>
  <li>
    <div class="border01"></div>
    <div>
    <h2><a href="#">首页</a></h2>
    <h3>Home</h3>
    </div>
  </li>
  <li>联系我们</li>
  <li>关于我们</li>
  <li>我们的店铺</li>
  <li>品牌文化</li>
</ul>
```

图 12-89

06 转换到 12-9.css 文件中，创建名为 .text 的 CSS 样式，如图 12-90 所示。返回设计视图，选中刚添加的 DIV，选择名为 text 的 CSS 样式应用，如图 12-91 所示。

```
.text{
    width:300px;
    height:70px;
    margin-top:24px;
    float: left;
    -webkit-animation:.5s .2s ease both;
    -moz-animation:1s .2s ease both;
    animation:.5s .2s ease both;
}
```

图 12-90

图 12-91

提示

在名为 .text 的 CSS 样式代码中，使用 CSS3 新增的 animation 属性为元素添加动画效果。IE 10、Firefox 和 Opera 支持 animation 属性，Safari 和 Chrome 支持替代的 -webkit-animation 属性。

---

07 转换到 12-9.css 文件中，创建名为 .text h2,.text a 和名为 .text h3 的 CSS 样式，如图 12-92 所示。返回设计视图，可以看到页面的效果，如图 12-93 所示。

```
.text h2,.text a{
    text-shadow: 1px 2px 4px #999;
    font-size: 30px;
    color: #333;
    text-decoration: none;
    font-weight: normal;
    -webkit-transition: 0.3s all ease;
    -moz-transition: 0.3s all ease;
    transition: 0.3s all ease;
}
.text h3{
    font-family: Verdana;
    font-size: 14px;
    color: #666;
    font-weight: normal;
    -webkit-transition:0.3s all ease;
    -moz-transition:0.3s all ease;
    transition:0.3s all ease;
}
```

图 12-92

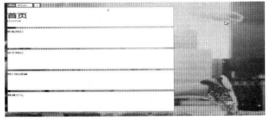

图 12-93

08 转换到代码视图中，在相应的位置添加 <span> 标签和文字，如图 12-94 所示。转换到 12-9.css 文件中，创建名为 .icon 的类 CSS 样式，如图 12-95 所示。

```
<li>
    <div class="border01"></div>
    <span>Z</span>
    <div class="text">
    <h2><a href="#">首页</a></h2>
    <h3>Home</h3>
    </div>
</li>
```

图 12-94

```
.icon {
    width:90px;
    height:90px;
    margin-left:20px;
    margin-top:5px;
    margin-right:20px;
    float:left;
    font-size:30px;
    font-family: "WebSymbolsRegular";
    line-height:90px;
    text-align:center;
    -webkit-transition:0.3s all ease;
    -moz-transition:0.3s all ease;
    transition:0.3s all ease;
    text-shadow:0 0 3px #CCCCCC;
}
```

图 12-95

09 返回网页代码视图中，在刚刚添加的 <span> 标签中添加 class 属性，应用刚创建的名为 icon 的类 CSS 样式，如图 12-96 所示。返回网页设计视图，可以看到页面的效果，如图 12-97 所示。

10 使用相同的制作方法，可以完成其他 <li> 标签中内容的制作，如图 12-98 所示。返回网页设计视图，可以看到页面的效果，如图 12-99 所示。

```
<li>
  <div class="border01"></div>
  <span class="icon">Z</span>
  <div class="text">
  <h2><a href="#">首页</a></h2>
  <h3>Home</h3>
  </div>
</li>
<li>联系我们</li>
<li>关于我们</li>
<li>我们的店铺</li>
<li>品牌文化</li>
```

图 12-96

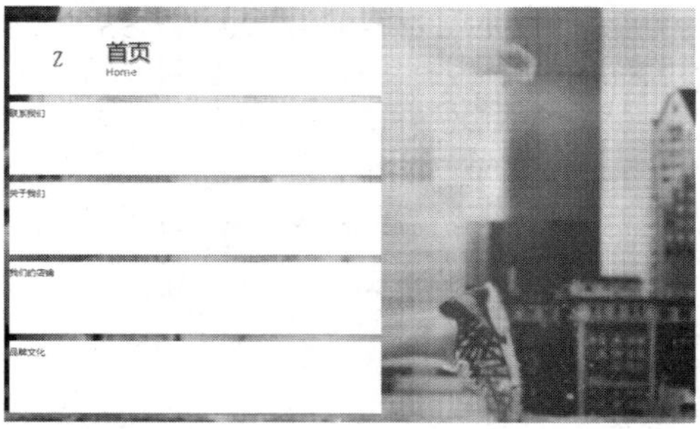

图 12-97

```
<div id="box">
  <ul>
    <li>
      <div class="border01"></div>
      <span class="icon">Z</span>
      <div class="text">
      <h2><a href="#">首页</a></h2>
      <h3>Home</h3>
      </div>
    </li>
    <li>
      <div class="border01"></div>
      <span class="icon">N</span>
      <div class="text">
        <h2><a href="#">联系我们</a></h2>
        <h3>contact us</h3>
      </div>
    </li>
    <li>
      <div class="border01"></div>
      <span class="icon">S</span>
      <div class="text">
        <h2><a href="#">关于我们</a></h2>
        <h3>about us</h3>
      </div>
    </li>
    <li>
      <div class="border01"></div>
      <span class="icon">F</span>
      <div class="text">
        <h2><a href="#">我们的店铺</a></h2>
        <h3>our shop</h3>
      </div>
    </li>
    <li>
      <div class="border01"></div>
      <span class="icon">B</span>
      <div class="text">
        <h2><a href="#">品牌文化</a></h2>
        <h3>Brand Culture</h3>
      </div>
    </li>
  </ul>
</div>
```

图 12-98

图 12-99

11 转换到 12-9.css 文件中，创建名为 #box li:hover 和名为 #box li:hover .border01 的 CSS 样式，如图 12-100 所示。接着创建名为 #box li:hover h2,#box li:hover a 和名为 #box li:hover .text h3 的 CSS 样式，如图 12-101 所示。

```
#box li:hover h2,#box li:hover a{
    color:#FFF;
    font-size:18px;
    text-shadow:1px 2px 4px #333;
}
#box li:hover .text h3{
    color:#F60;
    font-size:18px;
    margin-top:10px;
}
```

```
#box li:hover {
    background: #000;
    box-shadow: 2px 2px 4px rgba(0, 0, 0, 0.4);
}
#box li:hover .border01 {
    opacity: 1;
    left: 490px;
}
```

图 12-100

图 12-101

12 在 12-9.css 文件中，创建名为 #box li:hover .icon 和名为 #box li:hover .text 的 CSS 样式，如图 12-102 所示。接着创建名为 @-webkit-keyframes shake 和名为 @-moz-keyframes shake 的 CSS 样式，如图 12-103 所示。

```css
#box li:hover .icon{
    color:#F90;
    font-size:50px;
}
#box li:hover .text{
    -webkit-animation-name:shake;
    -moz-animation-name:shake;
}
```

图 12-102

```css
@-webkit-keyframes shake{
0%,100%{-webkit-transform:translateX(0);}
20%,60%{-webkit-transform:translateX(-10px);}
40%,80%{-webkit-transform:translateX(10px);}
}
@-moz-keyframes shake{
0%,100%{-moz-transform:translateX(0);}
20%,60%{-moz-transform:translateX(-10px);}
40%,80%{-moz-transform:translateX(10px);}
```

图 12-103

13 保存页面，并保存外部 CSS 样式文件，在浏览器中预览页面，可以看到导航菜单的效果，如图 12-104 所示。将光标移至各导航菜单项上时，可以看到导航菜单的交互效果，如图 12-105 所示。

图 12-104

图 12-105

第 13 章　CSS 与 JavaScript 实现网页特效

在网页制作中，JavaScript 是常见的脚本语言，它可以嵌入 HTML 中，在客户端执行，是动态特效网页设计的最佳选择，同时也是浏览器普遍支持的网页脚本语言。JavaScript 是基于对象的语言，JavaScript 可以与 CSS 样式相结合，在网页中实现许多特殊的效果。本章主要介绍有关 JavaScript 的知识，以及使用 JavaScript 与 CSS 样式相结合实现网页特效。

本章知识点：

- 了解 JavaScript 的相关基础
- 掌握使用 JavaScript 的方法
- JavaScript 的运算符和程序语句
- 掌握使用 jQuery 实现网页特效
- 了解常见网页特效制作

13.1　JavaScript 基础

JavaScript 是一种面向对象、结构化和多用途的语言，JavaScript 支持 Web 应用程序的客户端和服务器方面构件的开发。在客户端，利用 JavaScript 脚本语言，可以实现很多网页特效，从而使网页的效果更加丰富。

13.1.1　JavaScript 的发展

JavaScript 是 Netscape 公司与 Sun 公司合作开发的。在 JavaScript 出现之前，Web 浏览器不过是一种能够显示超文本文档的软件的基本部分。而在 JavaScript 出现之后，网页的内容不再局限于枯燥的文本，网页的可交互性得到显著的改善。JavaScript 的第一个版本，即 JavaScript 1.0，出现在 1995 年推出的 Netscape Navigator 2 浏览器中。

在 JavaScript 1.0 发布时，Netscape Navigator 主宰着浏览器市场，微软的 IE 浏览器则扮演着追赶者的角色。微软在推出 IE 3 的时候发布了自己的 VBScript 语言并以 Jscript 为名发布了 JavaScript 的一个版本，因此很快跟上了 Netscape 的步伐。

面对微软公司的竞争，Netscape 和 Sun 公司联合 ECMA(欧洲计算机制作商协会) 对 JavaScript 语言进行了标准化。其结果就是 ECMAScript 语言，这使同一种语言又多了一个名称。虽然说 ECMAScript 这个名字没有流行开来，但人们所说的 JavaScript 实际上就是 ECMAScript。

到 1996 年，Netscape 和微软公司在各自的第 3 版浏览器中都不同程度地提供了对 JavaScript 1.1 语言的支持。

JavaScript 是一种脚本编写语言，它采用小程序段的方式实现编程，像其他脚本语言一样，JavaScript 同样也是一种解释性语言，它提供了一个简易的开发过程。JavaScript 是一种基于对象的语言，同时也可以看作一种面向对象的语言。这意味着它具有定义和使用对象的能力。因此，许多功能可以由脚本环境中对象的方法与脚本之间进行相互写作来实现。

13.1.2　JavaScript 的特点 ⊙

　　JavaScript 是被嵌入 HTML 中的，最大的特点便是和 HTML 的结合。当 HTML 文档在浏览器中被打开时，JavaScript 代码才被执行。JavaScript 作为可以直接在客户端浏览器上运行的脚本程序，有着自身独特的功能和特点，分别介绍如下。

1. 编写方便

　　JavaScript 是一种脚本编写语言，采用小程序段的方式实现编程，也是一种解释性语言，提供了一个简易的开发过程。JavaScript 与 HTML 标签结合在一起，从而方便用户的使用操作。

2. 面向对象

　　JavaScript 是一种基于对象的语言，同时也可以看作一种面向对象的语言。这意味着它能够运用自己已经创建的对象，因此许多功能可以来自于脚本环境中对象的方法与脚本的相互作用。

3. 简单性

　　首先 JavaScript 是一种基于 Java 基本语句和控制流之上的简单而紧凑的设计，其次 JavaScript 的变量类型采用弱类型，并未使用严格的数据类型。

4. 安全性

　　JavaScript 是一种安全性语言，不允许访问本地磁盘，并且不能将数据存入到服务器上，不允许对网络文档进行修改和删除，只能通过浏览器实现信息浏览或动态交互，从而有效地防止数据丢失。

5. 动态性

　　JavaScript 可以直接对用户或客户输入做出响应，无须经过 Web 服务程序。JavaScript 对用户的反映响应，是采用以事件驱动的方式进行的。所谓事件驱动，就是指在网页中执行了某种操作所产生的动作，就称为"事件"。例如按下鼠标、移动窗口和选择菜单等都可以看作事件。当事件发生后，可能会引起相应的事件响应。

6. 跨平台性

　　JavaScript 是依赖于浏览器本身，与操作环境无关，只要能运行浏览器的计算机，并支持 JavaScript 的浏览器就可以正确执行，从而实现其在不同操作系统环境中都能够正常运行。

13.1.3　JavaScript 语法中的基本要求 ⊙

　　JavaScript 语言同其他语言一样，有它自身的基本数据类型、表达式和算术运算符及程序的基本框架结构，下面介绍一下关于 JavaScript 语法中的一些基本要求。

1. 标识符

　　标识符是指 JavaScript 中定义的符号，用来命名变量名、函数名和数组名等。JavaScript 的命名规则和 Java 及其他许多语言的命名规则相同，标识符可以由任意顺序的大小写字母、数字、下画线"_"和美元符号组成，但标识符不能以数字开头，不能是 JavaScript 的保留关键字。

　　正确的 JavaScript 标识符如下。

```
studentname
student_name
_studentname
$studentname
_$
```

　　错误的 JavaScript 标识符如下。

```
delete                    //delete 是 JavaScript 的保留字
8.student                 // 不能由数字开头, 并且标识符中不
能含有点号 (.)
student name              // 标识符中不能含有空格
```

2. 保留关键字

JavaScript 有许多保留关键字,它们在程序中是不能被用做标识符的。这些关键字可以分为 3 种类型: JavaScript 保留关键字、将来的保留字和应该避免的单词。

JavaScript 中的保留关键字包括: break、continue、delete、else、false、for、function、if、in、new、null、return、this、true、typeof、var、void、while 和 with。

JavaScript 将来的保留关键字包括: case、catch、class、const、debugger、default、do、enum、export、extends、finally、import、super、switch、throw 和 try。

要避免的单词是那些已经用做 JavaScript 有内部对象或函数名字的字,例如 string 等。

使用前两类中的任何关键字都会在第一次载入脚本时导致编译错误。如果使用第三类中的保留字,则当试图在同一个脚本中使用其作为变量,同时又要使用其原来的实体时,可能会出现奇怪的问题。

3. 代码格式

在编写脚本语句时,用分号 (;) 作为当前语句的结束符,输入分号 (;) 时需要注意英文和中文的区别。例如变量的定义语句。

```
var x=2;
var y=a+b;
```

每条功能执行语句的最后使用分号 (;) 作为结束符,这主要是为了分隔语句。但是在 JavaScript 中,如果语句放置在不同的行中,就可以省略分号,例如可以写为下面的形式。

```
var x=2
var y=3
```

但是如果代码的格式如下,那么第一个分号就是必须要写的。

```
var x=2;y=3;
```

4. 区分大小写

JavaScript 脚本程序是严格区分大小写的,相同的字母,大小写不同,代表的意义也不同。如在程序中定义一个标识符 World(首字母大写) 的同时还可以再定义一个 world(首字母小写),它们是两个完全不同的标识符。在 JavaScript 脚本程序中,变量名、函数名、运算符、关键字等都是对大小写敏感的。

5. "\" 符号的使用

浏览器读到一行末尾会自动判断本行已结束,不过我们可以通过在行末添加一个 "\" 来告诉浏览器本行没有结束,例如下面的代码。

```
document.write("Hello\
World!")
document.write("Hello World!")
```

这两个语句在执行中是相同的。

6. 空格

多余的空格是被忽略的,在脚本被浏览器解释执行时无任何作用。空白字符包括空格、制表符和换行符等,例如下面两个语句。

```
x=y+4;
x = y+4;
```

这两个语句在执行中是相同的。

7. 注释

为程序添加注释只是用来对程序的内容进行说明，用来解释程序某些部分的作用和功能，提高程序的可读性，有助于别人阅读自己书写的代码，让人比较容易了解编写者的思路。在浏览器中执行 JavaScript 程序时，会自动将注释的部分去除，对程序的执行部分没有任何影响。

此外，注释语句还可以用作调试语句，先暂时屏蔽某些程序语句，让浏览器暂时不要理会这些语句，而执行程序的其他部分。等到需要时，只需简单地取消注释标记，这些程序语句就又可以发挥作用了，同时也可以发现是否是注释的这条语句引起了错误。

同时在 JavaScript 中有两种注释：第一种是单行注释，就是在注释内容前面使用两个双斜杠 "//" 符号开始，直到整行的结束，中间的文字都是注释，不会被程序执行；第二种是多行注释，就是在注释内容前面以单斜杠加一个星号标记开始 "/*"，并在注释内容末尾以一个星形标记加单斜杠结束 "*/"，当前注释的内容超过一行时，一般使用这种方法。

如下所示为单行注释：

```
<script language = "javascript">
// 这是单行注释
document.write("这是单行注释的例子");
</script>
如下所示为多行注释：
<script language = "javascript">
/*
这是多行注释
*/
document.write("这是多行注释的例子");
</script>
```

注释的作用就是记录自己在编程时的思路，以便于以后阅读代码时可以马上找到思路。同样，注释也有助于别人阅读自己书写的代码。总之，书写注释是一个良好的编程习惯。

13.1.4　CSS 样式与 JavaScript

JavaScript 与 CSS 样式都是可以直接在客户端浏览器解析并执行的脚本语言，CSS 用于设置网页上的样式和布局，从而使网页更加美观；而 JavaScript 是一种脚本语言，可以直接在网页上被浏览器解释运行，可以实现许多特殊的网页效果。

通过 JavaScript 与 CSS 样式很好地结合，可以制作出很多奇妙而实用的效果，在本章后面的内容中将详细进行介绍，读者也可以将 JavaScript 实现的各种精美效果应用到自己的页面中。

13.2　使用 JavaScript 的方法

JavaScript 程序本身不能独立存在，JavaScript 依附于某个 HTML 页面，在浏览器端运行。JavaScript 本身作为一种脚本语言可以放在 HTML 页面中的任何位置，但是浏览器解释 HTML 时是按先后顺序的，所以放在前面的程序会被优先执行。

13.2.1　使用 <Script> 标签嵌入 JavaScript 代码

在 HTML 代码中输入 JavaScript 时，需要使用 <script> 标签。在 <script> 标签中，language 属性声明要使用脚本语言，该属性一般被设置为 JavaScript，不过也可以使用该属性声明 JavaScript 的确切版本，例如 JavaScript 1.2。使用 <script> 标签嵌入 JavaScript 代码的方法如下所示。

```
<!doctype html>
<html>
<head>
<meta charset="utf-8">
<title> 嵌入 JavaScript 代码 </title>
<script type="text/javascript">
<!--
JavaScript 语句
-->
</script>
</head>
<body>
</body>
</html>
```

浏览器通常会忽略未知标签，因此在使用不支持 JavaScript 的浏览器阅读网页时，JavaScript 代码也会被阅读。为了防止这种情况的发生，通过在脚本语言的第 1 行输入"<!--"，在最后一行输入"-->"的方式注销代码。为了不给使用不支持 JavaScript 浏览器的浏览者带来麻烦，在编写 JavaScript 程序时，尽量加上注释代码。

13.2.2　调用外部 JavaScript 脚本文件

在 HTML 文件中可以直接嵌入 JavaScript 脚本代码，还可以将脚本文件保存在外部，通过 <script> 标签中的 src 属性指定 URL 来调用外部 JavaScript 脚本文件。外部 JavaScript 脚本文件就是包含 JavaScript 代码的纯文本文件。链接外部 JavaScript 文件的格式如下。

```
<script type="text/javascript" src="***.js"></script>
```

这种方法在多个页面中使用相同的脚本语言时非常有用。通过指定 <script> 标签的 src 属性，就可以使用外部的 JavaScript 文件了。在运行时，这个 JavaScript 文件的代码全部嵌入包含的页面中，页面程序可以自由使用，这样就可以做到代码的重复使用。

13.2.3　直接位于事件处理部分的代码中

一些简单的脚本可以直接放在事件处理部分的代码中。例如下面所示直接将 JavaScript 代码加入 onClick 事件中。

```
<a href="#" onClick="javascript:window.close()"><img src="images/close.gif" /></a>
```

<a> 标签为 HTML 中的超链接标签，单击该超链接时调用 onClick( ) 方法。onClick 特性声明一个事件处理函数，即响应特定事件的代码。但是此种方法较为烦琐，不建议用户使用。

13.3　JavaScript 中的数据类型和变量

程序如同计算机的灵魂，JavaScript 更是如此，程序的运行需要操作各种数据值，这些数据值在程序运行时暂时存储在计算机的内存中。本节将介绍 JavaScript 中的数据类型和变量。

13.3.1　数据类型

JavaScript 提供了 6 种数据类型，其中 4 种基本的数据类型用来处理数字和文字，而变量提供存放信息的地方，表达式则可以完成较复杂的信息处理。下面对各种数据类型分别进行介绍。

- **string 字符串类型**：字符串是放在单引号或双引号之间的（可以使用单引号来输入包含双号的字符串，反之亦然），如 student、"学生"等。

- **数值数据类型**：JavaScript 支持整数和浮点数，整数可以为正数、0 或者负数；浮点数可以包含小数点，同时可以包含一个 e(大小写均可，在科学记数法中表示 "10 的幂")，或者同时包含这两项。
- **boolean 类型**：可能的 boolean 值有 true 和 false。这两个特殊值，不能用作 1 和 0。
- **undefined 数据类型**：一个为 undefined 的值就是指在变量被创建后，但未给该变量赋值时具有的值。
- **null 数据类型**：null 值指没有任何值，什么也不表示。
- **object 类型**：除了上面提到的各种常用类型外，对象也是 JavaScript 中的重要组成部分。例如 Window、Document、Date 等，这些都是 JavaScript 中的对象。

13.3.2　变量 ⊘

在 JavaScript 中，使用 var 关键字来声明变量，JavaScript 中声明变量的语法格式如下。

```
var var_name;
```

在对变量进行命名时，需要遵循以下的规则。

(1) 变量名由字母、数字、下画线和美元符号组成。

(2) 变量名必须以字母、下画线或美元符号开始。

(3) 变量名不能使用 JavaScript 中的保留关键字。

在 JavaScript 中使用等号 (=) 为变量赋值，等号左边是变量，等号右边是数值。对变量赋值的语法如下。

```
变量 = 值 ;
```

JavaScript 中的变量分为全局变量和局部变量两种。其中局部变量就是在函数里定义的变量，在这个函数里定义的变量仅在该函数中有效。如果不写 var，直接对变量进行赋值，那么 JavaScript 将自动把这个变量声明为全局变量。

例如，下面的代码是在 JavaScript 中声明变量。

```
var student_name;          // 没有赋值
var old=24;                // 数值类型
var male=true;             // 布尔类型
var author="isaac"         // 字符串
```

13.4　JavaScript 运算符 ⊘

在定义完变量后，就可以对其进行赋值和计算等一系列操作，这一过程通常又通过表达式来完成，而表达式中的一大部分是在做运算符处理。运算符是用于完成操作的一系列符号。在 JavaScript 中运算符包括算术运算符、逻辑运算符和比较运算符。

13.4.1　算术运算符 ⊘

在表达式中起运算作用的符号称为运算符。在数学中，算术运算符可以进行加、减、乘、除和其他数学运算。

JavaScript 中的算术运算符包括：+(加)、−(减)、*(乘)、/(除)、%(取模)、++(递增 1)、−−(递减 1)。

13.4.2　逻辑运算符 ⊘

程序设计语言还包含一种非常重要的运算——逻辑运算。逻辑运算符比较两个布尔值 (真或假)，然后返回一个布尔值。

JavaScript 中的逻辑运算符包括：!(逻辑非)、&&(逻辑与) 和 //(逻辑或)。

13.4.3 比较运算符

比较运算符是比较两个操作数的大、小或相等的运算符。比较运算符的基本操作是首先对其操作数进行比较，再返回一个 true 或 false 值，表示给定关系是否成立，操作数的类型可以任意。

JavaScript 中的比较运算符包括：<(小于)、>(大于)、<=(小于等于)、>=(大于等于)、=(等于) 和 !=(不等于)。

13.5　JavaScript 程序语句

JavaScript 中提供了多种用于程序流程控制的语句，这些语句可以分为选择和循环两大类。选择语句包括 if、switch 等，循环语句包括 while、for 等。本节将介绍 JavaScript 中常见的程序语句。

13.5.1 if 条件语句

if...else 语句是 JavaScript 中最基本的控制语句，通过该语句可以改变语句的执行顺序。JavaScript 支持 if 条件语句，在 if 语句中将测试一个条件，如果该条件满足测试，则执行相关的 JavaScript 代码。

if...else 条件语句的基本语法如下。

```
if( 条件 ) {
执行语句 1
}
else {
执行语句 2
}
```

若表达式的值为 true，则执行语句 1，否则执行语句 2。如果 if 后的语句有多行，则必须使用大括号将其括起来。

13.5.2 switch 条件语句

若判断条件比较多时，为了使程序更加清晰，可以使用 switch 语句。使用 switch 语句时，表达式的值将与每个 case 语句中的常量进行比较。如果匹配，则执行该 case 语句后的代码；如果没有一个 case 的常量与表达式的值相匹配，则执行 default 语句。当然，default 语句是可选择的。如果没有匹配的 case 语句，也没有 default 语句，则什么也不执行。

switch 条件语句的基本语法如下。

```
switch( 表达式 ) {
case 条件 1;
语句块 1
case 条件 2;
语句块 2
...
default
语句块 N
}
```

switch 语句通常使用在有多种出口选择的分支结构上，例如信号处理中心可以对多个信号进行响应，针对不同的信号均有相应的处理。

13.5.3　for 循环语句

遇到重复执行指定次数的代码时，使用 for 循环语句比较合适。在执行 for 循环中的语句前，有 3 个语句将得到执行，这 3 个语句的运行结果将决定是否要进入 for 循环体。

for 循环语句的基本语法如下。

```
for（初始化；条件表达式；增量）{
语句；
…
}
```

初始化总是一个赋值语句，用来给循环控制变量赋初始值；条件表达式是一个关系表达式，决定什么时候退出循环；增量定义循环控制变量循环一次后按什么方式变化。这 3 个部分之间使用 (;) 隔开。

例如 for(i=1; i<=10; i++) 语句，首先给 i 赋初始值为 1，判断 i 是否小于等于 10，如果是则执行语句，之后值增加 1。再重新判断，直到条件为假，结束循环。

13.5.4　while 循环语句

当重复执行动作的情形比较简单时，就不需要使用 for 循环语句，可以使用 while 循环语句。while 循环语句在执行循环体前测试一个条件，如果条件成立则进入循环体，否则跳到循环体后的第一条语句。

while 循环语句的基本语法如下。

```
while（条件表达式）{
语句；
…
}
```

条件表达式是必选项，以其返回值作为进入循环体的条件。无论返回什么样类型的值，都被作为布尔型处理，为真时进入循环体。语句部分可以由一条或多条语句组成。

13.6　jQuery

jQuery 是一个兼容多浏览器的轻量级 JavaScript 库。jQuery 的语法设计可以使开发者使用更加便捷，例如操作文档对象、选择 DOM 元素、实现动画效果、处理事件等功能，其模块化的使用方式使开发者可以很轻松地开发出功能强大的静态或动态网页。

在 Dreamweaver CC 中新增了许多有关 jQuery 的功能，例如 jQuery 效果、jQuery Mobile 和 jQuery UI，通过这些功能，可以轻松地在网页中实现动态交互效果。在本章中将通过实例向读者介绍如何使用 jQuery 在网页中实现特殊的交互效果。

13.6.1　jQuery Mobile

在 Dreamweaver CC 中提供对 jQuery Mobile 页面开发的支持，在 Dreamweaver CC 中，除了可以通过"新建文档"对话框直接创建 jQuery Mobile 页面外，还可以新建一个空白的 HTML 页面，将光标置于页面中，单击"插入"面板上 jQuery Mobile 选项卡中的"页面"按钮，如图 13-1 所示。

弹出 "jQuery Mobile 文件" 对话框，如图 13-2 所示。

图 13-1

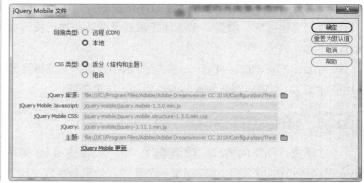

图 13-2

单击 "确定" 按钮，弹出 "页面" 对话框，在该对话框中可以设置所创建的 jQuery Mobile 页面中需要包含的页面元素和 ID 名称，如图 13-3 所示。单击 "确定" 按钮，即可创建 jQuery Mobile 页面，如图 13-4 所示。

图 13-3

图 13-4

单击文档工具栏上的 "实时视图" 按钮，可以在实时视图中看到默认的 jQuery Mobile 页面的效果，如图 13-5 所示。

图 13-5

知识点睛：什么是 jQuery Mobile？

目前，网站中的动态交互效果越来越多，其中大多数都是通过 jQuery 来实现的。随着智能手机和平板电脑的流行，主流移动平面上的浏览器功能已经与传统的桌面浏览器功能相差无几，因此 jQuery 团队开发了 jQuery Mobile。jQuery Mobile 的使命是向所有主流移动设备浏览器提供一种统一的交互体验，使整个互联网上的内容更加丰富。

jQuery Mobile 是一个基于 HTML5，拥有响应式网站特性，兼容所有主流移动设备平台的统一 UI 接口系统与前端开发框架，可以运行在所有智能手机、平板电脑和桌面设备上。不需要为每一个移动设备或操作系统单独开发应用，设计者可以通过 jQuery Mobile 框架设计一个高度响应式的网站或应用运行于所有流行的智能手机、平板电脑和桌面系统。

- jQuery Mobile 是创建移动 Web 应用程序的框架。
- jQuery Mobile 适用于所有流行的智能手机和平板电脑。
- jQuery Mobile 使用 HTML5 和 CSS3 通过尽可能少的脚本对页面进行布局。

13.6.2　jQuery UI

jQuery UI Accordion 是一个由多个面板组成的折叠式小组件，可以实现每个面板的展开和折叠效果。如果用户需要在一个固定大小的页面空间内实现多个内容的展示，jQuery UI Accordion 组件所实现的功能非常实用。

如果需要在网页中插入 jQuery UI Accordion 组件，可以单击"插入"面板上的 jQuery UI 选项卡中的 Accordion 按钮，如图 13-6 所示。即可在网页中插入 jQuery UI Accordion 组件，如图 13-7 所示。

图 13-6

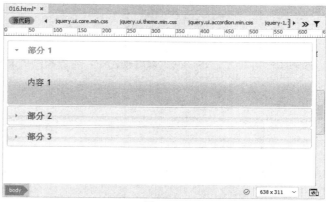

图 13-7

执行"文件">"保存"命令，保存网页，在浏览器中预览页面，可以看到 jQuery UI Accordion 组件的效果，如图 13-8 所示。

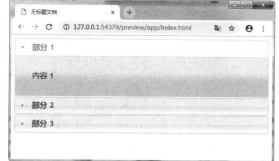

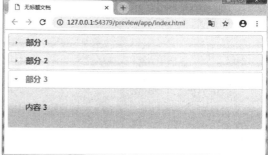

图 13-8

实例 64 制作折叠式作品展示栏目

最终文件：最终文件 \ 第 13 章 \13-6-2.html
操作视频：视频 \ 第 13 章 \ 制作折叠式作品展示栏目 .mp4

本实例制作的是网页中的作品展示栏目，通过使用 jQuery UI Accordion 组件进行制作，使该栏目在网页中既节省了空间，又具有很强的交互性。

01 执行“文件”>“新建”命令，新建一个 HTML 页面，如图 13-9 所示，将该页面保存为“源文件 \ 第 13 章 \13-6-2.html”。

02 新建外部 CSS 样式表文件，将其保存为“源文件 \ 第 13 章 \style\13-6-2.css”。返回 13-6-2.html 页面中，链接刚创建的外部 CSS 样式表文件，设置如图 13-10 所示。

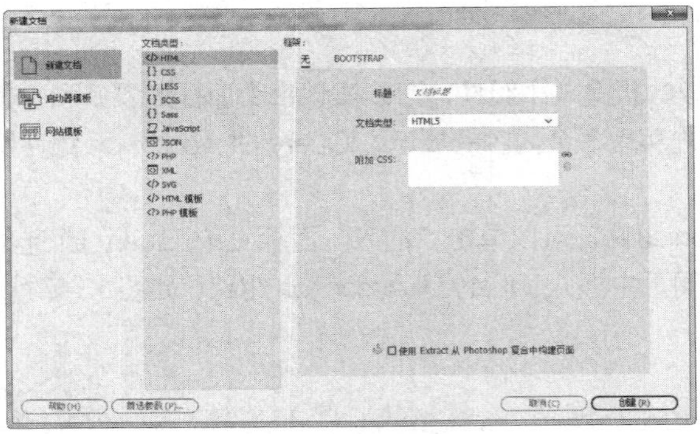

图 13-9

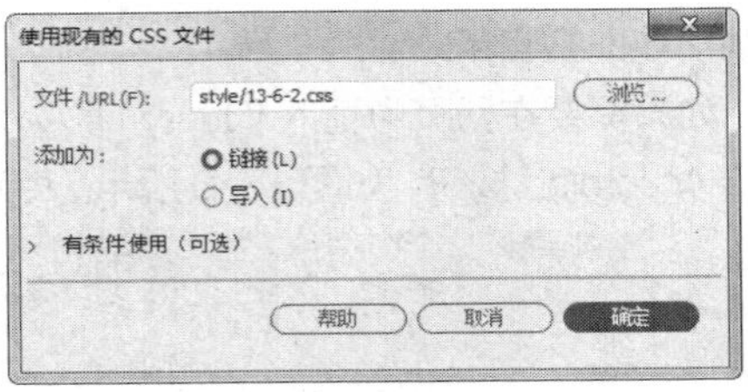

图 13-10

03 切换到外部 CSS 样式表文件中，创建名为 * 的通配符 CSS 样式和名为 body 的标签 CSS 样式，如图 13-11 所示。返回网页设计视图中，可以看到页面的背景效果，如图 13-12 所示。

```
@charset "utf-8";
/* CSS Document */
*{
    margin: 0px;
    padding: 0px;
}
body{
    font-family: 微软雅黑;
    font-size: 14px;
    line-height: 30px;
    color: #FFF;
    background-image: url(../images/0555.jpg);
    background-repeat: no-repeat;
}
```

图 13-11

图 13-12

04 在网页中插入名为 box 的 DIV，切换到外部 CSS 样式表文件中，创建名为 #box 的 CSS 样式，如图 13-13 所示。返回设计视图中，可以看到页面的效果，如图 13-14 所示。

```
#box{
    width: 520px;
    height: 100%;
    overflow: hidden;
    margin: 50px 0px 0px 50px;
}
```

图 13-13

图 13-14

05 将光标移至名为 box 的 DIV 中，将多余文字删除，单击“插入”面板上的 jQuery UI 选项卡中的 Accordion 按钮，插入 Accordion 组件，如图 13-15 所示。选中刚插入的 Accordion 组件，在"属性"面板中为其添加面板，如图 13-16 所示。

图 13-15

图 13-16

06 可以看到 Accordion 组件的效果，如图 13-17 所示。执行"文件">"保存"命令，保存页面，弹出"复制相关文件"对话框，单击"确定"按钮，复制相关文件至站点中，如图 13-18 所示。

图 13-17

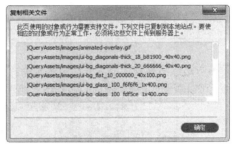

图 13-18

07 切换到所链接的外部 CSS 样式表文件 13-6-2.CSS 文件中，创建名为 #Accordion1 h3 的 CSS 样式和名为 #Accordion1 h3 a 的 CSS 样式，如图 13-19 所示。返回设计视图，可以看到 Accordion 组件的效果，如图 13-20 所示。

```
#Accordion1 h3{
    border: 0px;
    height: 30px;
    font-weight: bold;
    line-height: 30px;
    background-image: none;
    background-color: #F0A342;
    border-bottom: dashed 1px  #F91111;
    padding-left: 25px;
    cursor: pointer;
}
#Accordion1 h3 a{
    color: #FFF;
}
```

图 13-19

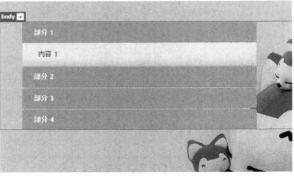

图 13-20

08 切换到所链接的外部 CSS 样式表文件 13-6-2.CSS 文件中，创建名为 #Accordion1 DIV 和名为 #Accordion1 DIV p 的 CSS 样式，如图 13-21 所示。返回设计视图，修改各标签的文字内容，如图 13-22 所示。

09 返回代码视图中，将"内容 1"文字删除，光标置于第一对 p 标签中，执行"插入">Images 命令，插入图像"最终文件 \ 第 13 章 \images\01.jpg"，如图 13-23 所示。使用相同的方法完成其余 3 组图的插入，如图 13-24 所示。

```
#Accordion1 div{
    margin: 0px;
    padding: 0px;
    background-color: #12728F;
    border:0px;
}
#Accordion1 div p{
    height: auto;
    overflow: hidden;
    background-color: #97CD2C;
    padding-top: 5px;
    padding-bottom: 5px;
}
```

图 13-21

图 13-22

```
<div id="box">
    <div id="Accordion1">
        <h3><a href="#">兰蔻粉水</a></h3>
        <div>
            <p><img src="images/01.jpg" width="520" height="280" alt=""/></p>
        </div>
        <h3><a href="#">宝路狗粮</a></h3>
        <div>
            <p>内容 2</p>
        </div>
        <h3><a href="#">欧莱雅精华液</a></h3>
        <div>
            <p>内容 3</p>
        </div>
        <h3><a href="#">钟薛高蕾糕</a></h3>
        <div>
            <p>内容 4</p>
        </div>
    </div>
</div>
```

图 13-23

```
<body>
<div id="box">
    <div id="Accordion1">
        <h3><a href="#">兰蔻粉水</a></h3>
        <div>
            <p><img src="images/01.jpg" width="520" height="280" alt=""/></p>
        </div>
        <h3><a href="#">宝路狗粮</a></h3>
        <div>
            <p><img src="images/02.jpg" width="520" height="280" alt=""/></p>
        </div>
        <h3><a href="#">欧莱雅精华液</a></h3>
        <div>
            <p><img src="images/03.jpg" width="520" height="280" alt=""/></p>
        </div>
        <h3><a href="#">钟薛高蕾糕</a></h3>
        <div>
            <p><img src="images/04.jpg" width="520" height="280" alt=""/></p>
        </div>
    </div>
</div>
<script type="text/javascript">
```

图 13-24

⑩ 完成该折叠式作品展示栏目的制作，执行"文件" > "保存"命令，保存页面，在浏览器中预览页面，可以看到使用 jQuery UI Accordion 组件所制作的折叠式作品展示栏目的效果，如图 13-25 所示。

图 13-25

知识点睛：什么是 jQuery UI ？

jQuery UI 是 jQuery 官方推出的配合 jQuery 使用的用户界面组件集合。在 Dreamweaver CC 中集成了 jQuery UI 的功能，网页设计人员可以通过 jQuery UI 构建更加丰富的网页效果。有了 jQuery UI，就可以使用 HTML、CSS 和 JavaScript 将 XML 数据合并且 HTML 文档中，创建例如选项卡、折叠式、日期选择器等功能。在 Dreamweaver CC 中使用 jQuery UI 组件比较简单，但要求用户具有 HTML、CSS 和 JavaScript 的相关基础知识。

13.7　常见网页特效

由于 JavaScript 脚本语言具有效率高、功能强等特点，可以完成许多工作。例如表单数据合法性验证、网页特效、交互式导航菜单、动态页面和数值计算等。并且在增加网站的交互功能，提高用户体验等方面获得了广泛应用。发展到今天，JavaScript 的应用范围已经大大超出了一般人的想象。现在在大部分人眼中，JavaScript 表现最出色的领域仍然是用户的浏览器，即通常所说的 Web 应用客户商。

在上一节中已经介绍了如何使用 Dreamweaver 中的 Spry 在网页中实现常见的特效，这种方法比较简单，并不需要设计者自己编写 JavaScript 脚本代码，只需要对 CSS 样式进行相应的修改即可。但是 Dreamweaver 中提供的 Spry 效果比较有限，如果需要实现一些比较特别的效果，还是需要通过编写 JavaScript 脚本程序来实现。

13.7.1 广告切换效果

广告是网页中很常见的元素，网页中的广告常见的实现方法主要有静态图片、HTML 动画和 JavaScript 实现的动态广告效果 3 种，静态图片太过于普通，并且在一定的空间中只能展示一张，局限性较大；相对来说，HTML 动画是比较方便的。而 JavaScript 实现的广告效果在网页中的应用非常广泛，不仅形式多样，而且使网页具有一定的交互动感，更新起来也非常方便。

实例 65　制作简洁的左右轮换广告效果

最终文件：最终文件 \ 第 13 章 \ 13-7-1.html
操作视频：视频 \ 第 13 章 \ 制作简洁的左右轮换广告效果 .mp4

使用 JavaScript 实现的广告切换效果非常多，可以是渐隐切换、上下切换和左右切换等，本实例制作的是左右轮换的广告效果，通过 JavaScript 实现多张广告图片按设定的时间可以自动轮换，浏览者也可以通过单击左右的按钮来实现手动切换。

01 执行"文件" > "打开"命令，打开页面"源文件 \ 第 13 章 \ 13-7-1.html"，可以看到页面的效果，如图 13-26 所示。在网页中插入一个 DIV，该 DIV 不设置 ID 名称，如图 13-27 所示。

图 13-26

图 13-27

02 转换到该网页所链接的外部 CSS 样式 13-7-1.css 文件中，创建名为 . bannerbox 的 CSS 样式，如图 13-28 所示。返回网页设计视图，选中刚插入的 DIV，在"类"下拉列表中选择刚定义的名为 bannerbox 的类 CSS 样式应用，如图 13-29 所示。

```
.bannerbox {
    width: 1000px;
    height: 545px;
    overflow: hidden;
    margin: 0px auto;
}
```
图 13-28

图 13-29

03 将光标移至 DIV 中，并将多余文字删除，在该 DIV 中插入 id 名为 focus 的 DIV，转换到 13-7-1.css 文件中，创建名为 #focus 的 CSS 样式，如图 13-30 所示。

04 返回网页设计视图，将光标移至名为 focus 的 DIV 中，并将多余文字删除，插入相应的图像，如图 13-31 所示。

```
#focus {
    width: 1000px;
    height: 445px;
    margin-top:100px;
    overflow: hidden;
    position: relative;
}
```

图 13-30

图 13-31

05 将光标移至刚插入的图像后，插入其他图像，转换到代码视图，可以看到该部分 HTML 代码，如图 13-32 所示。为该部分 HTML 代码添加 <ul> 和 <li> 标签，形成项目列表，并在 <ul> 标签中设置 ID 属性，如图 13-33 所示。

```
<body>
<div class="bannerbox">
  <div id="focus">
  <img src="images/137102.jpg" width="1000" height="445" />
  <img src="images/137103.jpg" width="1000" height="445" />
  <img src="images/137104.jpg" width="1000" height="445" />
  <img src="images/137105.jpg" width="1000" height="445" />
  </div>
</div>
</body>
</html>
```

图 13-32

```
<body>
<div class="bannerbox">
  <div id="focus">
  <ul>
  <li><img src="images/137102.jpg" width="1000" height="445" /></li>
  <li><img src="images/137103.jpg" width="1000" height="445" /></li>
  <li><img src="images/137104.jpg" width="1000" height="445" /></li>
  <li><img src="images/137105.jpg" width="1000" height="445" /></li>
  </ul>
  </div>
</div>
</body>
</html>
```

图 13-33

06 转换到 13-7-1.css 文件中，分别创建名为 #focus ul 和名为 #focus li 的 CSS 样式，如图 13-34 所示。分别创建名为 #focus .preNext、#focus .pre 和 #focus .next 的 CSS 样式，如图 13-35 所示。

```
#focus ul {
    width: 1000px;
    height: 445px;
    position: absolute;
}
#focus li {
    float: left;
    width: 1000px;
    height: 445px;
    overflow: hidden;
    position: relative;
}
```

图 13-34

```
#focus .preNext {
    width: 500px;
    height: 445px;
    position: absolute;
    top: 0px;
    cursor: pointer;
}
#focus .pre {
    left: 0;
    background-image: url(../images/137106.png);
    background-repeat: no-repeat;
    background-position: left center;
}
#focus .next {
    right: 0;
    background-image: url(../images/137107.png);
    background-repeat: no-repeat;
    background-position: right center;
}
```

图 13-35

> **提示**
>
> 在使用 JavaScript 实现网页中元素的动态效果中，CSS 样式的设置也非常重要，只有通过 CSS 样式正确地控制网页元素的外观和位置，JavaScript 所实现的效果才能正确显示。此处所定义的名为 #focus .preNext、#focus .pre 和 #focus .next 的 CSS 样式主要用于控制网页中广告的左右切换按钮位置，这 3 个 CSS 样式是在 JavaScript 脚本代码中使用的。

07 返回网页设计视图，可以看到页面的效果，如图 13-36 所示。执行 "文件" > "新建" 命令，新建一个 JavaScript 文件，将其保存为 "源文件 \ 第 13 章 \js\focus.js"，如图 13-37 所示。

图 13-36

图 13-37

08 在刚刚新建的外部 JS 脚本文件中编写 JavaScript 脚本代码，如下所示。

```
$(function () {
var sWidth = $("#focus").width();
var len = $("#focus ul li").length;
var index = 0;
var picTimer;
var btn = "<div class='btnBg'></div><div class='btn'>";
for (var i = 0; i < len; i++) {
btn += "<span></span>";
}
btn += "</div><div class='preNext pre'></div><div class='preNext next'></div>";
$("#focus").append(btn);
$("#focus .btnBg").css("opacity", 0);
$("#focus .btn span").css("opacity", 0.4).mouseenter(function () {
index = $("#focus .btn span").index(this);
showPics(index);
}).eq(0).trigger("mouseenter");
$("#focus .preNext").css("opacity", 0.0).hover(function () {
$(this).stop(true, false).animate({ "opacity": "0.5" }, 300);
}, function () {
$(this).stop(true, false).animate({ "opacity": "0" }, 300);
});
$("#focus.pre").click(function () {
index -= 1;
if (index == -1) { index = len - 1; }
showPics(index);
});
$("#focus .next").click(function () {
index += 1;
if (index == len) { index = 0; }
showPics(index);
});
$("#focus ul").css("width", sWidth * (len));
$("#focus").hover(function () {
clearInterval(picTimer);
}, function () {
picTimer = setInterval(function () {
showPics(index);
index++;
if (index == len) { index = 0; }
}, 2800);
```

```
}).trigger("mouseleave");
function showPics(index) {
var nowLeft = -index * sWidth;
$("#focus ul").stop(true, false).animate({ "left": nowLeft }, 300);
$("#focus .btn span").stop(true, false).animate({ "opacity": "0.4" }, 300).
eq(index).stop(true, false).animate({ "opacity": "1" }, 300);
}
});
```

09 返回 13-7-1.html 页面代码视图中，在 <head> 与 </head> 标签之间添加 <script> 标签链接外部 jQuery 库文件和刚创建的 focus.js 文件，如图 13-38 所示。

10 保存页面，在浏览器中预览页面，可以看到左右轮换的广告效果，可以自动轮换，也可以手动进行轮换，如图 13-39 所示。

```
<!doctype html>
<html>
<head>
<meta charset="utf-8">
<title>制作简洁的左右轮换广告效果</title>
<link href="style/13-7-1.css" rel="stylesheet"
type="text/css" />
<script type="text/javascript" src="js/jquery-1.9.1.min.js">
</script>
<script type="text/javascript" src="js/focus.js"></script>
</head>
```

图 13-38　　　　　　　图 13-39

知识点睛：JavaScript 可以对浏览进行控制吗？

　　有些 JavaScript 对象允许对浏览器的行为进行控制。Windows 对象支持弹出对话框以向用户显示简单消息的方法，还支持从用户处获取简单输入信息的方法。JavaScript 没有定义可以在浏览器窗口中直接创建并操作框架的方法，但是能够动态生成 HTML 的能力却可以让用户使用 HTML 标签创建任何想要的框架布局。JavaScript 还可以控制在浏览器中显示哪个网页。Location 对象可以在浏览器的任何一个框架或窗口中加载并显示出任意的 URL 所指的文档。History 对象则可以在用户的浏览历史中前后移动模拟浏览器的"前进"和"后退"按钮的功能。

13.7.2　页面切换

　　使用 JavaScript 脚本语言，结合 DOM 和 CSS 样式能够为网页创建出绚丽多彩的特效。上一节中已经介绍了使用 JavaScript 实现广告切换的动态效果，本节将介绍如何使用 JavaScript 实现网页的全屏切换，使整个网站页面的效果更加绚丽。

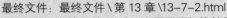 **实例 66　全屏页面切换效果**

最终文件：最终文件 \ 第 13 章 \13-7-2.html
操作视频：视频 \ 第 13 章 \ 全屏页面切换效果 .mp4

　　使用 JavaScript 不仅可以实现网页中某一个元素的特效，还可以实现整个网站页面的特效表现，其实现起来相对比较复杂，并且很多操作都需要在网页的 HTML 代码中进行，在制作过程中需要仔细对待。接下来通过实例练习介绍如何使用 JavaScript 实现全屏页面切换效果。

01 执行"文件" > "新建"命令，新建 HTML 页面，将该页面保存为"最终文件 \ 第 13 章 \13-7-2.html"，如图 13-40 所示。

02 新建外部 CSS 样式文件，将其保存为"最终文件 \ 第 13 章 \style\13-7-2.css"，返回 13-7-2.html 页面中，链接刚创建的外部 CSS 样式文件，如图 13-41 所示。

```
<!doctype html>
<html>
<head>
<meta charset="utf-8">
<head>
<meta http-equiv="Content-Type" content="text/html;
charset=utf-8" />
<title>全屏页面切换效果</title>
</head>

<body>
</body>
</html>
```

图 13-40

图 13-41

03 转换到 13-7-2.css 文件中，创建名为 * 和 body 的 CSS 样式，如图 13-42 所示。返回网页设计视图，在页面中插入名为 banner 的 DIV，如图 13-43 所示。

```
@charset "utf-8";
/* CSS Document */
* {
    margin: 0px;
    padding: 0px;
    border: 0px;
}
body {
    font-family: 微软雅黑;
    font-size: 14px;
    line-height: 25px;
    background-color: #FFF;
    color: #666;
}
```

图 13-42

图 13-43

04 转换到 13-7-2.css 文件中，创建名为 #banner 的 CSS 样式，如图 13-44 所示。返回网页设计视图，可以看到页面中该 DIV 的效果，如图 13-45 所示。

```
#banner {
    position: relative;
    width: 100%;
    height: 650px;
    background-color: #000;
    overflow: hidden;
}
```

图 13-44

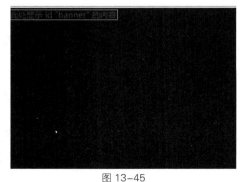

图 13-45

05 转换到代码视图中，在 <div id="banner"> 与 </div> 标签之间添加 <ul> 和 <li> 标签，并在 <ul> 标签中添加 ID 属性设置，如图 13-46 所示。转换到 13-7-2.css 文件中，创建名为 #banner_img 和名为 #banner_img li 的 CSS 样式，如图 13-47 所示。

06 创建名为 .wrapper 和名为 #banner_img li.item1 的类 CSS 样式，如图 13-48 所示。返回网页代码视图，在第 1 个 <li> 标签中应用名为 item1 的类 CSS 样式，添加 <div> 标签，并为其应用名为 wrapper 的类 CSS 样式，如图 13-49 所示。

07 在 <div class="wrapper"> 与 </div> 标签之间添加 <div> 标签，输入相应的文字并为相应的文字添加 <h2> 标签，如图 13-50 所示。转换到 13-7-2.css 文件中，创建名为 .ad_txt 和名为 .ad_txt h2 的 CSS 样式，如图 13-51 所示。

```
<body>
<div id="banner">
  <ul id="banner_img">
    <li></li>
    <li></li>
    <li></li>
    <li></li>
    <li></li>
    <li></li>
    <li></li>
  </ul>

</div>

</body>
```

图 13-46

```
#banner_img {
    display: block;
    position: relative;
}
#banner_img li {
    list-style-type: none;
    position: absolute;
    top: 0;
    left: 0;
    width: 100%;
    height: 650px;
    background-position: center;
    background-size: cover;
    display: none;
}
```

图 13-47

```
.wrapper {
    width: 986px;
    margin: 0 auto;
    position: relative;
}
#banner_img li.item1 {
    background-image: url(../images/137201.jpg);
    display: block;
}
```

图 13-48

```
<div id="banner">
  <ul id="banner_img">
    <li class="item1">
      <div class="wrapper">

      </div>
    </li>
    <li></li>
    <li></li>
    <li></li>
    <li></li>
    <li></li>
  </ul>

</div>
```

图 13-49

```
<li class="item1">
  <div class="wrapper">
    <div>
      <h2>互联网品牌传播解决方案</h2><br />
      <br />
      国内顶级品牌网站建设公司-天马网络！<br />
      基于互联网的品牌行销策略的策划与执行。<br />
      品牌形象挖掘、梳理、包装、表现与传播。<br />
      辅助企业实现品牌战略目标的互联网解决方案。
    </div>
  </div>
</li>
```

图 13-50

```
.ad_txt {
    position: absolute;
    left: 10px;
    top: 170px;
    color: #fff;
}
.ad_txt h2 {
    font-size: 36px;
    line-height: 48px;
    font-weight: bold;
}
```

图 13-51

08 返回网页代码视图，为刚刚添加的 <div> 标签应用名为 ad_txt 的类 CSS 样式，如图 13-52 所示。添加 <div> 标签，并在该 <div> 标签之间插入相应的图像，如图 13-53 所示。

```
<li class="item1">
  <div class="wrapper">
    <div class="ad_txt">
      <h2>互联网品牌传播解决方案</h2><br />
      <br />
      国内顶级品牌网站建设公司-天马网络！<br />
      基于互联网的品牌行销策略的策划与执行。<br />
      品牌形象挖掘、梳理、包装、表现与传播。<br />
      辅助企业实现品牌战略目标的互联网解决方案。
    </div>
  </div>
</li>
```

图 13-52

```
<li class="item1">
  <div class="wrapper">
    <div class="ad_txt">
      <h2>互联网品牌传播解决方案</h2><br />
      <br />
      国内顶级品牌网站建设公司-天马网络！<br />
      基于互联网的品牌行销策略的策划与执行。<br />
      品牌形象挖掘、梳理、包装、表现与传播。<br />
      辅助企业实现品牌战略目标的互联网解决方案。
      <div><img src="images/p01.png" width="506" height="440"
/></div>
    </div>
  </div>
</li>
```

图 13-53

09 转换到 13-7-2.css 文件中，创建名为 .ad_img 的 CSS 样式，如图 13-54 所示。返回网页代码视图，为刚刚添加的 <div> 标签应用名为 ad_img 的类 CSS 样式，如图 13-55 所示。

```
<li class="item1">
    <div class="wrapper">
        <div class="ad_txt">
            <h2>互联网品牌传播解决方案</h2><br />
            <br />
            国内顶级品牌网站建设公司-天马网络！<br />
            基于互联网的品牌行销策略的策划与执行。<br />
            品牌形象挖掘、梳理、包装、表现与传播。<br />
            辅助企业实现品牌战略目标的互联网解决方案。
        </div>
        <div class="ad_img"><img src="images/p01.png" width="506"
        height="440" /></div>
    </div>
</li>
```

```
.ad_img {
    position: absolute;
    right: 10px;
    top: 80px;
    width: 506px;
    height: 440px;
}
```

图 13-54

图 13-55

10　返回网页设计视图中，可以看到页面的效果，如图 13-56 所示。转换到 13-7-2.css 文件中，创建名为 #banner_img li.item2 的 CSS 样式，如图 13-57 所示。

图 13-56

```
#banner_img li.item2 {
    background-image: url(../images/137202.jpg);
    display: block;
}
```

图 13-57

提示

　　该网页中共包括 8 个页面，所以有 8 对 <li></li> 标签，每一对 <li></li> 标签中的内容即为该页面中所显示的内容。在该实例中，这 8 个页面的表现形式是基本相同的，只是背景图像、图像和文字有所不同，读者也可以将每个页面中的内容做的不一样。

11　返回网页代码视图，为第 2 个 <li> 标签应用刚创建的名为 item2 的类 CSS 样式，如图 13-58 所示。将第 1 个 <li> 标签之间所有的代码复制到第 2 个 <li> 标签之间，并对相关内容进行修改，如图 13-59 所示。

```
<li class="item2"></li>

<li></li>
<li></li>
<li></li>
<li></li>
<li></li>
<li></li>
</ul>
```

图 13-58

```
<li class="item2">
    <div class="wrapper">
        <div class="ad_txt">
            <h2>Web应用(B/S)定制开发</h2><br />
            <br />
            自主研发、完善的开发框架。<br />
            详细的需求调研及解决方案。<br />
            实施项目经验丰富的项目团队。<br />
        </div>
        <div class="ad_img"><img src="images/p02.png" width="506" height="440" /></div>
    </div>
</li>
```

图 13-59

12　转换到 13-7-2.css 文件中，创建名为 #banner_img li.item3 至 #banner_img li.item8 的 CSS 样式，如图 13-60 所示。返回网页代码视图，使用相同的制作方法，完成其他 <li> 标签中内容的制作，如图 13-61 所示。

13　在 </ul> 标签之后添加 <div> 标签，并设置该 <div> 标签的 ID 属性，如图 13-62 所示。转换到 13-7-2.css 文件中，创建名为 #banner_ctr 的 CSS 样式，如图 13-63 所示。

```
#banner_img li.item3 {
    background-image: url(../images/137203.jpg);
    display: block;
}
#banner_img li.item4 {
    background-image: url(../images/137204.jpg);
    display: block;
}
#banner_img li.item5 {
    background-image: url(../images/137205.jpg);
    display: block;
}
#banner_img li.item6 {
    background-image: url(../images/137206.jpg);
    display: block;
}
#banner_img li.item7 {
    background-image: url(../images/137207.jpg);
    display: block;
}
#banner_img li.item8 {
    background-image: url(../images/137208.jpg);
    display: block;
}
```

图 13-60

```
<li class="item7">
    <div class="wrapper">
        <div class="ad_txt">
            <h2>医院网站管理系统(HMS)</h2><br />
            与大型医院密切合作，<br />
            诊疗挂号很轻松，检验结果实时查询，在线医患服务。<br />
            便捷的数据处理能力，稳定的软件基础架构。<br />
        </div>
        <div class="ad_img"><img src="images/p07.png" width="506" height="440" /></div>
    </div>
</li>

<li class="item8">
    <div class="wrapper">
        <div class="ad_txt">
            <h2>智慧点亮网络</h2><br />
            <br />
            互联网改变世界，我们改变互联网。<br />
            精彩前沿技术演练场。<br />
            新产品尝鲜体验。<br />
        </div>
        <div class="ad_img"><img src="images/p08.png" width="506" height="440" /></div>
    </div>
</li>
</ul>
```

图 13-61

14 返回网页代码视图，在 <div id="banner_ctr"> 与 </div> 标签之间添加两个 <div> 标签，并分别设置两个 <div> 标签的 ID 属性，如图 13-64 所示。转换到 13-7-2.css 文件中，创建名为 #drag_ctr 和名为 #drag_arrow 的 CSS 样式，如图 13-65 所示。

```
</ul>
<div id="banner_ctr">

</div>
</div>
```

图 13-62

```
#banner_ctr {
    position: absolute;
    width: 960px;
    height: 122px;
    margin-left: -480px;
    left: 50%;
    bottom: 40px;
    z-index: 1;
}
```

图 13-63

15 返回网页代码视图，在相应的位置添加 <ul> 和 <li> 标签，并输入相应的文字，如图 13-66 所示。转换到 13-7-2.css 文件中，创建名为 #banner_ctr ul 和名为 #banner_ctr li 的 CSS 样式，如图 13-67 所示。

```
</ul>
<div id="banner_ctr">
<div id="drag_ctr"></div>

<div id="drag_arrow"></div>
</div>
</div>
```

图 13-64

```
#drag_ctr {
    position: absolute;
    top: -14px;
    left: 20px;
    width: 115px;
    height: 156px;
    -webkit-border-radius: 5px;
    -moz-border-radius: 5px;
    border-radius: 5px;
    bottom: 170px;
    background: #0084cf;
}
#drag_arrow {
    position: absolute;
    top: -14px; left:
    20px; width: 115px;
    height: 156px;
    background-image: url(../images/137210.gif);
    background-position: center 14px;
    background-repeat: no-repeat;
}
```

图 13-65

```
<div id="banner_ctr">
<div id="drag_ctr"></div>
    <ul>
        <li>网站建设</li>
        <li>品牌网站建设</li>
        <li>应用系统开发</li>
        <li>网络整合营销</li>
        <li>网络运维托管</li>
        <li>手机APP开发</li>
        <li>学术会议系统</li>
        <li>医院网站系统</li>
        <li>实验室</li>
        <li>网站设计</li>
    </ul>
<div id="drag_arrow"></div>
</div>
```

图 13-66

```
#banner_ctr ul {
    width: 960px;
    height: 122px;
    background-image: url(../images/137209.png);
    background-position: center;
    background-repeat: no-repeat;
    font-size: 0;
    line-height: 0;
    position: relative;
}
#banner_ctr li {
    display: block;
    float: left;
    width: 115px;
    height: 122px;
    cursor: pointer;
}
```

图 13-67

16 创建名为 #banner_ctr li.first-item 和名为 #banner_ctr li.last-item 的 CSS 样式，如图 13-68
所示。返回网页代码视图，为刚刚添加的项目列表中第 1 个和最后一个 <li> 标签分别应用相应的类
CSS 样式，如图 13-69 所示。

```
#banner_ctr li.first-item {
    background: #fff;
    width: 20px;
    -webkit-border-radius: 20px 0 0 20px;
    -moz-border-radius: 20px 0 0 20px;
    border-radius: 20px 0 0 20px;
    cursor: default;
}
#banner_ctr li.last-item {
    background: #fff;
    width: 20px;
    -webkit-border-radius: 0 20px 20px 0;
    -moz-border-radius: 0 20px 20px 0;
    border-radius: 0 20px 20px 0;
    cursor: default;
}
```

图 13-68

```
<div id="banner_ctr">
<div id="drag_ctr"></div>
    <ul>
        <li class="first-item">网站建设</li>
        <li>品牌网站建设</li>
        <li>应用系统开发</li>
        <li>网络整合营销</li>
        <li>网络运维托管</li>
        <li>手机APP开发</li>
        <li>学术会议系统</li>
        <li>医院网站系统</li>
        <li>实验室</li>
        <li class="last-item">网站设计</li>
    </ul>
<div id="drag_arrow"></div>
</div>
```

图 13-69

17 执行"文件" > "新建"命令，新建一个外部 JavaScript 脚本文件，将该文件保存为"最终
文件 \ 第 13 章 \js\fashionfoucs.js"，在该文件中编写 JavaScript 脚本代码如下。

```
var curIndex = 0;
var time = 800;
var slideTime = 5000;
var adTxt = $("#banner_img>li>div>.ad_txt");
var adImg = $("#banner_img>li>div>.ad_img");
var int = setInterval("autoSlide()", slideTime);
$("#banner_ctr>ul>li[class!='first-item'][class!='last-item']").click(function () {
show($(this).index("#banner_ctr>ul>li[class!='first-item'][class!='last-item']"));
window.clearInterval(int);
int = setInterval("autoSlide()", slideTime);
});
function autoSlide() {
curIndex + 1 >= $("#banner_img>li").size() ? curIndex = -1 : false;
show(curIndex + 1);
}
function show(index) {
$.easing.def = "easeOutQuad";
$("#drag_ctr,#drag_arrow").stop(false, true).animate({ left: index * 115 + 20 },
300);
$("#banner_img>li").eq(curIndex).stop(false, true).fadeOut(time);
adTxt.eq(curIndex).stop(false, true).animate({ top: "340px" }, time);
adImg.eq(curIndex).stop(false, true).animate({ right: "120px" }, time);
setTimeout(function () {
$("#banner_img>li").eq(index).stop(false, true).fadeIn(time);
adTxt.eq(index).children("p").css({ paddingTop: "50px", paddingBottom: "50px"
}).stop(false,
true).animate({ paddingTop: "0", paddingBottom: "0" }, time);
adTxt.eq(index).css({ top: "0", opacity: "0" }).stop(false, true).animate({ top:
"170px", opacity:
"1" }, time);
adImg.eq(index).css({ right: "-50px", opacity: "0" }).stop(false, true).animate({
right: "10px",
opacity: "1" }, time);
}, 200)
```

```
        curIndex = index;
    }
```

18 返回 13-7-2.html 页面代码视图，在 <head> 与 </head> 标签之间添加 <script> 标签链接两个外部 jQuery 库文件，如图 13-70 所示。

19 在页面主体的结束标签 </body> 之前添加 <script> 标签，链接刚编写的 JavaScript 文件，如图 13-71 所示。

```
<!doctype html>
<html>
<head>
<meta charset="utf-8">
<head>
<meta http-equiv="Content-Type" content="text/html;
charset=utf-8" />
<title>全屏页面切换效果</title>
<link href="style/13-7-2.css" rel="stylesheet"
type="text/css" />
<script type="text/javascript" src="js/jquery-
1.9.1.min.js"></script>
<script type="text/javascript"
src="js/jquery.plugin.min.js"></script>
</head>
```
图 13-70

```
        </ul>
        <div id="drag_arrow"></div>
        </div>
    </div>
<script type="text/javascript" src="js/fashionfoucs.js">
</script>
</body>
</html>
```
图 13-71

20 保存页面，在浏览器中预览该网页，可以看到页面的效果，如图 13-72 所示。网页中的各个页面会自动进行切换，也可以通过页面底部的菜单进行切换，如图 13-73 所示。

图 13-72

图 13-73

第 14 章 商业网站案例

在前面的章节中已经详细介绍了使用 CSS 样式对网站页面进行布局制作的相关知识，每个 CSS 样式属性都结合了相应的案例进行讲解，使读者能够更容易理解和掌握 CSS 样式的精髓。本章将通过 3 个具有代表性的商业网站案例，讲解使用 DIV+CSS 布局制作网页的方法和技巧，使读者能够熟练掌握使用 DIV+CSS 布局制作网站页面。

本章知识点：
- 了解 CSS 样式如何简写
- 如何优化 CSS
- 理解商业网站设计
- 掌握 DIV+CSS 布局方法
- 企业网站设计制作
- 儿童用品网站设计制作
- 游戏网站设计制作

14.1 如何简写 CSS 样式

CSS 样式的简写是指将多个 CSS 属性集合到一起的编写方式，这种写法的好处是能够简写大量的代码，同时也方便阅读。本节将分别介绍各种 CSS 样式的简写方法。

14.1.1 颜色值简写

CSS 提供了颜色代码的简写模式，主要是针对十六进制颜色代码。十六进制代码的传统写法一般使用 #ABCDEF，ABCDEF 分别代表 6 个十六进制数。CSS 的颜色简写必须要符合一定的要求，当 A 与 B 数字相同，C 与 D 数字相同，E 与 F 数字相同时，可使用颜色简写，例如下面的代码。

```
#000000 可以简写为：#000
#2233dd 可以简写为：#23d
```

14.1.2 简写 font 属性

字体样式的简写包括字体、字号和行高等属性，使用方法如下。

```
font:
font-style    （样式）
font-variant    （变体）
font-weight    （粗细）
font-size    （大小）
line-height    （行高）
font-family    （字体）
```

例如，下面的 CSS 样式是字体样式的传统写法。

```
.font01{
font-family:" 宋体 ";
```

```
font-size:12px;
font-style:italic;
line-height:20px;
font-weight:bold;
font-variant:normal;
}
```

可以对字体 CSS 样式的代码进行简写，代码如下。

```
.font01{
font:italic normal bold 12px/20px 宋体 ;
}
```

字体颜色不可与字体样式一起缩写，如果要加入字体的颜色，颜色的样式应该写为如下格式。

```
.font01{
font :italic normal bold 12px/20px 宋体 ;
color:#000000;
}
```

14.1.3 简写 background 属性 ＞

背景简写主要用于对背景控制的相关属性进行简写，语法格式如下。

```
background:
background-color    （背景颜色）
background-image    （背景图像）
background-repeat    （背景重复）
background-attachment    （背景滚动）
background-position    （背景位置）
```

例如，下面是一段背景控制 CSS 代码。

```
#box{
background-color:#FFFFFF;
background-image:url(images/bg.gif);
background-repeat:no-repeat:no-repeat;
background-attachment:fixed;
background-position:20% 30%;
}
```

可对背景样式代码简写，简写后的代码如下。

```
#box{
background:#FFF url(images/bg.gif) no-repeat fixed 20% 30px;
}
```

14.1.4 简写 border 属性 ＞

相对前面的属性而言，border 是一个稍微复杂的属性，它包含了 4 条边的不同宽度、不同颜色和不同样式，因此 border 属性提供的缩写形式相对来说要复杂一些，不仅可对整个对象进行 border 样式缩写，也可以单独对某一边进行样式缩写。对整个对象而言，简写格式如下。

```
border:border-width border-style color;
```

border 属性对于 4 条边都可以单独应用简写 CSS 样式，语法格式如下。

```
border-top:border-width border-style color;
border-right:border-width border-style color;
border-bottom:border-width border-style color;
border-left:border-width border-style color;
```

例如，设置 ID 名为 news 的 DIV 的 4 条边均为 2 像素宽度、实线和红色边框，样式表可简写为如下格式。

```
#news{
border:2px solid red;
}
```

如果设置 ID 名为 news 的 DIV 上边框为 2 像素宽度、实线和蓝色边框，左边框为 1 像素宽度、虚线和红色边框，样式表可简写为如下格式。

```
#news{
border-top:2px solid blue;
border-left:1px dashed red;
}
```

除了对边框整体及 4 条边单独的缩写之外，border 属性还提供了对 border–style 属性、border–width 属性和 border–color 属性的单独简写方式，语法格式如下。

```
border-style:top right bottom left;
border-width:top right bottom left;
border-color:top right bottom left;
```

例如，设置 id 名为 box 的 DIV 的 4 条边框宽度分别为上 1 像素、右 2 像素、下 3 像素和左 4 像素，而颜色分别为蓝、白、红、绿 4 种颜色，边框的样式上下为单线，左右为虚线。与 margin 属性和 padding 属性的简写一样，所有参数的顺序都是上右下左的顺时针顺序，而且支持 1~4 个参数不同的编写方式，样式表可简写为如下格式。

```
#box{
border-width:1px 2px 3px 4px;
border-color:blue white red green;
border-style:solid dashed;
}
```

14.1.5　简写 margin 和 padding 属性　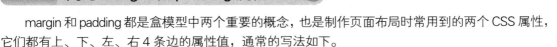

margin 和 padding 都是盒模型中两个重要的概念，也是制作页面布局时常用到的两个 CSS 属性，它们都有上、下、左、右 4 条边的属性值，通常的写法如下。

```
#top{
margin-top:100px;
margin-left:20px;
margin-right:70px;
margin-bottom:50px;
}
#main{
padding-top:100px;
padding-left:20px;
padding-right:70px;
padding-bottom:50px;
}
```

在 CSS 简写中，可用以下简写格式。

```
margin:margin-top margin-right margin-bottom margin-left
padding:padding-top padding-right padding-bottom padding-left
```

CSS 简写如下。

```
#top{
margin:100px 70px 50px 20px;
```

```
}
#main{
padding: 100px 70px 50px 20px;
}
```

如果元素上、右、下、左的边界或者填充都是相同值，可单独使用一个参数进行定义，可简写为如下格式。

```
#box{
padding:20px;
}
```

如果元素的上、下边界或者填充是相同的值，左、右边界或者填充的值都相同，可使用两个参数进行定义，分别表示上下和左右，可简写为如下格式。

```
#box{
padding:20px 10px;
}
```

如果元素的左右边界或者填充是相同的值，其他边界或者填充的值不相同，可以用 3 个参数进行定义，分别表示上、左、右和下，可简写为如下格式。

```
#box{
padding:20px 10px 50px;
}
```

margin 属性和 padding 属性的完整写法都是 4 个参数，分别表示上、右、下、左四边的边距或者填充，即以顺时针方向进行设置。

14.1.6 简写 list 属性

list 属性的 CSS 样式简写是针对 list-style-type、list-style-position 等用于 <ul> 标签的 list 属性，简写格式如下。

```
list-style:list-style-type list-style-position list-style-image;
```

例如，设置 li 对象，类型为圆点，出现在对象外，项目符号图像为无，CSS 样式代码如下所示。

```
li{
list-style-position:outside;
list-style-image:none;
list-style-type:disc;
}
```

CSS 样式可简写为如下格式。

```
li{
list-style:disc outside none;
}
```

14.2 优化 CSS 样式

CSS 在网页中的应用已经非常普及，使用 Dreamweaver 这样的可视化制作软件就可以使这项工作在一个统一的界面中进行，并且还可以通过简单的操作完成创建、修改、添加等的 CSS 样式功能，这些设置可以影响到页面中的元素。从普通的文本布局到复杂的多媒体文件的控制，通过修改一个单一的外部 CSS 样式表文件，就可以迅速地改变整个页面的外观。

14.2.1　CSS 选择符的命名规范　⊙

CSS 的样式属性是不区分大小写的，可以使用任意大小写的 CSS 样式属性。CSS 对于标签选择器如 body、td、DIV 也是不区分大小写的。但是 CSS 对于类选择符和 ID 选择符的名称是区分大小写的。例如，对于类选择符和 ID 选择符来说，CSS 样式 .MAIN 不等于 CSS 样式 .main 或 .Main。因此在标示类选择符和 ID 选择符以及编写 CSS 样式的时候，最好使用统一的规范来编写自己的样式。

在 CSS 样式以及 HTML 代码中，类选择器和 ID 选择符必须由大小写字母开始，随后可以使用任意的字母、数字、连接线或下画线。

可以结合 CSS 所支持的下画线及连接线来帮助命名，如可以将 CSS 样式命名为 news_title 或 news-list。在实际应用过程中，还可以使用网站设计通用名称对网页中元素的命名进行组织。

14.2.2　重用 CSS 样式　⊙

在网站设计制作过程中，对于设计制作和规划人员来说，最希望的就是高效制作、规划及简单的维护，也就是网站的制作、规划与运营成本的关键所在，通过内容与表现的分离设计，可以使具体内容与 CSS 样式分离开来，并使同一个 CSS 样式可以重复使用，当定义界面上某一个元素的 CSS 样式后，通过内容与表现的分离，可以将这段 CSS 样式代码重用于另一个信息内容之中，直接应用或继承这段 CSS 代码进行扩展，做到重用的目的，可以减少重复代码，加快制作与规划效率，这种重用的手段在维护中同样也可起到事半功倍的作用，通过修改同一段代码，可使重用这段代码的所有区域同时改变样式，使维护简单高效。更值得注意的是，由于内容与表现分离，样式的编写可以专注于 CSS 样式的表现，而不用重复定义 CSS 样式内容，在可读性和维护性上都得到极大提高。

1. 信息跨平台的可用性

通过将内容与表现进行分离，可以使信息实现跨平台访问，由于内容与表现已经分离，可以针对其他设备进行样式上的替换，如针对掌上电脑或游戏机终端，只需要替换一个 CSS 样式的文件，即可与另一种设备上拥有不同样式表现，以适应不同设备的屏幕，而内容本身是不需要改变的。

2. 降低服务器成本

通过 CSS 样式的重用，整个网站的文件量可大幅减小，降低了服务器带宽成本，特别是对于大型门户网站，网页的数量越大，就意味着重用的代码数量越多，从而使同一时间服务器的数据访问量降低，降低带宽使用。

3. 便于改版

对于经常改版的网站来说，内容与表现进行分离，会使改版的成本大幅降低，每次改版只需改动 CSS 样式文件即可，而不需要改变信息内容，使改版技术难度与实施周期都得到降低。

4. 加快网页解析速度

一些测试表明，目前通过内容与表现分离的结构进行网页设计，可使浏览器对网页解析的速度大幅提高，相对于老式内容与表现的混合编码而言，浏览器在解析中可以更好地解析方式分析结构元素和设计元素，良好的网页浏览速度使用户的浏览体验得到提升。

14.2.3　覆盖的方法简化 CSS 样式　⊙

在 CSS 代码中对某一元素如果应用多个样式表代码，在最基本的情况下，往往是后一段代码中的属性会替换前一段代码中相同的属性设置，应用 CSS 样式表的这一特点，可以采用覆盖的方式，使代码得到重用，例如下面是 CSS 样式表的代码。

```
.style_01 , .style_02 , #style_03{
font-size: 12px;
```

```
list-style: none;
width: 666px;
padding: 66px;
background-color: #cccccc;
}
.style_01{ border: 1px solid #ac4bd5; }
.style_02{ border: 1px solid #4b4ed5; }
.style_03{ border: 1px solid #82d54b; }
```

在这 3 个样式表的代码中可以看出，边框样式只有边框的颜色不同，其他的属性值都是一样的，那么就可以将该样式表进行简化，简化后的 CSS 样式表代码如下所示。

```
.style_01 , .style_02 , #style_03{
font-size: 12px;
list-style: none;
width: 666px;
padding: 66px;
background-color: #cccccc;
border: 1px solid #ac4bd5;
}
.style_02{border-color: #4b4ed5;}
.style_03{border-color: #82d54b;}
```

优化后的代码，使 3 个样式都具有一种颜色的边框设置，再根据每一个样式的边框颜色有所区分，只需要使用 border-color 属性设置新的颜色即可，新的颜色将覆盖掉之前的样式设置，从而实现了样式优化。

14.3 企业网站

企业网站页面是非常常见的一种网站类型，企业类网站页面不同于其他网站页面，整个页面的设计不仅要体现出企业的鲜明形象，而且还要注重对企业产品的展示与宣传，以方便浏览者了解企业的性质。另外在页面布局上还要体现出大方、简洁的风格，只有这样才能体现出网站的真正意义。

14.3.1 设计分析

本实例制作一个企业网站页面，该企业是一家建筑、节能和新能源科技公司，页面使用蓝天白云的素材图像作为背景，突出绿色、节能、低碳和环保的企业理念，整个页面使用深蓝色作为主色调，局部使用明亮的黄色进行点缀，突出重点。整个页面给人感觉环保、清新、简洁和大方。

14.3.2 布局分析

该网站页面采用上、中、下的布局方式，页面顶部为宽度为 100% 的页面导航部分，中间部分为页面的正文内容，在该部分又分为多个 DIV 分别进行制作，包括宣传广告、技术展示和媒体报道等多个部分内容，底部宽度 100% 的版底信息部分。

14.3.3 案例制作

该网站页面的布局结构并不是很复杂，首先使用 CSS 样式对页面的整体效果进行控制，接下来在网页中插入 DIV，并使用 CSS 样式对 DIV 的外观和位置进行控制，从而完成整个网站页面的制作。

最终文件：最终文件 \ 第 4 章 \14-3.html
操作视频：视频 \ 第 14 章 \ 企业网站 .mp4

01 新建一个 HTML 页面，将该页面保存为 "源文件 \ 第 14 章 \14-3.html"，如图 14-1 所示。新建一个外部 CSS 样式文件，将其保存为 "源文件 \ 第 14 章 \style\14-3.css"，返回 14-3.html 页面中，链接外部 CSS 样式文件，如图 14-2 所示。

02 转换到 14-3.css 文件中，创建通配符 * 和 body 标签的 CSS 样式，如图 14-3 所示。返回页面设计视图，可以看到页面的背景效果，如图 14-4 所示。

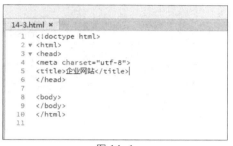

图 14-1

使用现有的 CSS 文件

文件 /URL(F)：style/14-3.css　　浏览...

添加为：　● 链接(L)
　　　　　○ 导入(I)

〉有条件使用（可选）

帮助　　取消　　确定

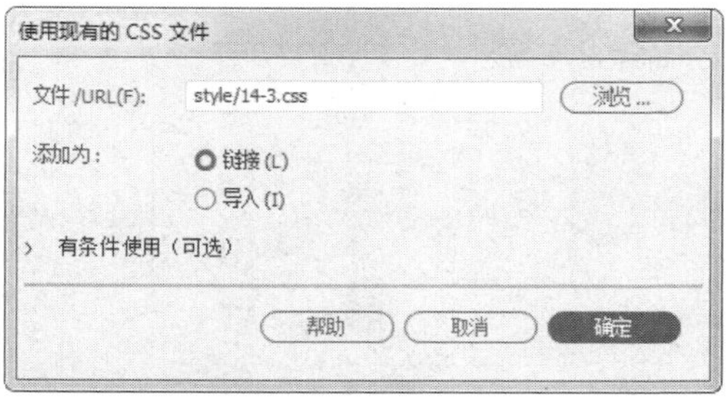

图 14-2

```
@charset "utf-8";
/* CSS Document */
* {
    margin: 0px;
    padding: 0px;
    border: 0px;
}
body {
    font-family: 微软雅黑;
    font-size: 12px;
    line-height: 25px;
    background-image: url(../images/14301.jpg);
    background-repeat: no-repeat;
    background-position: center top;
}
```

图 14-3

图 14-4

03 在页面中插入一个名为 #top-bg 的 DIV，转换到 14-3.css 文件中，创建名为 #top-bg 的 CSS 样式，如图 14-5 所示。返回网页设计视图，可以看到页面的效果，如图 14-6 所示。

```
#top-bg {
    width: 100%;
    height: 85px;
    background-color: rgba(0,0,0,0.7);
    box-shadow: 0px 5px 10px rgba(51,51,51,0.5);
}
```

图 14-5

图 14-6

04 将光标移至名为 top-bg 的 DIV 中，并将多余文字删除，在该 DIV 中插入名为 #top 的 DIV，转换到 14-3.css 文件中，创建名为 #top 的 CSS 样式，如图 14-7 所示。返回网页设计视图，可以看到页面中名为 top 的 DIV 的效果，如图 14-8 所示。

05 将光标移至名为 top 的 DIV 中，并将多余文字删除，在该 DIV 中插入名为 menu 的 DIV，转换到 14-3.css 文件中，创建名为 #menu 的 CSS 样式，如图 14-9 所示。返回网页设计视图，可以看到页面中名为 menu 的 DIV 效果，如图 14-10 所示。

```
#top {
    width: 940px;
    height: 60px;
    margin: 0px auto;
    padding-top: 25px;
}
```

图 14-7

图 14-8

```
#menu {
    width: 600px;
    height: 40px;
    font-size: 14px;
    font-weight: bold;
    color: #DDD;
    line-height: 40px;
    padding-top: 20px;
    float: right;
}
```

图 14-9

图 14-10

06 将光标移至名为 menu 的 DIV 中，并将多余文字删除，输入相应段落文本，并将段落创建为项目列表，如图 14-11 所示。转换到 14-3.css 文件中，创建名为 #menu li 的 CSS 样式，如图 14-12 所示。

图 14-11

```
#menu li {
    list-style-type: none;
    width: 120px;
    float: left;
    text-align: center;
}
```

图 14-12

07 返回网页设计视图，可以看到页面导航菜单的效果，如图 14-13 所示。将光标移至名为 menu 的 DIV 之后，插入图像"源文件 \ 第 14 章 \images\14302.png"，如图 14-14 所示。

图 14-13

图 14-14

08 在名为 top-bg 的 DIV 之后插入名为 box 的 DIV，转换到 14-3.css 文件中，创建名为 #box 的 CSS 样式，如图 14-15 所示。返回网页设计视图，可以看到页面中名为 box 的 DIV 效果，如图 14-16 所示。

09 将光标移至名为 box 的 DIV 中，并将多余文字删除，在该 DIV 中插入名为 help 的 DIV，转换到 14-3.css 文件中，创建名为 #help 的 CSS 样式，如图 14-17 所示。返回网页设计视图，可以看到页面中名为 help 的 DIV 效果，如图 14-18 所示。

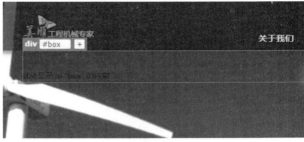

```
#box {
    width: 940px;
    height: auto;
    overflow: hidden;
    margin: 0px auto;
    padding-top: 30px;
}
```

图 14–15

图 14–16

```
#help {
    font-size: 14px;
    line-height: 36px;
    font-weight: bold;
    background-color: #FFDA10;
    background-image: url(../images/14303.png);
    background-repeat: no-repeat;
    padding-left: 225px;
}
```

图 14–17

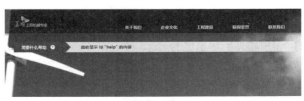

图 14–18

10 将光标移至名为 help 的 DIV 中，并将多余文字删除，输入相应的文字，如图 14–19 所示。转换到代码视图中，在刚刚输入的文字中添加相应的 <span> 标签，如图 14–20 所示。

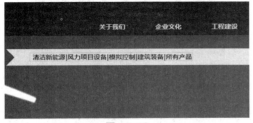

图 14–19

```
</div>
<div id="box">
  <div id="help"> 清洁新能源<span>|</span>风力项目设备<span>|</span>模拟
  控制<span>|</span>建筑装备<span>|</span>所有产品</div>
</div>
</body>
</html>
```

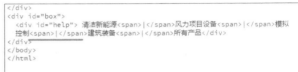

图 14–20

11 转换到 14–3.css 文件中，创建名为 #help span 的 CSS 样式，如图 14–21 所示。返回网页设计视图，可以看到页面的效果，如图 14–22 所示。

```
#help span {
    color: #E5C203;
    margin-left: 40px;
    margin-right: 40px;
}
```

图 14–21

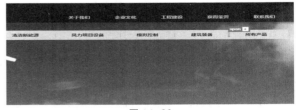

图 14–22

12 在名为 help 的 DIV 之后插入名为 banner 的 DIV，转换到 14–3.css 文件中，创建名为 #banner 的 CSS 样式，如图 14–23 所示。返回网页设计视图，将名为 banner 的 DIV 中多余的文字删除，如图 14–24 所示。

```
#banner {
    width: 940px;
    height: 254px;
    background-color: rgba(0,0,0,0.7);
    background-image: url(../images/14304.png);
    background-repeat: no-repeat;
    margin-top: 40px;
}
```

图 14–23

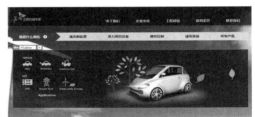

图 14–24

13 在名为 banner 的 DIV 之后插入名为 main 的 DIV，转换到 14-3.css 文件中，创建名为 #main 的 CSS 样式，如图 14-25 所示。返回网页设计视图，可以看到页面中名为 main 的 DIV 效果，如图 14-26 所示。

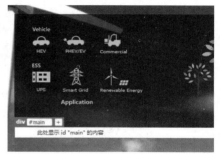

```
#main {
    height:auto;
    overflow: hidden;
    background-color: #FFF;
    padding-left: 50px;
    padding-right: 50px;
}
```

图 14-25

图 14-26

14 将光标移至名为 main 的 DIV 中，并将多余文字删除，在该 DIV 中插入名为 title1 的 DIV，转换到 14-3.css 文件中，创建名为 #title1 的 CSS 样式，如图 14-27 所示。返回网页设计视图，将名为 title1 的 DIV 中的多余文字删除并输入相应的文字，如图 14-28 所示。

```
#title1 {
    height: 69px;
    font-size: 20px;
    font-weight: bold;
    line-height: 69px;
    padding-left: 10px;
}
```

图 14-27

图 14-28

15 在名为 title1 的 DIV 之后插入名为 hot 的 DIV，转换到 14-3.css 文件中，创建名为 #hot 的 CSS 样式，如图 14-29 所示。返回网页设计视图，可以看到页面中名为 hot 的 DIV 效果，如图 14-30 所示。

```
#hot {
    height: 230px;
    font-weight: bold;
    line-height: 35px;
}
```

图 14-29

图 14-30

16 将光标移至 hot 的 DIV 中，并将多余文字删除，在该 DIV 中插入名为 pic1 的 DIV，转换到 14-3.css 文件中，创建名为 #pic1 的 CSS 样式，如图 14-31 所示。返回网页设计视图，将名为 pic1 的 DIV 中的多余文字删除，插入相应的图像并输入文字，如图 14-32 所示。

```
#pic1 {
    width: 260px;
    height: 230px;
    float: left;
    margin-left: 10px;
    margin-right: 10px;
}
```

图 14-31

图 14-32

17 使用相同的制作方法，在名为 pic1 的 DIV 之后依次插入名为 pic2 和 pic3 的 DIV，在 14-3.css 文件中定义相应的 CSS 样式，如图 14-33 所示。返回网页设计视图，完成该部分内容的制作，可以看到页面的效果，如图 14-34 所示。

```
#pic2 {
    width: 260px;
    height: 230px;
    float: left;
    margin-left: 10px;
    margin-right: 10px;
}
#pic3 {
    width: 260px;
    height: 230px;
    float: left;
    margin-left: 10px;
    margin-right: 10px;
}
```

图 14-33

图 14-34

18 在名为 hot 的 DIV 之后插入名为 button 的 DIV，转换到 14-3.css 文件中，创建名为 #button 的 CSS 样式，如图 14-35 所示。返回网页设计视图，可以看到页面中名为 button 的 DIV 效果，如图 14-36 所示。

```
#button {
    height: 93px;
    padding-top: 40px;
    padding-bottom: 40px;
}
```

图 14-35

图 14-36

19 将光标移至名为 button 的 DIV 中，并将多余文字删除，单击"插入"面板上的"鼠标经过图像"按钮，在弹出的对话框中进行设置，如图 14-37 所示。单击"确定"按钮，在光标所在位置插入鼠标经过图像，如图 14-38 所示。

图 14-37

图 14-38

20 使用相同的制作方法，在刚插入的图像后插入其他鼠标经过图像，转换到 14-3.css 文件中，创建名为 #button img 的 CSS 样式，如图 14-39 所示。返回网页设计视图，可以看到页面的效果，如图 14-40 所示。

```
#button img {
    margin-left: 10px;
    margin-right: 10px;
}
```

图 14-39

图 14-40

21 使用相同的制作方法，可以完成页面中其他部分内容的制作，可以看到页面的效果，如图 14-41 所示。保存页面，并保存外部 CSS 样式文件，在浏览器中预览页面，可以看到该企业网站页面的效果，如图 14-42 所示。

图 14-41　　　　　　　　　　　　　　　图 14-42

知识点睛：在什么情况下才能够通过"属性"面板为文字创建项目列表？

如果想通过单击"属性"面板上的"项目列表"按钮生成项目列表，则所选中的文本必须是段落文本，Dreamweaver 会自动将每一个段落转换成一个项目列表。

14.4　儿童用品网站

儿童用品网站通常会使用非常鲜明的色调与一些卡通动画的形象进行搭配，并且尽量为整个页面的氛围营造一种生命的活力与朝气，这样才能够真切地表现出儿童世界的欢乐与纯真。

14.4.1　设计分析

本案例制作的是儿童用品网站页面，在整体的色彩搭配上使用黄绿色作为主色调，局部使用绿色和褐色进行搭配，整个页面色彩非常丰富，给人一种轻松、舒适的视觉感受，让人感觉清新、富有活力。

14.4.2　布局分析

该网站页面的布局比较简单，页面使用黄绿色的背景图像进行衬托，页面内容采用居中显示的布局方式，整体上采用上、中、下的布局方式，顶部为页面的导航菜单和宣传广告展示部分，中间部分为页面的主体内容，底部为页面的版底信息。

14.4.3　案例制作

该网站页面的布局结构简单，主要是以产品展示为主，文字介绍内容较少，通过精美的产品图像展示页面内容，在该网站页面的制作过程中注意学习使用 CSS 样式对背景图像的控制。

最终文件：最终文件 \ 第 14 章 \14-4.html
操作视频：视频 \ 第 14 章 \ 儿童用品网站 .mp4

01 新建一个 HTML 页面，将该页面保存为“源文件\第 14 章\14-4.html”，如图 14-43 所示。新建一个外部 CSS 样式文件，将其保存为“源文件\第 14 章\style\14-4.css”，返回 14-4.html 页面中，链接外部 CSS 样式文件，如图 14-44 所示。

14-4.html*

```
<!doctype html>
<html>
<head>
<meta charset="utf-8">
<title>儿童用品网站</title>
</head>

<body>
</body>
</html>
```

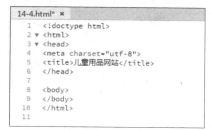

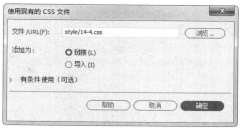

图 14-43

图 14-44

02 转换到 14-4.css 文件中，创建名为 * 的通配符 CSS 样式和名为 body 的标签 CSS 样式，如图 14-45 所示。返回网页设计视图，可以看到页面的背景效果，如图 14-46 所示。

```
@charset "utf-8";
/* CSS Document */
*{
    margin:0px;
    padding:0px;
    border:0px;
}
body{
    background-image:url(../images/14211.gif);
    background-repeat:no-repeat;
    background-position:top center;
}
```

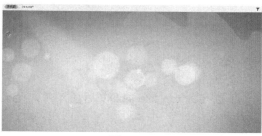

图 14-45

图 14-46

03 在页面中插入名为 box 的 DIV，转换到 14-4.css 文件中，创建名为 #box 的 CSS 样式，如图 14-47 所示。返回网页设计视图，看到页面中名为 box 的 DIV 的效果，如图 14-48 所示。

04 将光标移至名为 box 的 DIV 中，并将多余文字删除，在该 DIV 中插入名为 top 的 DIV，转换到 14-4.css 文件中，创建名为 #top 的 CSS 样式，如图 14-49 所示。返回网页设计视图，可以看到页面中名为 top 的 DIV 效果，如图 14-50 所示。

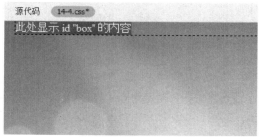

图 14-48

```
#box{
    width:1000px;
    height:100%;
    margin:0px auto;
}
```

图 14-47

```
#top{
    width:1000px;
    height:500px;
    background-image:url(../images/14215.png);
    background-repeat:no-repeat;
    background-position:bottom center;
}
```

图 14-49

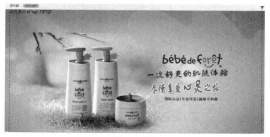

图 14-50

05 将光标移至 top DIV 中，并删除多余文字，在 DIV 中插入名为 top_title 的 DIV，转换到 14-4.css 文件中，创建名为 #top_title 的 CSS 样式，如图 14-51 所示。返回网页设计视图，将光标移至 top_title 的 DIV 中，并将多余文字删除，然后输入文字，如图 14-52 所示。

```
#top_title{
    width:895px;
    float:left;
    line-height:50px;
    height:50px;
    float:left;
    text-align:right;
    padding-left:105px;
    font-size:12px;
}
```

图 14-51

图 14-52

06 转换到 14-4.css 文件中，创建名为 .font01 的类 CSS 样式，如图 14-53 所示。返回网页设计视图，选中相应的文字，为其应用名为 font01 的类 CSS 样式，如图 14-54 所示。

```
.font01{
    margin:0px 10px;
}
```

图 14-53

图 14-54

07 在名为 top_title 的 DIV 后插入名为 nav 的 DIV，转换到 14-4.css 文件中，创建名为 #nav 的 CSS 样式，如图 14-55 所示。返回网页设计视图，可以看到页面中名为 nav 的 DIV 效果，如图 14-56 所示。

```
#nav{
    width:880px;
    height:44px;
    padding-left:120px;
    clear:left;
    background-image:url(../images/14216.png);
    background-position:center left;
}
```

图 14-55

图 14-56

08 将光标移至名为 nav 的 DIV 中，并将多余文字删除，单击"插入"面板上的"鼠标经过图像"按钮，如图 14-57 所示。弹出"插入鼠标经过图像"对话框，对相关选项进行设置，如图 14-58 所示。

图 14-57

图 14-58

09 单击"确定"按钮，在光标所在位置插入鼠标经过图像，如图 14-59 所示。使用相同的方法，在刚刚插入的鼠标经过图像后插入其他鼠标经过图像，如图 14-60 所示。

图 14-59

图 14-60

10 转换到 14-4.css 文件中，创建名为 .img01 的类 CSS 样式，如图 14-61 所示。返回网页设计视图，为刚刚插入的鼠标经过图像分别应用 img01 类 CSS 样式，如图 14-62 所示。

```
.img01{
    width:123px;
    padding-right:20px;
    margin-right:20px;
    background-image:url(../images/14217.png);
    background-repeat:no-repeat;
    background-position:right center;
}
```

图 14-61

图 14-62

11 在名为 top_title 的 DIV 前面插入名为 top_img 的 DIV，转换到 14-4.css 文件中，创建名为 #top_img 的 CSS 样式，如图 14-63 所示。返回网页设计视图，可以看到页面中名为 top_img 的 DIV 的效果，如图 14-64 所示。

```
#top_img{
    width:105px;
    height:110px;
    position:absolute;
    top:22px;
}
```

图 14-63

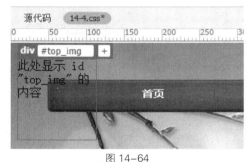

图 14-64

12 将光标移至名为 top_img 的 DIV 中，并将多余文字删除，插入相应的图像，如图 14-65 所示。在名为 top 的 DIV 后插入名为 center 的 DIV，切换到 14-4.css 文件中，创建名为 #center 的 CSS 样式，如图 14-66 所示。

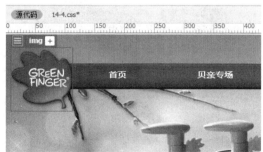

图 14-65

```
#center{
    width:1000px;
    margin-top:30px;
}
```

图 14-66

DIV+CSS3 网页样式与布局全程揭秘（第 3 版）

13 返回网页设计视图，可以看到页面中名为 center 的 DIV 的效果，如图 14-67 所示。将光标移至名为 center 的 DIV 中，并将多余文字删除，在该 DIV 中插入名为 pic01 的 DIV，转换到 14-4.css 文件中，创建名为 #pic01 的 CSS 样式，如图 14-68 所示。

```
#pic01{
    width:1000px;
    height:188px;
    background-image:url(../images/14218.gif);
    background-repeat:no-repeat;
    background-position:center bottom;
}
```

图 14-67　　　　　　　　　　　　　图 14-68

14 返回网页设计视图，可以看到页面中名为 pic01 的 DIV 效果，如图 14-69 所示。将光标移至名为 pic01 的 DIV 中，并将多余文字删除，插入相应的图像，如图 14-70 所示。

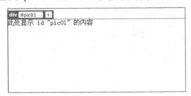

图 14-69　　　　　　　　　　　　　图 14-70

15 转换到 14-4.css 文件中，创建名为 .img02 的 CSS 类样式，如图 14-71 所示。返回网页设计视图中，分别为刚插入的第 1 张和第 2 张图像应用 img02 样式，如图 14-72 所示。

```
.img02{
    padding-right:1px;
    background-image:url(../images/14212.gif);
    background-repeat:no-repeat;
    background-position:right center;
}
```

图 14-71　　　　　　　　　　　　　图 14-72

16 在名为 pic01 的 DIV 后插入名为 pic02 的 DIV，转换到 14-4.css 文件中，创建名为 #pic02 的 CSS 样式，如图 14-73 所示。返回网页设计视图，可以看到页面中名为 pic02 的 DIV 效果，如图 14-74 所示。

```
#pic02{
    width:1000px;
    height:107px;
    background-image:url(../images/14218.gif);
    background-repeat:no-repeat;
    background-position:bottom;
}
```

图 14-73　　　　　　　　　　　　　图 14-74

17 将光标移至名为 pic02 的 DIV 中，并将多余文字删除，在该 DIV 中插入名为 text 的 DIV，转换到 14-4.css 文件中，创建名为 #text 的 CSS 样式，如图 14-75 所示。返回网页设计视图，可以看到页面中名为 text 的 DIV 效果，如图 14-76 所示。

```
#text{
    width:321px;
    height:106px;
    float:left;
    background-image:url(../images/14213.gif);
    background-repeat:no-repeat;
    background-position:right center;
    font-size:12px;
    color:#62635f;
    line-height:20px;
}
```

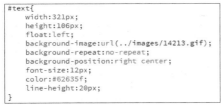

图 14-75

图 14-76

18 将光标移至名为 text 的 DIV 中，并将多余文字删除，插入图片并输入文字，如图 14-77 所示。使用相同的方法，可以完成其他内容的制作，如图 14-78 所示。

图 14-77

图 14-78

19 在名为 center 的 DIV 后插入名为 bottom 的 DIV，切换到 14-4.css 文件中，创建名为 #bottom 的 CSS 样式，如图 14-79 所示。返回网页设计视图，可以看到页面中名为 bottom 的 DIV 效果，如图 14-80 所示。

```
#bottom{
    margin-top:30px;
    width:1000px;
    height:90px;
    line-height:20px;
    color:#666;
    font-size:12px;
}
```

图 14-79

14-80

20 将光标移至 bottom DIV 中，并将多余文字删除，插入图像并输入文字，如图 14-81 所示。转换到 14-4.css 文件中，创建名为 .img04 和 .font02 的类 CSS 样式，如图 14-82 所示。

图 14-81

```
.img04{
    float:left;
    margin:8px 20px 62px 0px;
}
.font02{
    line-height:30px;
    color:#333;
    font-size:14px;
}
```

图 14-82

21 返回网页设计视图，为刚插入的图像应用 img03 的类 CSS 样式，为相应的文字应用名为 font02 的类 CSS 样式，如图 14-83 所示。完成该页面的制作，执行"文件">"保存"命令，保存该页面，在浏览器中预览页面，如图 14-84 所示。

知识点睛：CSS 样式的主旨是什么？

　　在 Dreamweaver 中，CSS 样式的主旨就是将格式和结构分离。因此，使用 CSS 样式可以将站点上所有的网页都指向单一的一个外部 CSS 样式文件，当修改 CSS 样式文件中的某一个属性设置，整个站点的网页便会随之修改。

图 14-83

图 14-84

14.5　游戏网站

游戏网站页面与其他类型的网站页面相比，在 Flash 动画和交互效果方面可能会相对复杂一些，游戏类的网站页面不但要尽到宣传的作用，还要在视觉效果上能够充分地吸引浏览者的眼球。

14.5.1　设计分析

本案例遵循了大部分游戏网站页面的设计风格，使用游戏卡通场景作为页面的背景图像，在页面中多处应用游戏卡通形象来突出页面的整体效果，使整个页面显得活泼、欢乐。该页面主要使用紫色和粉色作为页面的主体颜色，给人一种悠闲、自由和欢乐的感觉。

14.5.2　布局分析

该游戏网站页面的布局相对较复杂，页面整体采用居中显示的方式，页面主体内容采用上、中、下的布局方式，顶部为网站的导航栏，中间部分是页面的主体内容，该部分又采用左右的布局方式，左侧为页面的展示动画、玩家排行和游戏道具等栏目内容，右侧为网站的登录和新闻动态内容，底部为页面的版底信息部分。

14.5.3　案例制作

使用 DIV+CSS 布局方式制作该游戏网站页面，首先使用 CSS 样式对网页的整体外观进行控制，接着使用 CSS 样式对页面中各 DIV 的外观和位置进行控制，在制作过程中，注意学习 CSS 样式的综合运用方法以及网页中 Flash 动画和鼠标经过图像的实现方法。

> 最终文件：最终文件 \ 第 14 章 \14-5.html
> 操作视频：视频 \ 第 14 章 \ 游戏网站 .mp4

01 新建一个 HTML 页面，将该页面保存为 "源文件 \ 第 14 章 \14-5.html"，如图 14-85 所示。新建一个外部 CSS 样式文件，将其保存为 "源文件 \ 第 14 章 \style\14-5.css"，返回 14-5.html 页面中，链接外部 CSS 样式文件，如图 14-86 所示。

02 转换到 14-5.css 文件中，创建名为 * 的通配符 CSS 样式和名为 body 的标签 CSS 样式，如图 14-87 所示。返回网页设计视图，可以看到页面的背景效果，如图 14-88 所示。

图 14-85

图 14-86

```
@charset "utf-8";
/* CSS Document */
*{
     margin:0px;
     padding:0px;
     border:0px;
}
body{
     font-family:"宋体";
     font-size:12px;
     background-image:url(../images/14102.gif);
     background-repeat:repeat-x;
     background-color:#f5f1ef;

}
```

图 14-87

图 14-88

03 在页面中插入名为 bg 的 DIV，转换到 14-5.css 文件中，创建名为 #bg 的 CSS 样式，如图 14-89 所示。返回网页设计视图，可以看到页面中名为 bg 的 DIV 效果，如图 14-90 所示。

```
#bg{
     width:100%;
     height:100%;
     background-image:url(../images/14103.jpg);
     background-repeat:no-repeat;
     background-position:center top;
}
```

图 14-89

图 14-90

04 将光标移至名为 bg 的 DIV 中，并将多余文字删除，在该 DIV 中插入名为 box 的 DIV，转换到 14-5.css 文件中，创建名为 #box 的 CSS 样式，如图 14-91 所示。返回网页设计视图，可以看到页面中名为 box 的 DIV 的效果，如图 14-92 所示。

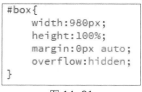

```
#box{
     width:980px;
     height:100%;
     margin:0px auto;
     overflow:hidden;
}
```

图 14-91

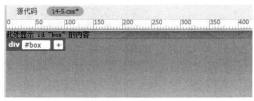

图 14-92

05 将光标移至 box 的 DIV 中，删除多余文字，在该 DIV 中插入名为 top 的 DIV，转换到 14-5.css 文件中，创建名为 #top 的 CSS 样式，如图 14-93 所示。返回网页设计视图，可以看到页面中名为 top 的 DIV 的效果，如图 14-94 所示。

06 将光标移至 top 的 DIV 中，删除多余文字，在该 DIV 中插入名为 logo 的 DIV，转换到 14-5.css 文件中，创建名为 #logo 的 CSS 样式，如图 14-95 所示。返回网页设计视图，将光标移至名为 logo 的 DIV 中，并将多余文字删除，插入相应的图像，如图 14-96 所示。

```
#top{
    width:980px;
    height:184px;
    background-image:url(../images/14104.jpg);
    background-position:center top;
}
```
图 14-93

图 14-94

```
logo{
    width:159px;
    height:71px;
    padding-top:25px
    margin-left:50px
```
图 14-95

图 14-96

07 在名为 logo 的 DIV 后插入名为 menu 的 DIV，转换到 14-5.css 文件中，创建名为 #menu 的 CSS 样式，如图 14-97 所示。返回网页设计视图，可以看到页面中名为 menu 的 DIV 效果，如图 14-98 所示。

```
#menu{
    width:958px;
    padding-left:22px;
}
```
图 14-97

图 14-98

08 将光标移至名为 menu 的 DIV 中，并将多余文字删除，单击"插入"面板上的"鼠标经过图像"按钮，在弹出的对话框中进行设置，如图 14-99 所示。单击"确定"按钮，在光标所在位置插入鼠标经过图像，如图 14-100 所示。

图 14-99

图 14-100

09 将光标移至刚插入的鼠标经过图像后，使用相同的方法，插入其他鼠标经过图像，如图 14-101 所示。转换到 14-5.css 文件中，创建名为 #top img 的 CSS 样式，如图 14-102 所示。

图 14-101

```
#top img{
    margin-right:2px;
}
```
图 14-102

10 返回网页设计视图，可以看到页面中导航菜单的效果，如图 14-103 所示。在名为 top 的 DIV 后插入名为 main 的 DIV，转换到 14-5.css 文件中，创建名为 #main 的 CSS 样式，如图 14-104 所示。

图 14-103

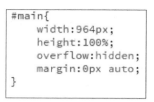

```
#main{
    width:964px;
    height:100%;
    overflow:hidden;
    margin:0px auto;
}
```

图 14-104

11 返回网页设计视图，可以看到页面中名为 main 的 DIV 效果，如图 14-105 所示。将光标移至名为 main 的 DIV 中，并将多余文字删除，在该 DIV 中插入名为 left 的 DIV，转换到 14-5.css 文件中，创建名为 #left 的 CSS 样式，如图 14-106 所示。

图 14-105

```
#left{
    float:left;
    width:648px;
    height:100%;
    overflow:hidden;
    margin-bottom:20px;
}
```

图 14-106

12 返回网页设计视图，可以看到页面中名为 left 的 DIV 效果，如图 14-107 所示。将光标移至名为 left 的 DIV 中，并将多余文字删除，在该 DIV 中插入名为 gif 的 DIV，转换到 14-5.css 文件中，创建名为 #gif 的 CSS 样式，如图 14-108 所示。

图 14-107

```
#gif{
    width:648px;
    height:365px;
    background-image:url(../images/14112.png);
    background-repeat:no-repeat;
    background-position:center bottom;
}
```

图 14-108

13 返回网页设计视图，将光标移至名为 gif 的 DIV 中，并将多余文字删除，插入 gif 动画"源文件 \ 第 14 章 \images\140402.gif"，如图 14-109 所示。选中刚插入的 gif 动画，在"属性"面板上对其相关属性进行设置，如图 14-110 所示。

图 14-109

图 14-110

14 在名为 gif 的 DIV 后插入名为 rank 的 DIV，切换到 14-5.css 文件中，创建名为 #rank 的 CSS 样式，如图 14-111 所示。返回网页设计视图，可以看到页面中名为 rank 的 DIV 的效果，如图 14-112 所示。

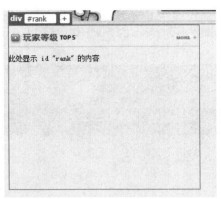

```
#rank_title{
    width:314px;
    height:30px;
    color:#5d463f;
    font-weight:bold;
    line-height:30px;
    padding-top:5px;
    border-bottom:#ebb8d1 solid 1px;
}
```

图 14-111　　　　　　　　　　　　　　图 14-112

15 将光标移至名为 rank 的 DIV 中，并将多余文字删除，插入相应的图像，如图 14-113 所示。将光标移至图像后，插入名为 rank_title 的 DIV，转换到 14-5.css 文件中，创建名为 # rank_title 的 CSS 样式，如图 14-114 所示。

```
#rank_title{
    width:314px;
    height:30px;
    color:#5d463f;
    font-weight:bold;
    line-height:30px;
    padding-top:5px;
    border-bottom:#ebb8d1 solid 1px;
}
```

图 14-113　　　　　　　　　　　　　　图 14-114

16 返回网页设计视图，可以看到页面中名为 rank_title 的 DIV 效果，如图 14-115 所示。将光标移至名为 rank_title 的 DIV 中，并将多余文字删除，输入文字，如图 14-116 所示。

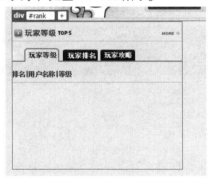

图 14-115　　　　　　　　　　　　　　图 14-116

17 转换到 14-5.css 文件中，创建名为 .a 和 .b 的类 CSS 样式，如图 14-117 所示。返回网页设计视图，为相应文字分别应用名为 a 和 b 的类 CSS 样式，如图 14-118 所示。

```
.a{
    color:#c5c0bd;
    margin-left:5px;
    margin-right:5px;
    font-weight:normal;
}
.b{
    color:#c5c0bd;
    margin-left:150px;
    margin-right:20px;
    font-weight:normal;
}
```

图 14-117　　　　　　　　　　　　　　图 14-118

18 在名为 rank_title 的 DIV 后插入名为 rank_text 的 DIV，转换到 14-5.css 文件中，创建名为 #rank_text 的 CSS 样式，如图 14-119 所示。返回网页设计视图，可以看到页面中名为 rank_text 的 DIV 效果，如图 14-120 所示。

```
#rank_text{
    width:314px;
    height:155px;
    margin-top:5px;
    color:#8d7869;
}
```

图 14-119

图 14-120

19 将光标移至名为 rank_text 的 DIV 中，将多余文字删除，插入图像并输入文字，如图 14-121 所示。转换到代码视图，添加相应的 <dl>、<dt> 和 <dd> 标签，如图 14-122 所示。

图 14-121

```
<div id="rank_text">
    <dl>
        <dt><img src="images/14116.png" width="14" height="17" class="img" />上弦月</dt>
        <dd>101</dd>
        <dt><img src="images/14117.png" width="14" height="17" class="img" />极速闪电</dt>
        <dd>97</dd>
        <dt><img src="images/14118.png" width="14" height="17" class="img" />如果的如果</dt>
        <dd>94</dd>
        <dt><span class="font">4</span>我是游戏控</dt>
        <dd>88</dd>
        <dt><span class="font">5</span>王者风采</dt>
        <dd>85</dd>
    </dl>
</div>
```

图 14-122

20 转换到 14-5.css 文件中，创建名为 #rank_text dt 和 #rank_text dd 的 CSS 样式，以及名为 .img 和 .font 的类 CSS 样式，如图 14-123 所示。返回网页设计视图，为相应的图片和文字应用类 CSS 样式，如图 14-124 所示。

```
#rank_text dt{
    float:left;
    width:268px;
    height:30px;
    border-bottom:#ebb8d1 dotted 1px;
    padding-left:5px;
    line-height:30px;
}
#rank_text dd{
    float:left;
    width:41px;
    height:30px;
    border-bottom:#ebb8d1 dotted 1px;
    line-height:30px;
}
.img{
    vertical-align:middle;
    margin-right:22px;
}
.font{
    font-weight:bold;
    font-size:14px;
    margin-left:3px;
    margin-right:25px;
}
```

图 14-123

图 14-124

21 在名为 rank 的 DIV 后插入名为 business 的 DIV，转换到 14-5.css 文件中，创建名为 #business 的 CSS 样式，如图 14-125 所示。返回网页设计视图，可以看到页面中名为 business 的 DIV 效果，如图 14-126 所示。

```
#business{
    float:left;
    width:312px;
    height:218px;
    margin-left:20px;
    background-image:url(../images/14119.png);
    background-repeat:no-repeat;
    background-position:center 15px;
    padding-top:50px;
    padding-left:2px;
}
```

图 14-125

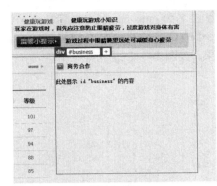

图 14-126

22 将光标移至名为 business 的 DIV 中，并将多余文字删除，在该 DIV 中插入名为 pic 的 DIV，转换到 14-5.css 文件中，创建名为 #pic 的 CSS 样式，如图 14-127 所示。返回网页设计视图，可以看到页面中名为 pic 的 DIV 效果，如图 14-128 所示。

```
#pic{
    float:left;
    width:95px;
    height:118px;
    color:#3c3b3b;
    font-weight:bold;
    margin-left:4px;
    margin-right:4px;
    line-height:28px;
    text-align:center;
}
```

图 14-127

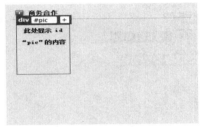

图 14-128

23 将光标移至名为 pic 的 DIV 中，并将多余文字删除，插入图片并输入文字，如图 14-129 所示。转换到 14-5.css 文件中，创建名为 .font01 的 CSS 样式，如图 14-130 所示。

图 14-129

```
.font01{
    background-image:url(../images/14124.png);
    background-repeat:no-repeat;
    background-position:15px center;
}
```

图 14-130

24 返回网页设计视图，为文字应用名为 font01 的类 CSS 样式，如图 14-131 所示。使用相同的方法，可以完成该部分内容的制作，如图 14-132 所示。

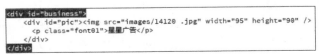

```
<div id="business">
    <div id="pic"><img src="images/14120 .jpg" width="95" height="90" />
    <p class="font01">星星广告</p>
    </div>
</div>
```

图 14-131

图 14-132

25 在名为 business 的 DIV 后插入名为 dohua 的 DIV，切换到 14-5.css 文件中，创建名为 #dohua 的 CSS 样式，如图 14-133 所示。返回网页设计视图，可以看到页面中名为 dohua 的 DIV 效果，如图 14-134 所示。

```
#dohua{
    clear:both;
    width:648px;
    height:185px;
    background-image:url(../images/14127.png);
    background-repeat:no-repeat;
    background-position:left 15px;
    padding-top:36px;
}
```

图 14-133   图 14-134

26 将光标移至名为 dohua 的 DIV 中，并将多余文字删除，在该 DIV 中插入名为 content 的 DIV，转换到 14-5.css 文件中，创建名为 #content 的 CSS 样式，如图 14-135 所示。返回网页设计视图，可以看到页面中名为 content 的 DIV 效果，如图 14-136 所示。

```
#content{
    width:648px;
    height:185px;
    background-image:url(../images/14125.png);
    text-align:center;
}
```

图 14-135   图 14-136

27 将光标移至名为 content 的 DIV 中，并将多余文字删除，在该 DIV 中插入名为 img01 的 DIV，转换到 14-5.css 文件中，创建名为 #img01 的 CSS 样式，如图 14-137 所示。返回网页设计视图，可以看到页面中名为 img01 的 DIV 效果，如图 14-138 所示。

```
#img01{
    width:129px;
    height:145px;
    float:left;
    text-align:center;
    color:#ff5e00;
    font-size:12px;
    font-weight:bold;
    line-height:18px;
    padding:20px 0px;
    background-image:url(../images/14126.gif);
    background-repeat:no-repeat;
    background-position:right center;
}
```

图 14-137   图 14-138

28 将光标移至 img01 DIV 中，删除多余文字，插入图像并输入文字，如图 14-139 所示。转换到 14-5.css 文件中，创建名为 .img01 和 .font02 的 CSS 样式，如图 14-140 所示。

```
.img01{
    border:solid 5px #e8c9e5;
    margin-bottom:10px;
}
.font02{
    color:#7b7b7b;
    font-size:12px;
    font-weight:normal;
    background-image:url(../images/14133.gif);
    background-repeat:no-repeat;
    background-position:10px center;
}
```

图 14-139   图 14-140

29 返回网页设计视图中，为相应的图片和文字应用刚刚定义的 img02 和 font02 类 CSS 样式，如图 14-141 所示。使用相同的方法，可以完成该部分页面内容的制作，如图 14-142 所示。

图 14-141

图 14-142

30 在名为 left 的 DIV 后插入名为 right 的 DIV，转换到 14-5.css 文件中，创建名为 #right 的 CSS 样式，如图 14-143 所示。返回网页设计视图，可以看到页面中名为 right 的 DIV 效果，如图 14-144 所示。

```
#right{
    float:left;
    width:297px;
    height:100%;
    overflow:hidden;
    margin-left:19px;
}
```

图 14-143

图 14-144

31 将光标移至名为 right 的 DIV 中，将多余文字删除，在该 DIV 中插入名为 right_top 的 DIV，转换到 14-5.css 文件中，创建名为 #right_top 的 CSS 样式，如图 14-145 所示。返回网页设计视图，可以看到页面中名为 right_top 的 DIV 效果，如图 14-146 所示。

```
#right_top{
    width:293px;
    height:372px;
    border:solid #efc3da 2px;
    background-color:#fef7ff;
}
```

图 14-145

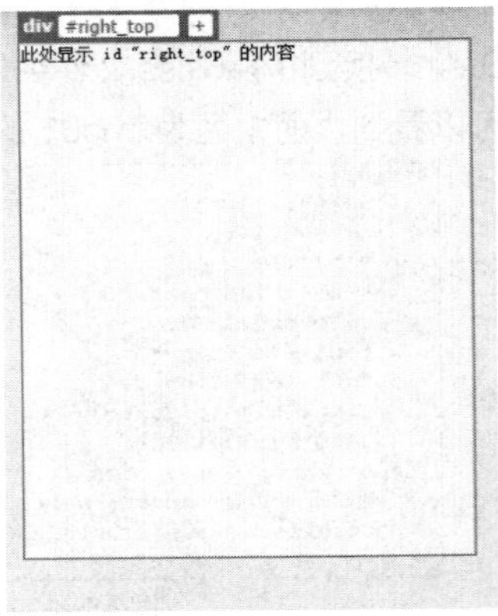

图 14-146

32 将光标移至名为 right_top 的 DIV 中，并将多余文字删除，在该 DIV 中插入名为 login 的 DIV，转换到 14-5.css 文件中，创建名为 #login 的 CSS 样式，如图 14-147 所示。返回网页设计视图，可以看到页面中名为 login 的 DIV 效果，如图 14-148 所示。

图 14-148

```
#login{
    width:277px;
    height:98px;
    margin:10px auto;
    background-image:url(../images/14136.gif);
    padding-top:53px
}
```

图 14-147

33 根据前面章节讲解的表单制作方法，可以完成页面中登录表单的制作，如图 14-149 所示。使用相同的制作方法，可以完成页面右侧部分内容的制作，如图 14-150 所示。

图 14-149　　　　　　　　　　　　　　图 14-150

34 在名为 main 的 DIV 后插入名为 bottom 的 DIV，转换到 14-5.css 文件中，创建名为 #bottom 的 CSS 样式，如图 14-151 所示。返回网页设计视图，可以看到页面中名为 bottom 的 DIV 效果，如图 14-152 所示。

```
#bottom{
    width:980px;
    height:90px;
    color:#cfbfbf;
    line-height:20px;
    padding-top:10px;
    background-image:url(../images/14145.png);
    background-position:top center;
    background-repeat:no-repeat;
}
```

图 14-151　　　　　　　　　　　　　　图 14-152

35 将光标移至名为 bottom 的 DIV 中，并将多余文字删除，插入图像并输入文字，如图 14-153 所示。转换到 14-5.css 文件中，创建名为 .img02 和 .font04 的类 CSS 样式，如图 14-154 所示。

```
.img02{
    float:left;
    margin-top:14px;
    margin-left:20px;
    margin-bottom:34px;
    margin-right:20px;
}
.font04{
    line-height:30px;
    color:#989391;
}
```

图 14-153　　　　　　　　　　　　　　图 14-154

36 返回网页设计视图，为刚插入的图像应用名为 img02 的类 CSS 样式，为相应的文字应用名为 font04 的类 CSS 样式，如图 14-155 所示。完成该页面的制作，执行"文件">"保存"命令，保存该页面，在浏览器中预览页面，如图 14-156 所示。

图 14-155　　　　　　　　　　　　　　图 14-156

知识点睛：鼠标经过图像的构成以及形成的条件是什么？

　　鼠标经过图像实际上由两个图像组成：主图像（当首次载入页面时显示的图像）和次图像（当鼠标指针经过主图像时显示的图像）。鼠标经过图像中的这两个图像大小应该相等；如果图像大小不同，Dreamweaver 将自动调整次图像的大小来匹配主图像的属性。